Super mathematics

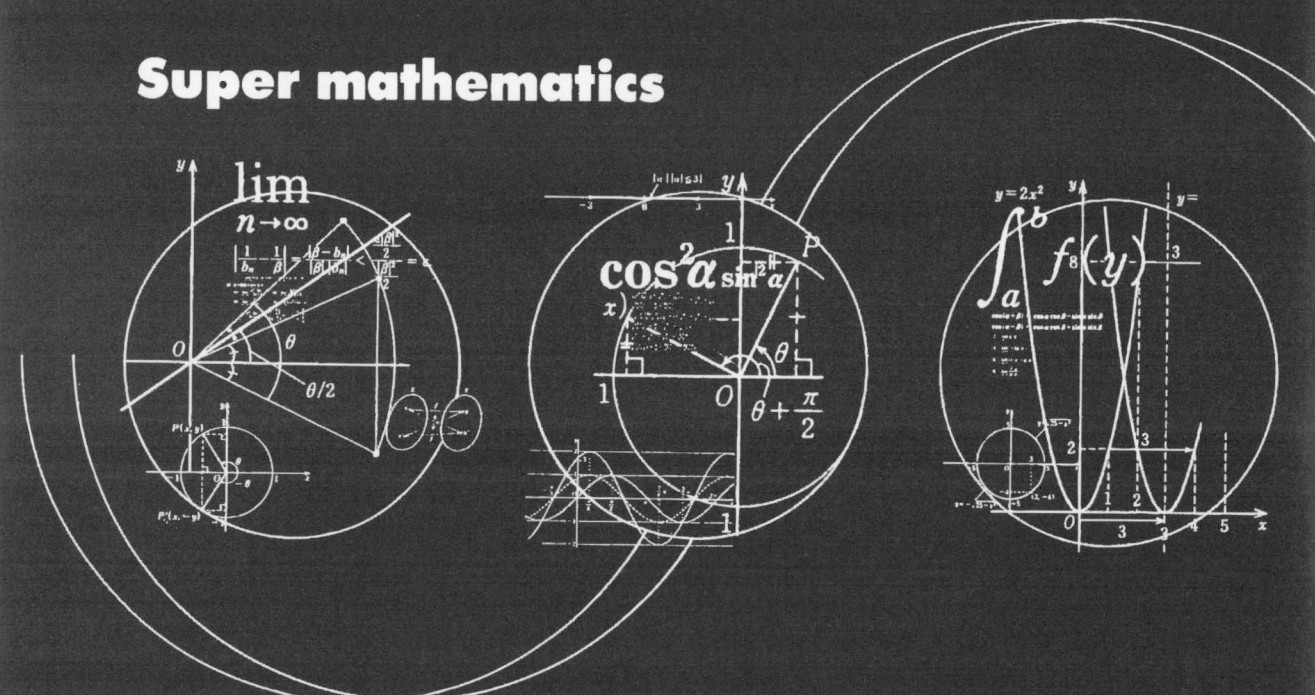

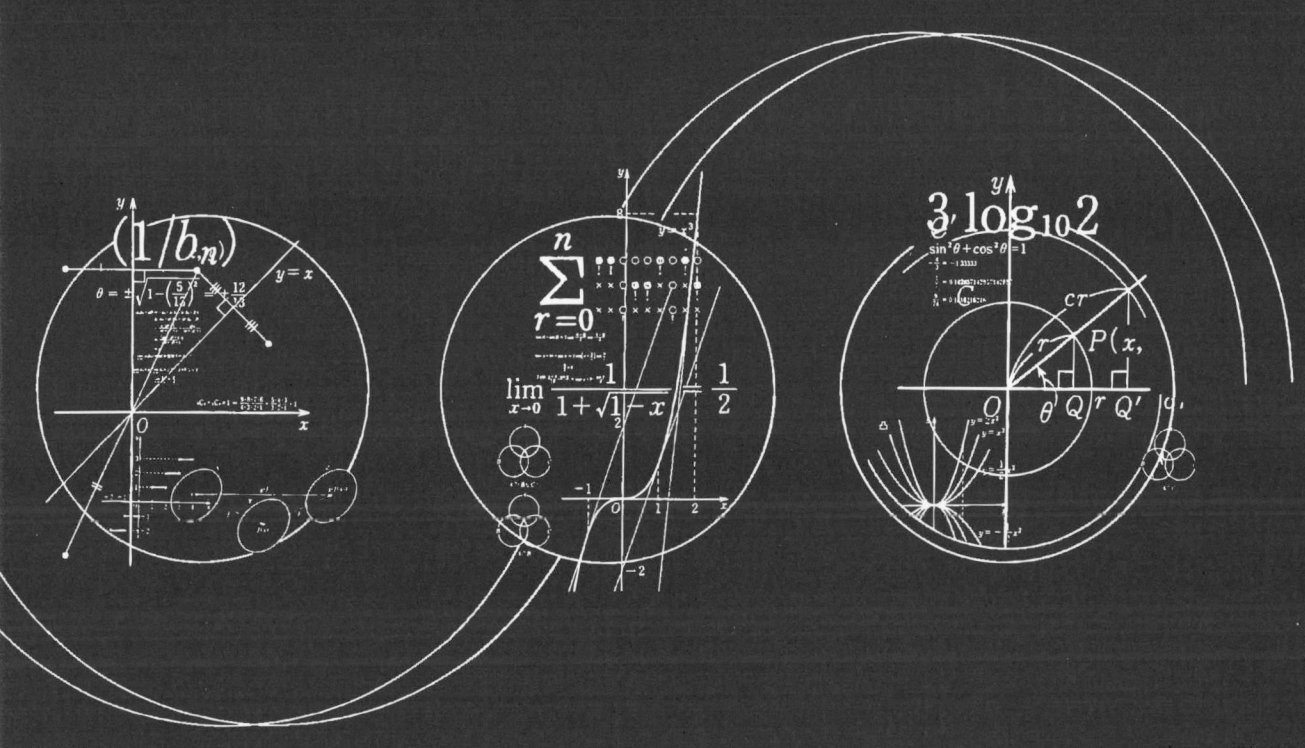

마츠자카 가즈오 지음
김태성 옮김

Super mathematics

수학독본

제 ❸ 권 평면상의 벡터 / 복소수와 복소평면 / 공간도형 / 이차곡선 / 수열

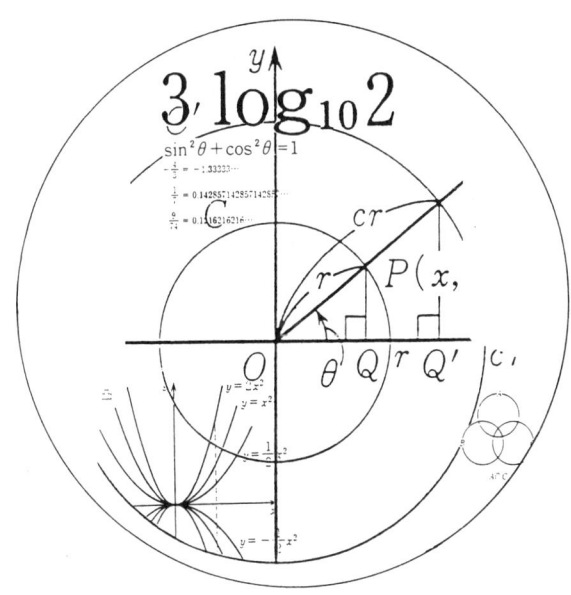

한길사

Sūgaku Tokuhon (수학독본)
(6 vols.) by Kazuo Matsuzaka

Copyright (c) 1989, 1990 by Kazuo Matsuzaka

Originally published in Japanese by Iwanami Shoten,
Publishers, Tokyo in 1989 — 1990

Korean translation copyright (c) 1994 by
Hangil Publishing Co.,Ltd.

머리말

　나는 이 강의를, 초·중등 수학을 성실한 자세로 배우기를 원하는 모든 사람을 위하여 쓰고 있습니다. 내용은 중고교 수학, 특히 고교 수학입니다만, 나이가 어린 독자도 읽을 수 있도록 자세히 쓰고 있습니다.

　이 강의는, 재미있는 이야기를 취하여 하나로 정리한 것은 아닙니다. 이것은 여섯 권 전권을 통하는 어떤 종류의 일관성과 흐름을 가지고 있습니다. 결국, 나는 하나의 새로운 교과서를 쓰는 것인지도 모릅니다. 그러나, 이것은 보통 교과서와는 다릅니다. 왜냐하면 나는 여러 가지 제약없이 이 책을 쓰고 있기 때문입니다. 이 강의는 보통 교과서보다 훨씬 자유롭습니다. 또 ──그러리라고 생각합니다만── 훨씬 깊고 풍부한 내용을 담고 있습니다. 여러분은 이 강의를 읽음으로써 지금까지 깨닫지 못했던 것을 알게 되고, 새로운 발견을 하기도 하고, 매우 흥미있는 수학 문제에 인도되기도 할 것입니다.

　이 강의에는 예나 예제가 많이 있습니다. 그리고 질문도 많이 있습니다. 질문은 쉬운 문제부터 조금 생각해야만 되는 문제까지 여러 단계의 것이 골고루 있습니다. 그리고 독자의 편의를 위해, 원칙적으로 모든 문제에 대한 해답을 넣었습니다. 나는 독자에게 시간이 허용하는 한 이러한 문제를 모두 풀어

보기를 권유합니다. 수학의 여러 개념을 마음 속에 새겨 두기
위해서는, 그저 책을 읽고 이해한다는 생각만으로는 불충분
하고, 역시 "자신의 힘으로 풀어본다"고 하는 실천이 필요하
기 때문입니다.

나는 너무 기교적이거나 발생원이 확실하지 않은 이상하고
부자연스러운 문제는 될 수 있는 한 피했습니다. 내가 이 강
의를 통해서 이야기하고 싶은 것은 흐름이 있는 수학의 한 이
야기이지 기술이나 요령 그 자체가 아니기 때문입니다.

이 강의에서는 상식적인 교과 과정의 의미로 초·중등 수학
의 범위로 생각할 수 있기 때문에 ——어디까지가 초·중등
수학이고 어디부터가 고등 수학인지는 확실하지 않습니다만
——조금 위쪽까지 연장하였습니다. 이것은 결코 교과 과정
을 거기까지 끌어 올리는 것을 주장하는 의미는 아닙니다. 다
만, 이야기의 전개에서 자연적으로 거기까지 나아가는 편이
좋다고 생각했기 때문에 나아가는 것 뿐입니다. 이 강의에는
인위적으로 부자연스러운 곳은 없습니다. 따라서, 이것은 아
마 최종적으로는 독자를 상당히 높은 수준까지 이끌 것입니
다.

이 강의에는 때때로 생략해도 좋은 곳이 있습니다. 그것은

본문과는 일단 관계가 없는 것이어서 그 때마다 그것을 예고하고 있습니다. 그러나, 그것은 흥미있는 부분이기 때문에 될 수 있으면 독자들이 읽기를 바랍니다. 그러나, 읽어 보고도 알 수 없다면 생략하고, 후일에 또 되돌아보시오. 이 주의는 다른 일반적인 것에서도 통용됩니다. 이 강의를 읽어가면서 이해할 수 없는 곳이 있다면, 독자는 우선 다음으로 나아가고, 조금 지난 후 다시 그곳을 읽어 보십시오.

나는 이 강의를 나이 어린 독자들이 읽어 주기를 바랍니다. 그러나 또 대학생이나 사회인 ──특히 학교 선생님, 수학에 흥미를 가진 부모님, 일반적으로 교육에 관심을 가진 분들 ──이 읽기를 기대합니다. 이 강의가 수학을 배우는 사람, 수학을 가르치는 사람에게 조금이나마 매력 있는 존재가 된다면 나는 만족합니다.

끝으로 나는, 직접 간접으로 이 강의를 쓰는데 도움을 주신 분들과 이 강의의 출판에 협력해 주신 분들에게 감사를 표합니다.

수학독본 3

Super mathematics

차례

제 11 장 입체적인 공간 속의 도형 : 공간도형

제 12 장 포물선 · 타원 · 쌍곡선 : 이차곡선

제 13 장 '이산적'인 세계 : 수열

기하학의 가장 단순한 정리에 대해서조차 증명을 잘못해서 추리의 착오에 빠지는 사람이 있는데, 하물며 나 자신도 언제 어떤 일로 오류를 범하지 말라는 법이 없다.

데카르트

9 도형과 대수가 뒤얽히는 세계
—— 평면상의 벡터

 9.1 벡터와 그 계산

우리는 제6장에서 좌표를 이용하여 평면도형의 여러 가지 성질을 살펴보았습니다. 이 장에서는 또다시 평면도형과 좌표평면의 세계로 돌아갑니다. (물론 우리는 여러 가지 함수의 그래프를 그릴 때에도 좌표평면을 이용해 왔습니다. 그러나 이것은 우리가 되돌아가려고 하는 세계와는 성질이 좀 다릅니다.)

이 장은 직접적으로는 제6장을 계승하지만, 그러나 여기서는 새로운 개념인 "벡터"가 등장합니다. 이것은 어떤 종류의 도형 문제에 대해서 한층 간결한 표현 수단을 제공해 줄 것입니다. 또 이것은 우리가 지금까지 단순히 "점" 또는 "점의 좌표"라고 생각했던 것에 또 하나의 해석을 주고, 우리의 생각을 보다 융통성 있게 함으로써 도형과 대수가 뒤얽힌 세계에 새로운 빛을 던져 주게 될 것입니다.

◆ 유향선분과 벡터

다음에서 우리는 하나의 평면을 고정시키고, 그 평면상의 도형에 대해서 생각해 봅시다.

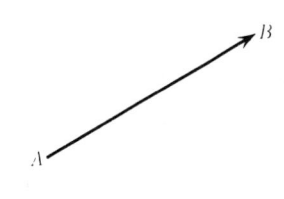

지금까지는 선분 AB라고 할 때 그 방향은 별로 문제삼지 않았습니다. 즉, 선분 AB와 선분 BA 사이에 실질적인 구별을 하지 않았던 것입니다. 지금 선분 AB에 "A에서 B로 향하는 방향"을 붙여서 생각해 봅시다. 이때 이것을 **유향선분** AB라 하고, A를 그 **시초점**, B를 그 **종점**이라고 합니다. 유향선분은 왼쪽 그림과 같이 화살표를 붙여서 나타냅니다.

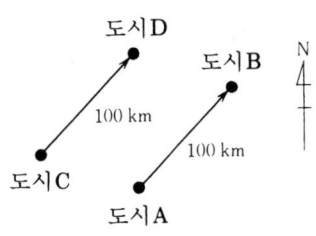

유향선분 AB는 또 "점 A로부터 B까지의 이동"을 나타낸다고도 생각할 수 있습니다. 이와 같이 유향선분을 "이동"이라 생각하여 그 방향과 길이에만 주목하고 위치를 생각하지 않는다면 어떻게 될까요? 예를 들면, 네 개의 도시 A, B, C, D가 있는데 도시 B는 도시 A로부터 동북쪽으로 100km 떨어진 곳에 있고, 도시 D는 도시 C로부터 같은 동북쪽으로 100km 떨어진 곳에 있다고 합시다. 이때 도시 A에서 도시 B로 여행하는 사람과 도시 C에서 도시 D로 여행하는 사람은 도중의 경로를 생각지 않으면 모두 동북쪽 방향으로 100km 이동하는 것이 됩니다. 즉, 이 경우 유향선분 AB와 유향성분 CD는 이동하는 방향과 길이에 관한 한 "같은 이동"을 나타내게 되는 셈입니다.

이 보기와 같은 의미에서 평면상의 유향선분 AB의 방향과 길이만을 생각하고 그 위치를 무시했을 때 이것을 시초점 A, 종점 B인 **벡터**라 부르고 기호 $\overrightarrow{AB}$로 나타냅니다.

또, 선분 AB의 길이를 벡터 $\overrightarrow{AB}$의 **길이** 또는 **크기**라

하고 $|\overrightarrow{AB}|$ 로 나타냅니다.

$$|\overrightarrow{AB}| = 선분\ AB의\ 길이$$

입니다.

[**주의** : 위에서 나는 벡터란 유향선분의 방향과 길이만을 생각하고 "그 위치를 무시한 것"이라고 말했습니다. 이 말은 좀 막연하지만 감각적으로는 이해하기 쉬우며, 특별히 까다로운 사람이 아니면 이것을 글자 그대로 받아들일 것이라고 생각합니다. 수학적으로 좀더 정확한 정의를 내리면, 벡터 $\overrightarrow{AB}$ 란 유향선분 AB와 방향 및 길이가 각각 일치하는 모든 유향선분의 집합을 말합니다. 그러나 이 정의는 어떤 의미에서는 지나치게 추상적입니다.]

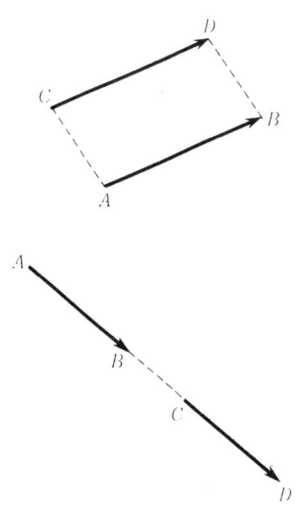

벡터의 의미에 따르면 벡터 $\overrightarrow{AB}$ 와 $\overrightarrow{CD}$ 가 **같다**($\overrightarrow{AB} = \overrightarrow{CD}$) 는 것은 그것들의 방향 및 길이가 각각 일치한다는 것입니다. 즉 유향선분 AB를 평행이동시켜서 유향선분 CD와 겹칠 수 있다는 말입니다. 오른쪽 그림은 두 개의 같은 벡터 $\overrightarrow{AB}, \overrightarrow{CD}$ 를 나타낸 것입니다.

이제부터는 벡터를 나타낼 때 $\vec{a}, \vec{b}, \cdots$ 와 같이 화살표를 붙인 문자(주로 소문자)를 써서, 예를 들면 $\vec{a} = \overrightarrow{AB}$ 와 같이 쓰기로 합니다. (**a, b,** $\cdots$ 와 같이 고딕 문자를 쓰기도 하지만 여기서는 실제로 쓰는 데 편리하도록 이 방법을 채택하겠습니다.)

정의로부터 명백히 알 수 있듯이 평면상의 한 벡터 $\vec{a}$ $= \overrightarrow{AB}$ 와 평면상의 임의의 한 점 P를 주었을 때 우리는 평면상에 점 Q를 $\vec{a} = \overrightarrow{PQ}$ 가 되도록 잡을 수가 있는데 그러한 점 Q는 오직 하나만 정해집니다. (다음 그림을 보십시오.) 즉, 벡터의 시초점은 평면상의 어디에 잡아도 되며, 시초점이 정해지면 그 종점은 오직 한 가지 뜻으로만 정해집니다. 벡터 $\overrightarrow{AB}$ 란 유향선분 AB 를 평면상에서 마음대로 평행이동시켜, 그 시초점을 평면상의 임의의 점으로 옮길 수 있게 한 것이라고도 할 수 있는 것입니다.

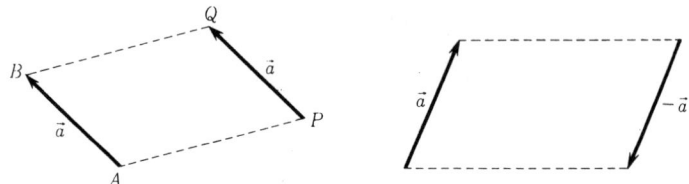

벡터 $\vec{a}$ 와 길이가 같고 방향이 반대인 (즉, 방향을 180° 회전시킨) 벡터를 $\vec{a}$ 의 **역벡터**라 하고, $-\vec{a}$ 로 나타냅니다. $\vec{a} = \overrightarrow{AB}$ 이면 $-\vec{a} = \overrightarrow{BA}$ 입니다.

그리고 시초점과 종점이 일치하는 $\overrightarrow{AA}$ 도 특별한 하나의 벡터라 생각합시다. 이것을 **영벡터**라 하고, $\vec{0}$ 로 나타냅니다. 물론 영벡터의 크기는 0, 즉

$$|\vec{0}| = 0$$

입니다. 한편, 영벡터에는 방향이 없습니다. 그러나 "방향이 없다"는 말 대신에 "임의의 방향을 가진다"고 생각해도 됩니다. 즉, 어느 한 쪽을 택해서 구속시킬 필요는 없습니다. 상황에 따라 편리한 해석을 해도 관계 없기 때문입니다.

◆ 벡터의 덧셈·뺄셈

두 벡터 $\vec{a}$, $\vec{b}$ 에 대하여 이것들의 합 $\vec{a} + \vec{b}$ 를 다음과 같이 정의합니다.

먼저, 한 점 A 를 잡고 이어서

$$\vec{a} = \overrightarrow{AB}, \quad \vec{b} = \overrightarrow{BC}$$

가 되는 점 B, C 를 정합니다. 이때 벡터 $\overrightarrow{AC}$ 를 $\vec{a}$, $\vec{b}$ 의 **합**으로 정의하고, $\vec{a} + \vec{b}$ 라고 씁니다. 즉,

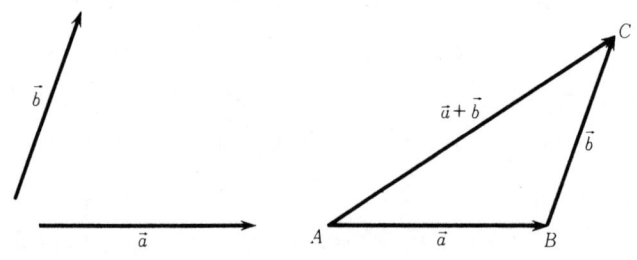

$$\vec{a}+\vec{b}=\overrightarrow{AC}$$

입니다. 이 정의는 분명히 시초점 A를 잡는 방법과는 관계가 없습니다.

일반적으로 벡터의 덧셈에 대해서는 다음이 성립합니다.

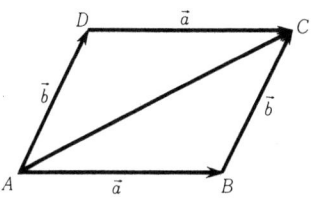

1	$\vec{a}+\vec{b}=\vec{b}+\vec{a}$	(교환법칙)
2	$(\vec{a}+\vec{b})+\vec{c}=\vec{a}+(\vec{b}+\vec{c})$	(결합법칙)
3	$\vec{a}+\vec{0}=\vec{a}$	
4	$\vec{a}+(-\vec{a})=\vec{0}$	

오른쪽 그림을 보고 교환법칙 **1**, 결합법칙 **2**를 설명해 보십시오.(이것은 아주 쉬운 일입니다!) **3, 4**는 물론 증명할 것도 없는 일입니다.

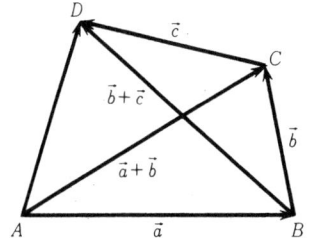

결합법칙에 따라 $(\vec{a}+\vec{b})+\vec{c}$ 나 $\vec{a}+(\vec{b}+\vec{c})$는 괄호를 벗겨서 단순히 $\vec{a}+\vec{b}+\vec{c}$ 로 쓸 수 있습니다.

[문제 1] $\triangle ABC$의 변 BC, CA, AB의 중점을 각각 L, M, N 이라고 할 때, 다음 등식이 성립하는 것을 증명하시오.

(1) $\overrightarrow{BN}+\overrightarrow{CM}=\overrightarrow{LA}$

(2) $\overrightarrow{BL}+\overrightarrow{CM}+\overrightarrow{AN}=\vec{0}$

벡터 $\vec{a}$, $\vec{b}$에 대하여 $\vec{a}+(-\vec{b})$를 $\vec{a}-\vec{b}$로 쓰고, $\vec{a}$에서 $\vec{b}$를 뺀 **차**라고 합니다. 이것은 오른쪽에서 알 수 있듯이

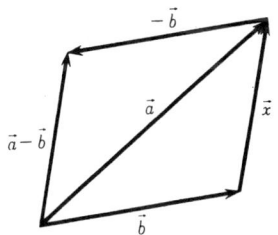

$$\vec{b}+\vec{x}=\vec{a}$$

를 만족하는 $\vec{x}$ 인 것입니다.

그리고 벡터 $\vec{a}$, $\vec{b}$ 및 합 $\vec{a}+\vec{b}$, 차 $\vec{a}-\vec{b}$의 크기에 대해서는 합이나 차의 작도법에서도 명백하듯이 다음 부등식이 성립합니다.

$$|\vec{a}+\vec{b}| \leqq |\vec{a}|+|\vec{b}|$$
$$|\vec{a}-\vec{b}| \leqq |\vec{a}|+|\vec{b}|$$

이들 부등식은 삼각형의 한 변의 길이는 다른 두 변의 길이의 합보다 작다는 초등 기하학의 기본적인 정리를 벡터의 용어를 써서 표현한 것에 지나지 않습니다. (다시 한 번 $\vec{a}+\vec{b}$ 및 $\vec{a}-\vec{b}$ 의 그림을 잘 관찰해 보십시오.)

문제 2 $\vec{a}, \vec{b}$ 를 $\vec{0}$ 가 아닌 벡터라고 할 때,

$$|\vec{a}+\vec{b}| = |\vec{a}| + |\vec{b}|$$

가 성립하는 것은 어떤 경우인지 답하시오. 또,

$$|\vec{a}-\vec{b}| = |\vec{a}| + |\vec{b}|$$

가 성립하는 것은 어떤 경우인지 답하시오.

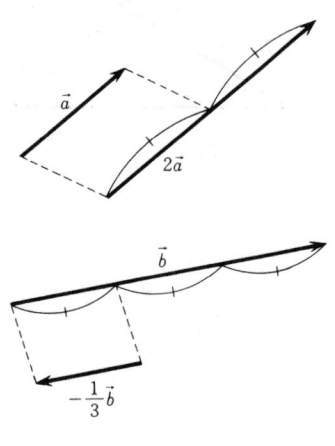

◈ 벡터의 실수배

벡터 $\vec{a}$ 와 실수 m 에 대하여, $\vec{a}$ 의 m 배 즉 $m\vec{a}$ 를 정의하겠습니다.

먼저, $\vec{a} \neq \vec{0}$ 라 합니다. 이때 $m>0$ 이면 $m\vec{a}$ 는 $\vec{a}$ 와 방향이 같고 크기가 m 배인 벡터, $m<0$ 이면 $m\vec{a}$ 는 $\vec{a}$ 와 방향이 반대이고 크기가 $|m|$ 배인 벡터, $m=0$ 이면 $m\vec{a}$ 는 영벡터 $\vec{0}$ 로 정의합니다. 왼쪽에 그림으로 나타내었습니다.

또 $\vec{a}=\vec{0}$ 일 때에는 임의의 실수 m 에 대하여 $m\vec{a}=\vec{0}$ 로 정의합니다.

정의에 따라, 특히

$$1\vec{a} = \vec{a}, \qquad (-1)\vec{a} = -\vec{a}$$
$$0\vec{a} = \vec{0}, \qquad m\vec{0} = \vec{0}$$

인 것, 또

$$|m\vec{a}| = |m||\vec{a}|$$

인 것에 주의하십시오. (이 마지막 등식에는 세 개의 | |이 있는데 $|\vec{a}|$, $|m\vec{a}|$ 는 각각 벡터 $\vec{a}$, $m\vec{a}$ 의 크기를 나타내고, $|m|$ 은 실수 m 의 절대값을 나타냅니다.)

$m=\dfrac{1}{k}$ 일 때에는 $\dfrac{1}{k}\vec{a}$ 를 $\dfrac{\vec{a}}{k}$ 로도 씁니다.

[**주의**：벡터에 대해서 수를 **스칼라**라 부르고, 벡터의 실수배를 **스칼라배**라고도 합니다.]

벡터의 실수배에 대해서는 다음 법칙이 성립합니다.

1	$(mn)\vec{a} = m(n\vec{a})$
2	$(m+n)\vec{a} = m\vec{a} + n\vec{a}$
3	$m(\vec{a} + \vec{b}) = m\vec{a} + m\vec{b}$

여기서는 이들 법칙에 대해서 하나하나 증명하지 않겠습니다. 그것은 좀 지루한 일이며, 그럴 필요도 없다고 생각하기 때문입니다. 여러분은 실제로 그림을 그려서 예를 들면 $m=3$, $n=2$ 또는 $m=3$, $n=-2$의 경우에 법칙 **1, 2**를 확인해 보십시오. 또, 법칙 **3**에 대해서는 다음 그림을 보고—— 이 그림은 $m>0$인 경우를 나타냅니다. —— 스스로 설명해 보십시오.

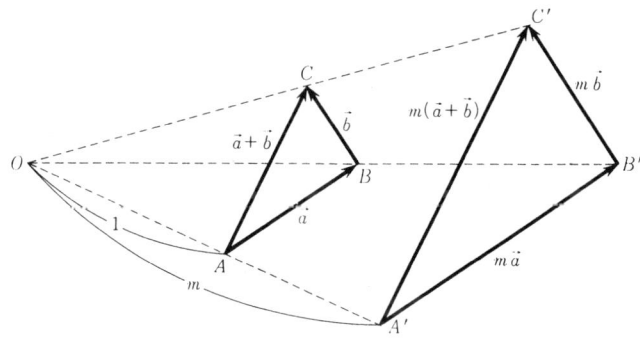

길이가 1인 벡터를 **단위벡터**라고 합니다.

일반적으로, $\vec{a}$를 $\vec{0}$가 아닌 벡터라고 할 때,

$$\vec{e} = \frac{1}{|a|}\vec{a} = \frac{\vec{a}}{|a|}$$

로 놓으면, $\vec{e}$는 $\vec{a}$와 방향이 같은 단위벡터가 됩니다. 사실 $\vec{e}$가 $\vec{a}$와 방향이 같은 것은 명백하며, 또

$$|\vec{e}| = \left| \frac{1}{|\vec{a}|}\vec{a} \right| = \frac{1}{|\vec{a}|}|\vec{a}| = 1$$

이 되기 때문입니다. 이 $\vec{e}$를 $\boldsymbol{a}$ **방향의 단위벡터**라고 합

니다.

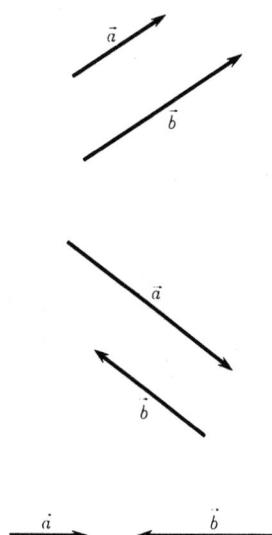

◆ 벡터의 평행

$\vec{a}, \vec{b}$ 가 $\vec{0}$ 가 아닌 두 벡터에서 같은 방향 또는 반대 방향일 때, $\vec{a}, \vec{b}$ 는 **평행**이라 하고, $\vec{a} /\!/ \vec{b}$ 로 씁니다. 왼쪽에 몇 개의 평행인 두 벡터의 그림이 있습니다.

실수배의 정의에 따라 $\vec{a} \neq \vec{0}$ 이고 m이 0이 아닌 실수이면 $m\vec{a}$ 는 $\vec{a}$ 에 평행입니다. 반대로 $\vec{a} \neq \vec{0}$, $\vec{b} \neq \vec{0}$, $\vec{a} /\!/ \vec{b}$ 이면 분명히 $\vec{b} = m\vec{a}$ 가 되는(0이 아닌) 실수 m이 존재합니다. 즉, $\vec{a} /\!/ \vec{b}$ 라는 것은

0이 아닌 어떤 실수 m에 대하여 $\vec{b} = m\vec{a}$

가 성립되는 것과 동치입니다. 그리고 이때 $\vec{b}$ 가 $\vec{a}$ 와 같은 방향이면 $m > 0$ 이고, 반대 방향이면 $m < 0$ 입니다.

A, B, C를 평면상의 다른 세 점이라 할 때, A, B, C가 동일한 직선상에 있다는 것은 벡터 $\overrightarrow{AB}$ 와 $\overrightarrow{AC}$ 가 평행이라는 것이 동치입니다. 즉,

$$\overrightarrow{AC} = m\overrightarrow{AB}$$

가 되는 (0이 아닌) 실수 m이 존재한다는 것과 동치입니다. 이 사실을 잘 기억해 두십시오.

◆ 평행이 아닌 두 벡터의 일차결합

먼저, 다음 예를 보십시오.

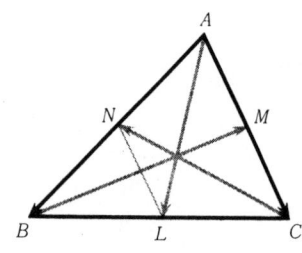

예제 $\triangle ABC$의 변 BC, CA, AB의 중점을 각각 L, M, N이라 하고, $\overrightarrow{AB} = \vec{a}$, $\overrightarrow{AC} = \vec{b}$ 라 할 때 $\overrightarrow{AL}$, $\overrightarrow{BM}$, $\overrightarrow{CN}$를 $\vec{a}, \vec{b}$ 로 나타내시오.

풀이 $\overrightarrow{AL} = \overrightarrow{AN} + \overrightarrow{NL}$ 에서,

$$\overrightarrow{AN} = \frac{1}{2}\overrightarrow{AB} = \frac{1}{2}\vec{a}$$

$$\overrightarrow{NL} = \overrightarrow{AM} = \frac{1}{2}\overrightarrow{AC} = \frac{1}{2}\vec{b}$$

그러므로

$$\overrightarrow{AL} = \overrightarrow{AN} + \overrightarrow{NL} = \frac{1}{2}\vec{a} + \frac{1}{2}\vec{b}$$

또

$$\overrightarrow{BM} = \overrightarrow{AM} - \overrightarrow{AB} = \frac{1}{2}\vec{b} - \vec{a}$$

$$\overrightarrow{CN} = \overrightarrow{AN} - \overrightarrow{AC} = \frac{1}{2}\vec{a} - \vec{b}$$

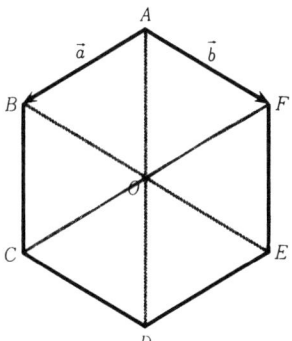

문제 3 평행사변형 $ABCD$에서 $\overrightarrow{AC}=\vec{a}$, $\overrightarrow{BD}=\vec{b}$ 라 할 때, $\overrightarrow{AB}$, $\overrightarrow{AD}$를 $\vec{a}$, $\vec{b}$ 로 나타내시오.

문제 4 정육각형 $ABCDEF$에서 $\overrightarrow{AB}=\vec{a}$, $\overrightarrow{AF}=\vec{b}$ 라 할 때, 다음 벡터를 $\vec{a}$, $\vec{b}$ 로 나타내시오.

(1) $\overrightarrow{BE}$　　　(2) $\overrightarrow{CE}$　　　(3) $\overrightarrow{BD}$

(4) $\overrightarrow{CB}$　　　(5) $\overrightarrow{DA}$　　　(6) $\overrightarrow{DF}$

[힌트 : 오른쪽 그림을 보면 답을 쉽게 얻을 것입니다. O는 이 정육각형의 중심입니다.]

일반적으로, $\vec{a}$, $\vec{b}$ 가 $\vec{0}$가 아닌 평면상의 두 벡터이고, 평행이 아니라고 합시다. 이때 평면상의 임의의 벡터 $\vec{p}$ 는

$$\vec{p} = m\vec{a} + n\vec{b}$$

의 단 한 가지만으로 나타낼 수 있습니다.

이것을 설명하기 위해 한 점 O를 잡아

$$\vec{a} = \overrightarrow{OA}, \qquad \vec{b} = \overrightarrow{OB}$$

라 합니다. 또, $\vec{p}$ 를 임의의 벡터로 하고, $\vec{p} = \overrightarrow{OP}$로 하여 그림과 같이 평행사변형 OP_1PP_2를 만듭니다.

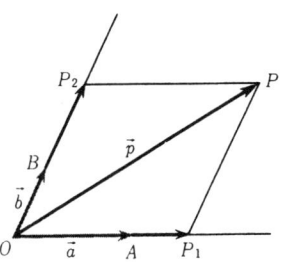

이때 $\overrightarrow{OP} = \overrightarrow{OP_1} + \overrightarrow{OP_2}$이고, $\overrightarrow{OP_1}$, $\overrightarrow{OP_2}$는 각각 (한 가지 뜻에서만 정해지는) 어떤 실수 m, n에 의해서

$$\overrightarrow{OP_1} = m\vec{a}, \quad \overrightarrow{OP_2} = n\vec{b}$$

로 나타납니다. 따라서 $\vec{p} = m\vec{a} + n\vec{b}$ 가 됩니다.

$m\vec{a} + n\vec{b}$ 의 꼴의 벡터를 $\vec{a}$, $\vec{b}$ 의 **일차결합** (또는 **선형결합**)이라고 합니다. 이 용어를 사용하면 위의 사실은 다음과 같이 말할 수 있습니다.

$\vec{a}$, $\vec{b}$를 $\vec{0}$가 아니고 서로 평행이 아닌 평면상의 두

> 벡터라고 하면, 평면상의 임의의 벡터 $\vec{p}$ 는 $\vec{a}$, $\vec{b}$ 의
> 일차결합으로서 단 한 방식으로만 나타낼 수 있다.

[문제 5] $\vec{p} = \overrightarrow{OP}$ 를 위와 같이 $\vec{p} = m\vec{a} + n\vec{b}$ 로 나타낼 때,
아래 그림의 여러 경우에 대해 m, n의 부호는 어떻게 될까
요?

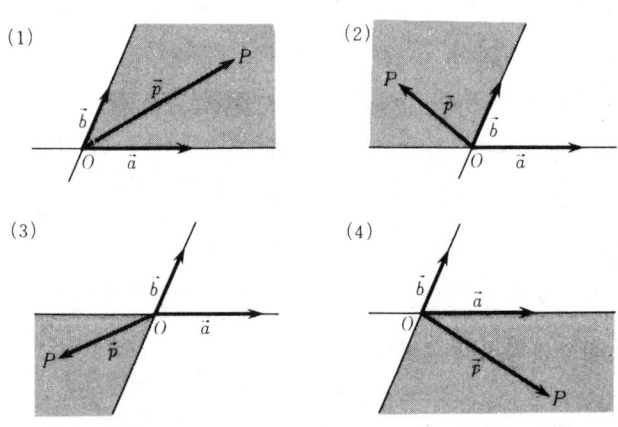

(1)　　　　(2)

(3)　　　　(4)

◆ 벡터의 성분

　　지금, 평면상에 하나의 좌표축이 주어졌다고 합시다.

　　그것의 원점을 O, x축상의 단위점을 E_1, y축상의 단위
점을 E_2라고 하면,

$$\vec{e_1} = \overrightarrow{OE_1}, \quad \vec{e_2} = \overrightarrow{OE_2}$$

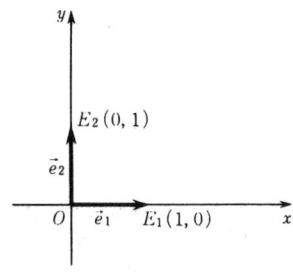

는 각각 x축, y축의 양의 방향과 같은 방향을 가지는 단
위벡터입니다. 이것들을 각각 x축 방향, y축 방향의 **기본
벡터**라고 합니다.

　　$\vec{a}$ 를 이 평면상의 임의의 벡터라 하고, $\vec{a} = \overrightarrow{OA}$ 가 되는
점 A를 잡아 그 좌표를 (a_1, a_2) 라 하면, $\vec{a}$ 는 명백히 기본
벡터 $\vec{e_1}$, $\vec{e_2}$의 일차결합으로서

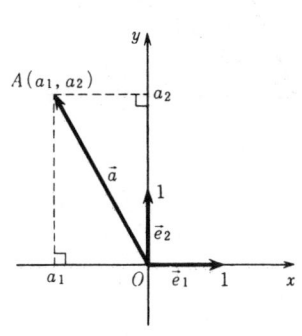

$$\vec{a} = a_1 \vec{e_1} + a_2 \vec{e_2}$$

로 나타낼 수 있습니다.

　　이때 a_1, a_2 를 각각 $\vec{a}$ 의 **x성분**, **y성분**이라 하고, $\vec{a}$ 를

간단히

$$\vec{a} = (a_1, a_2)$$

로 나타냅니다. 이 표현법을 주어진 좌표축에 관한 $\vec{a}$ 의
성분표시라 합니다.

특히 영벡터 $\vec{0}$, 단위벡터 $\vec{e_1}$, $\vec{e_2}$ 의 성분 표시는 명백히
각각

$$\vec{0} = (0, 0), \quad \vec{e_1} = (1, 0), \quad \vec{e_2} = (0, 1)$$

입니다.

이와 같이 벡터의 성분 표시를 생각하면, 평면상의 임
의의 벡터는 두 개의 실수의 쌍에 의해서 나타낼 수 있으
며, 반대로 두 개의 실수의 쌍은 평면상의 한 개의 벡터
를 나타냅니다. 이리하여 평면상의 모든 벡터와 두 개의
실수의 모든 쌍은 일대일 대응 됩니다. 지금까지 배운 우
리의 지식에 의하면 평면상에 좌표축을 설정했을 때, 두
개의 실수의 쌍은 평면상의 점의 좌표라는 의미만을 지
니고 있습니다. 그러나 이제 두 개의 실수의 쌍에는 평면
상의 벡터성분이라는 새로운 의미가 포함된 것입니다!

물론 이것은 우리의 사고의 세계를 크게 넓혀 줍니다.
한편, 두 개의 실수의 쌍이 나오면, 그것이 점인가 벡터인
가를 문맥에 따라 식별해야 한다는 새로운 문제가 제기
됩니다. 그러나 실제로는 이것은 큰 장애가 되지 않습니
다. 왜냐하면, 우리는 흔히 예를 들면 점 $(-3, 2)$, 벡터
$(4, 5)$ 등과 같은 표현을 쓰므로써 생각하고 있는 대상이
점인가 벡터인가를 명백히 하기 때문입니다.

성분 표시가 된 벡터 $\vec{a} = (a_1, a_2)$ 의 크기는 명백히 다
음 식에 의해서 주어집니다.

$$|\vec{a}| = \sqrt{a_1{}^2 + a_2{}^2}$$

㉠ $\vec{a} = (-3, 5)$ 이면

$$|\vec{a}| = \sqrt{(-3)^2 + 5^2} = \sqrt{34}$$

입니다.

또, 평면상의 두 점 A, B의 좌표를 각각 $A(x, y)$, $B(x', y')$라 하면, 벡터 $\overrightarrow{AB}$의 성분 표시는

$$\overrightarrow{AB} = (x' - x, y' - y)$$

가 됩니다.

실제로 벡터 $\overrightarrow{AB}$의 시초점을 원점 O에 평행이동시켜 $\overrightarrow{AB} = \overrightarrow{OP}$로 하면, 점 P의 좌표는 $(x' - x, y' - y)$가 되기 때문입니다.

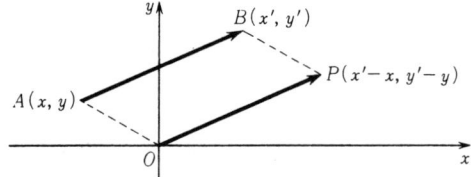

예 $A(-2, 6)$, $B(3, -1)$이면

$$\overrightarrow{AB} = (3 - (-2), -1 - 6) = (5, -7)$$

입니다.

문제 6 점 $A(-1, -2)$, $B(3, 1)$, $C(1, 9)$에 대해서, 벡터 $\overrightarrow{AB}$, $\overrightarrow{BC}$, $\overrightarrow{CA}$의 성분 표시를 나타내시오. 또, 이들 벡터의 크기를 구하시오.

다음에는 성분 표시가 된 벡터의 덧셈·뺄셈·실수배에 관해서 생각해 봅시다. 이 계산은 대수적으로 매우 단순합니다. 즉, 벡터 (a_1, a_2), (b_1, b_2)의 합 및 차, 또 벡터 (a_1, a_2)의 m배는 각각 다음 공식에 의해서 주어집니다.

1	$(a_1, a_2) + (b_1, b_2) = (a_1 + b_1, a_2 + b_2)$
2	$(a_1, a_2) - (b_1, b_2) = (a_1 - b_1, a_2 - b_2)$
3	$m(a_1, a_2) = (ma_1, ma_2)$

증명 $\vec{a} = (a_1, a_2)$, $\vec{b} = (b_1, b_2)$를 기본벡터 $\vec{e_1}$, $\vec{e_2}$를 써서 나타내면,

$$\vec{a} = a_1 \vec{e_1} + a_2 \vec{e_2}, \quad \vec{b} = b_1 \vec{e_1} + b_2 \vec{e_2}$$

따라서
$$\vec{a}+\vec{b}=(a_1\vec{e_1}+a_2\vec{e_2})+(b_1\vec{e_1}+b_2\vec{e_2})$$
$$=(a_1+b_1)\vec{e_1}+(a_2+b_2)\vec{e_2}$$

이것은 $\vec{a}+\vec{b}$의 성분 표시가 $(a_1+b_1,\ a_2+b_2)$임을 뜻합니다. 이것으로 **1**이 증명되었습니다.

2의 증명도 같습니다.

또
$$m\vec{a}=m(a_1\vec{e_1}+a_2\vec{e_2})=(ma_1)\vec{e_1}+(ma_2)\vec{e_2}$$

이므로 **3**이 성립합니다.

문제 7 다음 벡터에 대해서, $\vec{a}+\vec{b}$, $-3\vec{b}$, $2\vec{a}-5\vec{b}$를 구하시오.

(1) $\vec{a}=(2,-3)$, $\vec{b}=(-1,2)$

(2) $\vec{a}=(3,4)$, $\vec{b}=(4,-3)$

예 $\vec{a}=(2,3)$, $\vec{b}=(-1,2)$일 때 벡터 $\vec{c}=(8,5)$를 $m\vec{a}+n\vec{b}$의 꼴로 나타내시오.

풀이
$$m\vec{a}+n\vec{b}=m(2,3)+n(-1,2)$$
$$=(2m-n,\ 3m+2n)$$

따라서 $\vec{c}=m\vec{a}+n\vec{b}$로 놓으면
$$2m-n=8,\quad 3m+2n=5$$

이것을 풀면 $m=3$, $n=-2$ 〈답〉 $\vec{c}=3\vec{a}-2\vec{b}$

예 $\vec{a}=(2,-5)$, $\vec{b}=(-6,y)$가 평행이 되도록 y의 값을 정하시오.

풀이 $\vec{a}/\!/\vec{b}$이면, $\vec{b}=m\vec{a}$가 되는 실수 m이 존재합니다. 즉
$$(-6,y)=m(2,-5)=(2m,-5m)$$

따라서
$$-6=2m,\quad y=-5m$$

이 제1식으로부터 $m=-3$. 이것을 제2식에 대입하여
$y=15$ 〈답〉 $y=15$

⟮예⟯ $\vec{a}=(3, 2)$, $\vec{b}=(2, -5)$, $\vec{c}=(1, -3)$이라 합니다. 벡터 $\vec{a}+t\vec{b}$가 $\vec{c}$와 평행이 되도록 실수 t의 값을 정하시오.

⟮풀이⟯ $\vec{a}+t\vec{b} /\!/ \vec{c}$이면, $\vec{a}+t\vec{b}=k\vec{c}$, 즉

$$(3, 2)+t(2, -5)=k(1, -3)$$

이 되는 실수 k가 존재합니다. 이로부터

$$(3+2t, 2-5t)=(k, -3k)$$

그러므로

$$3+2t=k, \; 2-5t=-3k$$

이 두 식으로부터 k를 소거하면

$$2-5t=-3(3+2t)$$

이것을 풀어 $t=-11$　　　　　　　〈답〉　$t=-11$

⟮문제 8⟯ $\vec{a}=(-4, \; 3)$, $\vec{b}=(1, \; -3)$일 때 다음 벡터를 $m\vec{a}+n\vec{b}$의 꼴로 나타내시오.

(1) $\vec{c}=(0, -9)$　　(2) $\vec{d}=(13, -21)$

⟮문제 9⟯ $\vec{a}=(5, -12)$와 같은 방향의 단위벡터를 구하시오.

⟮문제 10⟯ $\vec{a}=(6, 1)$, $\vec{b}=(-3, 2)$, $\vec{c}=(3, -1)$일 때 벡터 $\vec{a}+t\vec{b}$가 $\vec{c}$와 평행이 되도록 실수 t의 값을 정하시오.

⟮문제 11⟯ $\vec{a}=(8, -2)$, $\vec{b}=(0, 2)$, $\vec{p}=\vec{a}+t\vec{b}$일 때 $|\vec{p}|=10$이 되도록 실수 t의 값을 정하시오.

◈ 벡터의 내적

벡터에는 또 하나의 중요한 계산이 남아 있습니다. 이제 그것을 설명하겠습니다.

지금 $\vec{a}$, $\vec{b}$를 두 개의 $\vec{0}$가 아닌 벡터라고 합니다. 한 점 O를 시초점으로 하여 $\vec{a}=\overrightarrow{OA}$, $\vec{b}=\overrightarrow{OB}$가 되도록 점 A, B를 잡았을 때, $\angle AOB=\theta$를 **벡터 $\vec{a}$와 $\vec{b}$가 이루는 각**이라고 합니다. 단, θ는 $0 \le \theta \le \pi$ ($0°$와 $180°$ 사이)의 범위에 있는 각으로 합니다. (특히 $\vec{a}$, $\vec{b}$가 같은 방향이면 $\theta=0$, 또 $\vec{a}$, $\vec{b}$가 반대 방향이면 $\theta=\pi$입니다.)

그럼, 앞과 같이 $\vec{a}$, $\vec{b}$가 이루는 각을 θ라 하면

$$|\vec{a}||\vec{b}|\cos\theta$$

를 $\vec{a}$와 $\vec{b}$의 **내적**이라 하고, 기호 $\vec{a}\cdot\vec{b}$로 나타냅니다. 즉

$$\vec{a}\cdot\vec{b}=|\vec{a}||\vec{b}|\cos\theta$$

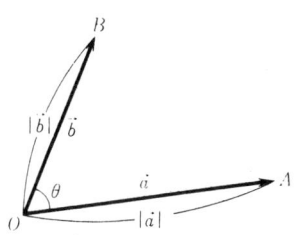

입니다.

$\vec{a}=\vec{0}$ 또는 $\vec{b}=\vec{0}$일 때는 $\vec{a}\cdot\vec{b}=0$으로 정합니다.

정의에 따라 내적 $\vec{a}\cdot\vec{b}$는 하나의 수입니다. 이것은 벡터가 아닙니다. 이 점에서 내적이라는 계산은 벡터의 덧셈이나 벡터의 실수배——벡터의 합·차·실수배는 역시 벡터였습니다——와 기본적으로 성격이 다릅니다. 여러분은 먼저 이 점을 단단히 기억해 두십시오.

[**주의** : 내적의 기호는 반드시 일정한 것이 아닙니다. 이 강의에서는 내적을 $\vec{a}\cdot\vec{b}$로 나타냈지만, 이밖에도 $(\vec{a},\ \vec{b})$와 같은 기호도 사용되고 있습니다.]

(예) 오른쪽 그림과 같은 직각삼각형을 생각합시다. 이 삼각형의 변에서 생기는 벡터에 대해서 몇 가지 내적을 구해 보면 다음과 같습니다.

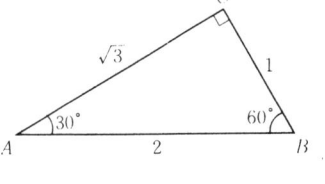

$$\overrightarrow{AB}\cdot\overrightarrow{AC}=|\overrightarrow{AB}||\overrightarrow{AC}|\cos\frac{\pi}{6}=2\sqrt{3}\cdot\frac{\sqrt{3}}{2}=3$$

$$\overrightarrow{CA}\cdot\overrightarrow{CB}=|\overrightarrow{CA}||\overrightarrow{CB}|\cos\frac{\pi}{2}=\sqrt{3}\cdot0=0$$

$$\overrightarrow{AB}\cdot\overrightarrow{BC}=|\overrightarrow{AB}||\overrightarrow{BC}|\cos\frac{2}{3}\pi=2\cdot\left(-\frac{1}{2}\right)=-1$$

문제 12 위의 삼각형에서 $\overrightarrow{AB}\cdot\overrightarrow{AB},\ \ \overrightarrow{AB}\cdot\overrightarrow{CB},\overrightarrow{AB}\cdot\overrightarrow{CA}$ 를 구하시오.

문제 13 기본벡터 $\vec{e_1}$, $\vec{e_2}$에 대해서 $\vec{e_1}\cdot\vec{e_1}$, $\vec{e_1}\cdot\vec{e_2}$, $\vec{e_2}\cdot\vec{e_2}$를 구하시오.

내적에 대해서는 다음의 성질이 성립됩니다.

내적의 성질 [A]

1        $$\vec{a}\cdot\vec{b}=\vec{b}\cdot\vec{a}$$

$$2 \qquad \vec{a} \cdot \vec{a} = |\vec{a}|^2 \qquad |\vec{a}| = \sqrt{\vec{a} \cdot \vec{a}}$$
$$3 \qquad |\vec{a} \cdot \vec{b}| \leqq |\vec{a}||\vec{b}|$$

증명 1은 명백합니다.

2 $\vec{a}$와 $\vec{a}$가 이루는 각은 0이고 cos 0＝1이므로

$$\vec{a} \cdot \vec{a} = |\vec{a}|^2$$

입니다. 후반의 식은 이 양변의 제곱근을 취하면 얻어집니다.

3 정의에 따라 $\vec{a} \cdot \vec{b} = |\vec{a}||\vec{b}| \cos \theta$이며,

$-1 \leqq \cos \theta \leqq 1$이므로

$$-|\vec{a}||\vec{b}| \leqq \vec{a} \cdot \vec{b} \leqq |\vec{a}||\vec{b}|$$

즉, **3**이 성립합니다.

문제 14 $\vec{0}$가 아닌 두 개의 벡터 $\vec{a}$, $\vec{b}$에 대하여

$$\vec{a} \cdot \vec{b} = |\vec{a}||\vec{b}|$$

가 성립하는 것은 어떤 경우일까요? 또

$$\vec{a} \cdot \vec{b} = -|\vec{a}||\vec{b}|$$

가 성립하는 것은 어떤 경우일까요?

$\vec{a}$, $\vec{b}$를 $\vec{0}$가 아닌 벡터로 하고, 이것들이 이루는 각을 θ라 합니다. 내적 $\vec{a} \cdot \vec{b}$의 부호는 cos θ의 부호와 같으므로 다음 사실을 알 수 있습니다.

θ가 예각일 때	$\vec{a} \cdot \vec{b} > 0$
θ가 직각일 때	$\vec{a} \cdot \vec{b} = 0$
θ가 둔각일 때	$\vec{a} \cdot \vec{b} < 0$

단, 여기서는 예각 중에 0도 포함시키고, 또 둔각 중에 π도 포함시킵니다.

$\vec{a}$, $\vec{b}$가 이루는 각 θ가 직각일 때, 즉 $\theta = \frac{\pi}{2}$일 때 $\vec{a}$, $\vec{b}$는 "**직교한다**" 또는 서로 "**수직이다**"라 하고, $\vec{a} \perp \vec{b}$로 씁니다. 이것은 바로 $\vec{a} \cdot \vec{b} = 0$인 경우입니다.

우리는 편의상 영벡터 $\vec{0}$는 임의의 벡터에 수직이라고

생각합니다. 그러면 일반적으로 다음이 성립합니다.

$$\vec{a} \perp \vec{b} \iff \vec{a} \cdot \vec{b} = 0$$

◆ 내적을 성분으로 나타내기

위에서 말한 벡터의 내적의 정의는 순수하게 기하학적인 정의이며, 좌표축을 잡는 일과는 전혀 관계가 없습니다. 그러나 실제적으로 우리는 좌표축을 잡아 생각하는 일이 많으며, 따라서 좌표축을 설정해서 벡터를 성분으로 나타냈을 때, 내적이 그 성분에 의해서 어떻게 나타나는가를 알 필요가 있습니다. 이것을 설명하겠습니다.

지금, 원점이 O인 좌표축을 잡고, 두 개의 $\vec{0}$가 아닌 벡터 $\vec{a}$, $\vec{b}$의 좌표축에 관한 성분 표시를 각각 $\vec{a} = (a_1, a_2)$, $\vec{b} = (b_1, b_2)$로 합니다. 즉, 오른쪽 그림과 같이 $\overrightarrow{OA} = \vec{a}$, $\overrightarrow{OB} = \vec{b}$가 되도록 점 A, B를 잡을 때, 점 A, B의 좌표를 각각 $A(a_1, a_2)$, $B(b_1, b_2)$로 합니다.

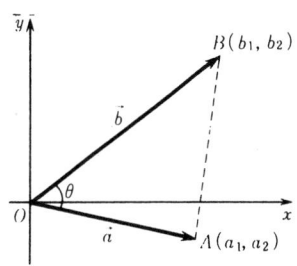

이때, 벡터 $\vec{a}$, $\vec{b}$가 이루는 각을 $\angle AOB = \theta$라 하면 코사인 정리에 의해서

$$AB^2 = OA^2 + OB^2 - 2OA \cdot OB \cdot \cos \theta$$

즉

$$2OA \cdot OB \cdot \cos \theta = OA^2 + OB^2 - AB^2 \qquad ①$$

이 성립합니다. 여기서 $OA = |\vec{a}|$, $OB = |\vec{b}|$이므로 내적의 정의에 따라 ①의 좌변은

$$2|\vec{a}||\vec{b}|\cos\theta = 2(\vec{a} \cdot \vec{b})$$

와 같습니다. 또

$$OA^2 = |\vec{a}|^2 = a_1^2 + a_2^2, \qquad OB^2 = |\vec{b}|^2 = b_1^2 + b_2^2,$$

$$AB^2 = (a_1 - b_1)^2 + (a_2 - b_2)^2$$

이므로, ①의 우변은

$$(a_1^2 + a_2^2) + (b_1^2 + b_2^2) - (a_1 - b_1)^2 - (a_2 - b_2)^2$$
$$= a_1^2 + a_2^2 + b_1^2 + b_2^2$$
$$\quad - a_1^2 + 2a_1b_1 - b_1^2 - a_2^2 + 2a_2b_2 - b_2^2$$
$$= 2(a_1b_1 + a_2b_2)$$

이 됩니다. 그러므로

$$2(\vec{a} \cdot \vec{b}) = 2(a_1 b_1 + a_2 b_2)$$

따라서

$$\vec{a} \cdot \vec{b} = a_1 b_1 + a_2 b_2$$

입니다. 물론 이 결과는 $\vec{a} = \vec{0}$ 또는 $\vec{b} = \vec{0}$일 때에도 성립합니다. 왜냐하면, 이 경우에는 $a_1 = a_2 = 0$ 또는 $b_1 = b_2 = 0$으로, 위 식의 우변은 0이 되기 때문입니다.

벡터 $\vec{a}$, $\vec{b}$의 성분 표시가 $\vec{a} = (a_1, a_2)$, $\vec{b} = (b_1, b_2)$일 때

$$\boldsymbol{\vec{a} \cdot \vec{b} = a_1 b_1 + a_2 b_2}$$

위 공식 $\vec{a} \cdot \vec{b} = a_1 b_1 + a_2 b_2$는 내적의 "대수적 정의"로 생각됩니다. 이 "대수적 정의"는——벡터의 성분 표시는 좌표축을 바꾸면 그에 따라 변하므로——(겉보기상) 좌표축을 잡는 방법과 관계가 있습니다. 그러나 실제로는 어떤 좌표축에 의한 성분 표시를 생각해도 위 식의 우변 $a_1 b_1 + a_2 b_2$는 일정한 값이 됩니다. 이것은 앞에서도 말한 바와 같이 벡터의 내적 $\vec{a} \cdot \vec{b}$는 원래 $|\vec{a}||\vec{b}| \cos \theta$로서 기하학적으로 정의되는데, 이 정의는 물론 좌표축을 잡는 것과는 아무런 관계가 없기 때문입니다.

위로부터 특히 $\vec{a} = (a_1, a_2)$, $\vec{b} = (b_1, b_2)$에 대하여

$$\boldsymbol{\vec{a} \perp \vec{b} \iff a_1 b_1 + a_2 b_2 = 0}$$

임을 알 수 있습니다.

또 일반적으로, $\vec{0}$가 아닌 벡터 $\vec{a}$, $\vec{b}$가 이루는 각을 θ라고 할 때

$$\cos \theta = \frac{\vec{a} \cdot \vec{b}}{|\vec{a}||\vec{b}|} = \frac{a_1 b_1 + a_2 b_2}{\sqrt{a_1^2 + a_2^2} \sqrt{b_1^2 + b_2^2}}$$

가 됩니다.

㉖ 벡터 $\vec{a} = (3, -1)$, $\vec{b} = (-1, 2)$가 이루는 각 θ를 구해 봅시다.

$|\vec{a}|$, $|\vec{b}|$ 및 $\vec{a} \cdot \vec{b}$를 계산하면

$$|\vec{a}| = \sqrt{10}, \qquad |\vec{b}| = \sqrt{5}$$
$$\vec{a} \cdot \vec{b} = 3 \cdot (-1) + (-1) \cdot 2 = -5$$

따라서

$$\cos \theta = \frac{\vec{a} \cdot \vec{b}}{|\vec{a}||\vec{b}|} = \frac{-5}{\sqrt{10}\sqrt{5}} = -\frac{1}{\sqrt{2}}$$

그러므로 $\theta = \dfrac{3}{4}\pi$ (즉 $135°$)입니다.

문제 15 부등식 $|\vec{a} \cdot \vec{b}| \leqq |\vec{a}||\vec{b}|$에서 $\vec{a} = (a_1, a_2)$, $\vec{b} = (b_1, b_2)$로 놓고, 실수 a_1, a_2, b_1, b_2에 관한 다음 부등식을 유도하시오.

$$(a_1 b_1 + a_2 b_2)^2 \leqq (a_1{}^2 + a_2{}^2)(b_1{}^2 + b_2{}^2)$$

문제 16 다음 두 개의 벡터가 이루는 각 θ의 코사인 (θ 자신을 간단히 구할 수 있을 때는 θ)을 구하시오.

(1) $\vec{a} = (2, 3)$, $\vec{b} = (1, -1)$

(2) $\vec{a} = (-3, 0)$, $\vec{b} = (-1, \sqrt{3})$

(3) $|\vec{a}| = |\vec{b}| = \vec{a} \cdot \vec{b} = \sqrt{2}$

문제 17 $\vec{a} = (2, 3)$, $\vec{b} = (1, -1)$일 때, 다음 각 쌍의 벡터가 직교하도록 실수 x의 값을 정하시오.

(1) $\vec{a}$, $\vec{a} + x\vec{b}$

(2) $\vec{a} - \vec{b}$, $\vec{a} + x\vec{b}$

(3) $\vec{a} + x\vec{b}$, $\vec{a} - x\vec{b}$

그런데 위에서 말한 "대수적 정의"를 이용하면 내적에 관해서 다음과 같은 성질이 유도됩니다.

내적의 성질 [B]

4	$\vec{a} \cdot (\vec{b} + \vec{c}) = \vec{a} \cdot \vec{b} + \vec{a} \cdot \vec{c}$
5	$(\vec{a} + \vec{b}) \cdot \vec{c} = \vec{a} \cdot \vec{c} + \vec{b} \cdot \vec{c}$
6	$\vec{a} \cdot (m\vec{b}) = (m\vec{a}) \cdot \vec{b} = m(\vec{a} \cdot \vec{b})$

증명　**4**　$\vec{a} = (a_1, a_2)$, $\vec{b} = (b_1, b_2)$, $\vec{c} = (c_1, c_2)$ 라고
하면 $\vec{b} + \vec{c} = (b_1 + c_1, b_2 + c_2)$ 이므로

$$\vec{a} \cdot (\vec{b} + \vec{c}) = a_1(b_1 + c_1) + a_2(b_2 + c_2)$$
$$= (a_1b_1 + a_2b_2) + (a_1c_1 + a_2c_2)$$
$$= \vec{a} \cdot \vec{b} + \vec{a} \cdot \vec{c}$$

이것으로 **4**가 증명되었습니다.

5는 **4**와 내적의 교환법칙 (487페이지의 성질 **1**)으로
부터 명백합니다.

6　위와 같이 $\vec{a} = (a_1, a_2)$, $\vec{b} = (b_1, b_2)$라고 하면

$$\vec{a} \cdot (m\vec{b}) = (a_1, a_2) \cdot (mb_1, mb_2)$$
$$= a_1(mb_1) + a_2(mb_2)$$
$$= m(a_1b_1 + a_2b_2) = m(\vec{a} \cdot \vec{b})$$

$(m\vec{a}) \cdot \vec{b} = m(\vec{a} \cdot \vec{b})$ 의 증명도 같습니다.

[주의 : 위의 **6**은 내적의 "기하학적 정의"로부터도 직접
적으로 증명할 수 있지만, **4**(및 **5**)의 증명은 "기하학적
정의"로는 쉽지 않습니다.]

예　다음 등식을 증명하시오.

(1)　$|\vec{a} + \vec{b}|^2 = |\vec{a}|^2 + 2(\vec{a} \cdot \vec{b}) + |\vec{b}|^2$

(2)　$|\vec{a} + \vec{b}|^2 + |\vec{a} - \vec{b}|^2 = 2(|\vec{a}|^2 + |\vec{b}|^2)$

증명　(1)　$|\vec{a} + \vec{b}|^2 = (\vec{a} + \vec{b}) \cdot (\vec{a} + \vec{b})$
$$= \vec{a} \cdot (\vec{a} + \vec{b}) + \vec{b} \cdot (\vec{a} + \vec{b})$$
$$= \vec{a} \cdot \vec{a} + \vec{a} \cdot \vec{b} + \vec{b} \cdot \vec{a} + \vec{b} \cdot \vec{b}$$
$$= |\vec{a}|^2 + 2(\vec{a} \cdot \vec{b}) + |\vec{b}|^2$$

(2)　(1)의 $\vec{b}$를 $-\vec{b}$로 바꾸어 $\vec{a} \cdot (-\vec{b}) = -\vec{a} \cdot \vec{b}$,
$|-\vec{b}| = |\vec{b}|$가 되는 것을 이용하면,

$$|\vec{a} - \vec{b}|^2 = |\vec{a}|^2 - 2(\vec{a} \cdot \vec{b}) + |\vec{b}|^2$$

이것과 (1)의 결과를 합하여

$$|\vec{a} + \vec{b}|^2 + |\vec{a} - \vec{b}|^2 = 2(|\vec{a}|^2 + |\vec{b}|^2)$$

위 예의 (1)로부터 특히

$$\vec{a} \perp \vec{b} \iff |\vec{a} + \vec{b}|^2 = |\vec{a}|^2 + |\vec{b}|^2$$

임을 알 수 있습니다. 이것이 바로 **피타고라스의 정리**인
것입니다. (왜 그럴까요?)

또 (2)는, $\triangle ABC$에서 변 BC의 중점을 M이라 하면
$$AB^2 + AC^2 = 2(AM^2 + BM^2)$$
이 성립되는 것을 뜻합니다.(오른쪽 그림을 보십시오.) 이 것은 이미 293페이지의 예제에서도 증명된 것이지만, 위와 같이 벡터의 계산을 이용하면 증명이 보다 간단 명료 해집니다.

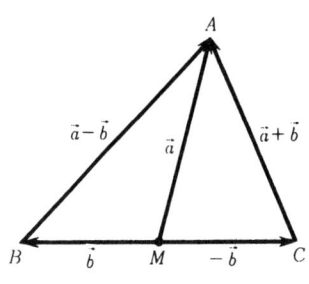

(2)는 또한 "평행사변형의 네 변을 제곱한 것의 합은 두 대각선의 제곱의 합과 같다"는 것을 나타낸다고도 해석할 수 있습니다.(오른쪽 그림을 보십시오.) 그러므로 이 등식을 **평행사변형 등식**이라고 합니다.

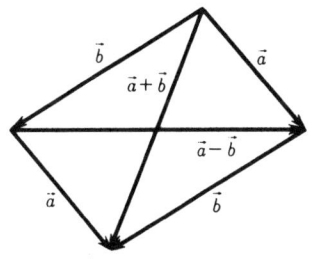

문제 18 $\vec{0}$가 아닌 두 개의 벡터 $\vec{a}, \vec{b}$에 대하여
$$|\vec{a} + \vec{b}| = |\vec{a} - \vec{b}|$$
이면 $\vec{a} \perp \vec{b}$임을 증명하시오.

문제 19 $|\vec{a}| = 5$, $|\vec{b}| = 2$, $|\vec{a} - \vec{b}| = 3\sqrt{5}$일 때, $\vec{a} \cdot \vec{b}$, $|\vec{a} + \vec{b}|$, $|\vec{a} + 2\vec{b}|$, $|\vec{a} - 2\vec{b}|$의 값을 구하시오.
[힌트 : $|\vec{a} - \vec{b}|^2$을 계산해 보십시오.]

예제 $\vec{a}, \vec{b}$를 두 개의 $\vec{0}$가 아닌 벡터라 하고, $\vec{a} - t\vec{b}$가 $\vec{b}$와 수직이 되는 t의 값을 t_0이라 할 때
(1) t_0을 $\vec{a}, \vec{b}$로 나타내시오.
(2) $|\vec{a} - t_0\vec{b}|$는 $|\vec{a} - t\vec{b}|$의 최소값을 주는 일, 즉 임의의 실수 t에 대하여
$$|\vec{a} - t_0\vec{b}| \leq |\vec{a} - t\vec{b}|$$
가 성립하는 것을 증명하시오.

증명 (1) $(\vec{a} - t_0\vec{b}) \cdot \vec{b} = 0$으로부터
$$\vec{a} \cdot \vec{b} - t_0(\vec{b} \cdot \vec{b}) = 0$$
그러므로
$$t_0 = \frac{\vec{a} \cdot \vec{b}}{\vec{b} \cdot \vec{b}}$$

(2)　임의의 실수 t에 대하여

$$\vec{a}-t\vec{b}=(\vec{a}-t_0\vec{b})+(t_0-t)\vec{b}$$

이고, t_0을 정하는 방법에 따라 $(\vec{a}-t_0\vec{b})\perp(t_0-t)\vec{b}$입니다. 따라서 피타고라스의 정리로부터

$$|\vec{a}-t\vec{b}|^2=|\vec{a}-t_0\vec{b}|^2+|(t_0-t)\vec{b}|^2$$

이 성립합니다. 그러므로

$$|\vec{a}-t_0\vec{b}|^2\leqq|\vec{a}-t\vec{b}|^2$$

즉　　　　　$$|\vec{a}-t_0\vec{b}|\leqq|\vec{a}-t\vec{b}|$$

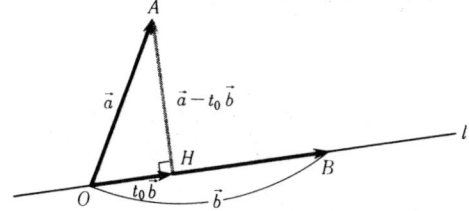

　　위 예제의 $t_0\vec{b}$를 $\vec{a}$의 $\vec{b}$에 따르는 **사영**(또는 $\vec{b}$방향의 성분벡터)라 하고, t_0을 $\vec{a}$의 $\vec{b}$에 따르는 (또는 $\vec{b}$ 방향의) **성분**이라고 합니다. 위의 그림을 보면 아마도 이 말들의 뜻을 시각적으로 이해할 수 있을 것입니다. 또 $|\vec{a}-t_0\vec{b}|$는 위의 그림에서, 점 A로부터 벡터 $\vec{b}$가 정하는 직선 l에 내린 수선 AH의 길이, 즉 점 A와 직선 l상의 점과의 최단 거리를 나타냅니다. 이것이 예제의 (2)에 있는 부등식의 뜻입니다.

　문제 20　다음의 $\vec{a}$, $\vec{b}$에 대하여, $\vec{a}$의 $\vec{b}$에 따르는 성분을 구하시오. 또 t가 모든 실수를 움직일 때, $|\vec{a}-t\vec{b}|$의 최소값을 구하시오.

(1)　$\vec{a}=(3,4)$,　$\vec{b}=(2,1)$

(2)　$\vec{a}=(1,-3)$,　$\vec{b}=(-1,1)$

(3)　$|\vec{a}|=3$,　$|\vec{b}|=2$,　$\vec{a}\cdot\vec{b}=4$

◈ 평행사변형의 넓이

$\vec{a}, \vec{b}$를 $\vec{0}$가 아니며 서로 평행하지 않는 두 벡터라 하고, $\vec{a} = \overrightarrow{OA}, \vec{b} = \overrightarrow{OB}$라 합니다. OA, OB를 두 변으로 하는 평행사변형 $OACB$ —— 이것을 벡터 $\vec{a}, \vec{b}$를 두 변으로 하는 평행사변형이라고 합니다. —— 의 넓이 S를 구해 봅시다.

벡터 $\vec{a}, \vec{b}$가 이루는 각을 θ라 하고, B에서 변 OA에 내린 수선을 BH라 하면,

$$BH = OB \sin \theta = |\vec{b}| \sin \theta$$

따라서

$$S = OA \cdot BH = |\vec{a}| |\vec{b}| \sin \theta$$

입니다. 이 양변을 제곱하고 변형하면,

$$\begin{aligned} S^2 &= |\vec{a}|^2 |\vec{b}|^2 \sin^2 \theta \\ &= |\vec{a}|^2 |\vec{b}|^2 (1 - \cos^2 \theta) \\ &= |\vec{a}|^2 |\vec{b}|^2 - |\vec{a}|^2 |\vec{b}|^2 \cos^2 \theta \\ &= |\vec{a}|^2 |\vec{b}|^2 - (\vec{a} \cdot \vec{b})^2 \end{aligned}$$

그러므로

$$S = \sqrt{|\vec{a}|^2 |\vec{b}|^2 - (\vec{a} \cdot \vec{b})^2}$$

이것이 구하는 평행사변형의 넓이입니다.

보다 구체적으로 $\vec{a}, \vec{b}$가 $\vec{a} = (a_1, a_2), \vec{b} = (b_1, b_2)$로 성분 표시된 경우를 생각해 봅시다. 이때 위 식의 근호 안은

$$\begin{aligned} |\vec{a}|^2 |\vec{b}|^2 - (\vec{a} \cdot \vec{b})^2 &= (a_1^2 + a_2^2)(b_1^2 + b_2^2) \\ &\quad - (a_1 b_1 + a_2 b_2)^2 \\ &= (a_1 b_2 - a_2 b_1)^2 \end{aligned}$$

이 되므로 다음 공식이 얻어집니다.

$$S = |a_1 b_2 - a_2 b_1|$$

또한, 벡터 $\vec{a}, \vec{b}$를 두 변으로 하는 삼각형은 위에서 생각한 평행사변형의 절반입니다. 따라서 그 넓이는

$$\frac{1}{2} |a_1 b_2 - a_2 b_1|$$

이 됩니다.

문제 21 다음의 벡터 $\vec{a}$, $\vec{b}$를 두 변으로 하는 평행사변형의 넓이를 구하시오.

(1) $\vec{a} = (5, 1)$, $\vec{b} = (-4, 3)$

(2) $\vec{a} = (1, 8)$, $\vec{b} = (7, -2)$

(3) $|\vec{a}| = 4$, $|\vec{b}| = 6$, $|\vec{a} + \vec{b}| = 8$

문제 22 다음을 세 꼭지점으로 갖는 삼각형의 넓이를 구하시오.

(1) $(0, 0)$, $(3, 4)$, $(1, -2)$

(2) $(2, 1)$, $(-1, 3)$, $(3, 6)$

9.2 벡터의 응용

이 절에서는 벡터를 이용하여 여러 가지 도형의 성질을 더 상세히 살펴보기로 합시다.

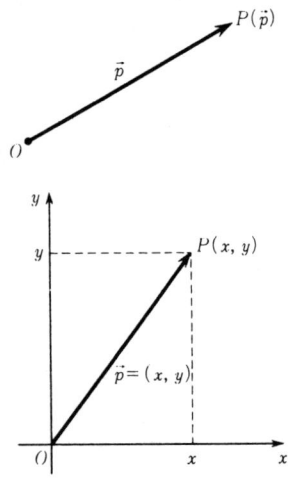

◆ 위치벡터

평면상에 한 점 O를 정합니다. 이때 P를 평면상의 임의의 점이라 하면 벡터 $\overrightarrow{OP} = \vec{p}$가 정해지고, 반대로 벡터 $\vec{p}$를 주면 $\overrightarrow{OP} = \vec{p}$가 되는 점 P가 단 하나 정해집니다. 이렇게 해서 점과 벡터가 일대일로 대응하고, 따라서 점 P를 나타내는데 벡터 $\overrightarrow{OP} = \vec{p}$를 사용할 수가 있습니다. 벡터 $\overrightarrow{OP} = \vec{p}$를, O를 **기준** 또는 **원점**──이 "원점"은 좌표축의 "원점"과 뜻이 다릅니다──으로 하는 (또는 점 O에 관한) 점 P의 **위치벡터**라고 합니다. 특히 기준이 되는 점(원점) O의 위치벡터는 $\vec{0}$입니다.

점 P의 위치벡터가 $\vec{p}$인 것을 $P(\vec{p})$로 씁니다.

점의 위치벡터를 생각할 때, 기준점 O는 어디에 잡아도 상관없습니다. 우리는 제시된 문제를 다루기 위해서 가장 편리한 점을 기준점으로 선정하면 됩니다. 단, 좌표축이 정해져 있는 평면에서는 흔히 그 좌표의 원점 O를 기준점으로 잡습니다. 이와 같이 좌표의 원점을 기준점

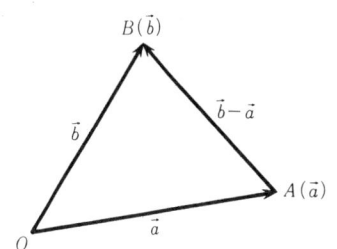

으로 잡았을 때는,

> 평면상의 임의의 점 P에 대하여, 그 좌표 (x, y)
> 가 그대로 P의 위치벡터 $\vec{p}$의 성분 표시가 된다

는 것을 주의해 두십시오.

일반적인 경우로 돌아가서, 어떤 기준점 O를 정하고, 두 점 A, B의 위치벡터를 각각 $\overrightarrow{OA}=\vec{a}$, $\overrightarrow{OB}=\vec{b}$로 합니다. 이때 $\overrightarrow{AB}$는 $\overrightarrow{AB}=\overrightarrow{OB}-\overrightarrow{OA}$이므로

$$\overrightarrow{AB}=\vec{b}-\vec{a}$$

가 됩니다.

즉, 다음이 성립합니다.

$$A(\vec{a}),\ B(\vec{b})\text{일 때 } \overrightarrow{AB}=\vec{b}-\vec{a}$$

이것은 매우 중요합니다. 앞으로도 많이 사용될 것입니다. 이것을 말로 나타내면 "벡터 $\overrightarrow{AB}$는 '종점 B의 위치 벡터에서 시초점 A의 위치 벡터를 뺀 차'와 같다"입니다. 이것을 꼭 기억해 두십시오.

문제 23 사각형 $ABCD$의 네 꼭지점 A, B, C, D의 위치벡터를 각각 $\vec{a}, \vec{b}, \vec{c}, \vec{d}$라 할 때, 이 사각형이 평행사변형이기 위한 필요충분조건은 $\vec{a}+\vec{c}=\vec{b}+\vec{d}$임을 증명하시오.

◆ 분점의 위치벡터

두 점 $A(\vec{a})$, $B(\vec{b})$를 연결하는 선분 AB를 $m:n$ (단, $m>0$, $n>0$)으로 내분하는 점 C의 위치벡터를 $\vec{c}$라 합니다.

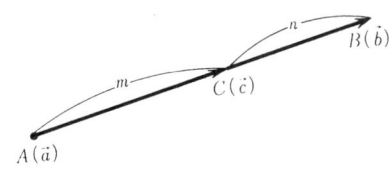

이때, 벡터 $\overrightarrow{AC}$와 $\overrightarrow{CB}$의 방향은 같고, 길이의 비가 $m:n$이므로

$$n\overrightarrow{AC}=m\overrightarrow{CB}$$

가 성립합니다. 따라서

$$n(\vec{c} - \vec{a}) = m(\vec{b} - \vec{c})$$

이것을 $\vec{c}$에 관해서 풀면

$$\vec{c} = \frac{n\vec{a} + m\vec{b}}{m+n}$$

이것이 선분 AB를 $m : n$으로 내분하는 점의 위치벡터입니다. 특히 선분 AB의 중점의 위치벡터는

$$\frac{\vec{a} + \vec{b}}{2}$$

가 됩니다.

평면상에 좌표축이 정해졌을 때, 점 A, B, C의 좌표를 각각 $(a_1, a_2), (b_1, b_2), (c_1, c_2)$로 하면, 앞에서 주목한 바와 같이 $\vec{a} = (a_1, a_2), \vec{b} = (b_1, b_2), \vec{c} = (c_1, c_2)$이므로 위 등식의 양변의 x성분, y성분을 비교함으로써

$$c_1 = \frac{na_1 + mb_1}{m+n}, \quad c_2 = \frac{na_2 + mb_2}{m+n}$$

를 얻습니다. 이 공식은 이미 **295**페이지에서 배웠습니다. [단, 거기서는 A, B의 좌표를 각각 $(x_1, y_1), (x_2, y_2)$로 썼습니다.]

마찬가지로, 두 점 $A(\vec{a}), B(\vec{b})$를 연결하는 선분 AB를 $m : n$으로 외분하는 점 D의 위치벡터 $\vec{d}$는

$$\vec{d} = \frac{-n\vec{a} + m\vec{b}}{m-n}$$

임이 증명됩니다. 이 증명은 여러분이 직접 해보십시오.

$\triangle ABC$의 세 꼭지점 A, B, C의 위치벡터를 각각 $\vec{a}, \vec{b}, \vec{c}$라 하고 무게중심 G의 위치벡터를 $\vec{g}$라 합니다. 변 BC의 중점을 $L(\vec{l})$이라 하면

$$\vec{l} = \frac{\vec{b} + \vec{c}}{2}$$

이며, G는 선분 AL을 2:1로 내분하는 점이므로

$$\vec{g} = \frac{1\vec{a} + 2\vec{l}}{2+1} = \frac{\vec{a} + \vec{b} + \vec{c}}{3}$$

즉, $A(\vec{a}), B(\vec{b})$ $C(\vec{c})$를 세 꼭지점으로 하는 $\triangle ABC$의

무게중심의 위치벡터는

$$\frac{\vec{a} + \vec{b} + \vec{c}}{3}$$

입니다. 이것도 기본적인 것이므로 단단히 기억해 두십시오.

문제 24 평면상의 △ABC와 점 G에 대해서 다음을 증명하시오.

G가 △ABC의 무게중심 $\Longleftrightarrow$ $\overrightarrow{GA} + \overrightarrow{GB} + \overrightarrow{GC} = \vec{0}$

문제 25 평면상의 △ABC의 무게중심을 G라 할 때, 평면상의 임의의 점 P에 대하여

$$\overrightarrow{PA} + \overrightarrow{PB} + \overrightarrow{PC} = 3\overrightarrow{PG}$$

가 성립하는 것을 증명하시오.

문제 26 육각형의 여섯 개의 변의 중점을 L, P, M, Q, N, R 이라고 할 때 △LMN의 무게중심과 △PQR의 무게중심이 일치하는 것을 증명하시오.

◆ 일직선상에 있는 세 점

평면상의 세 점 A, B, C가 일직선상에 있다는 것은,

$$\overrightarrow{AC} = m\overrightarrow{AB}$$

가 되는 실수 m이 존재한다는 것과 동치입니다. 이 사실은 이미 **480**페이지에서 언급했습니다. 이것을 이용해서, 다음과 같은 문제를 풀 수가 있습니다.

예제 평행사변형 ABCD의 변 CD를 1:3으로 내분하는 점을 E, 변 BC를 4:1로 외분하는 점을 F라고 할 때, 세 점 A, E, F는 일직선상에 있다는 것을 증명하시오.

증명 점 A를 기준점으로 하고, 점 B, D의 위치벡터를 각각 $\vec{b}, \vec{d}$라 할 때, 점 C의 위치벡터는 $\vec{b} + \vec{d}$입니다. 따라서 내분점, 외분점의 위치벡터의 공식에 따라

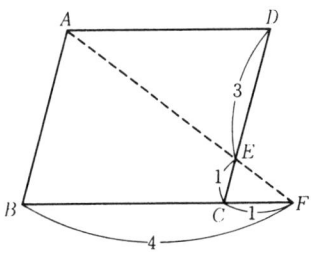

$$\overrightarrow{AE} = \frac{3(\vec{b}+\vec{d})+\vec{d}}{1+3} = \frac{3\vec{b}+4\vec{d}}{4}$$

$$\overrightarrow{AF} = \frac{-\vec{b}+4(\vec{b}+\vec{d})}{4-1} = \frac{3\vec{b}+4\vec{d}}{3}$$

그러므로

$$\overrightarrow{AF} = \frac{4}{3}\overrightarrow{AE}$$

따라서 세 점 A, E, F는 일직선상에 있습니다.

문제 27 $\vec{a}$, $\vec{b}$를 두 개의 평행이 아닌 벡터라고 할 때,
$$\vec{p} = \vec{a}+\vec{b}, \quad \vec{q} = 3\vec{a}-2\vec{b}, \quad \vec{r} = -3\vec{a}+7\vec{b}$$
를 위치벡터로 하는 세 점 P, Q, R이 일직선상에 있다는 것을 증명하시오.

문제 28 평행사변형 $ABCD$의 변 AB를 $2:1$로 내분하는 점을 E, 대각선 BD를 $1:3$으로 내분하는 점을 F라고 할 때, 세 점 C, E, F가 일직선상에 있다는 것을 증명하시오.

문제 29 $\triangle ABC$의 변 BC를 $2:1$로 외분하는 점을 P, 변 CA를 $2:3$으로 내분하는 점을 Q, 변 AB를 $3:4$로 내분하는 점을 R이라 할 때, 세 점 P, Q, R은 일직선상에 있다는 것을 증명하시오.

◆ 교점의 위치벡터를 구하기

481페이지에서 말한 바와 같이, $\vec{a}$, $\vec{b}$를 $\vec{0}$가 아니고 서로 평행이 아닌 평면상의 두 벡터라고 하면, 평면상의 임의의 벡터는 $m\vec{a}+n\vec{b}$의 꼴——이것을 $\vec{a}$, $\vec{b}$의 일차결합이라고 불렀습니다. ——의 단 한 가지로 나타납니다. 이 사실로부터 특히 다음을 알 수 있습니다.
$$m\vec{a}+n\vec{b} = m'\vec{a}+n'\vec{b} \implies m=m', \, n=n'$$
이것을 이용해서 다음 예제와 같이 두 직선이나 선분의 교점의 위치벡터를 구할 수가 있습니다.

예제 $\triangle ABC$에서, 변 AB를 $4:3$으로 내분하는 점

을 N, 변 AC를 $5:3$으로 내분하는 점을 M으로 하고, 선분 BM과 선분 CN의 교점을 P로 합니다. $\overrightarrow{AB}=\vec{b}$, $\overrightarrow{AC}=\vec{c}$로 하여 $\overrightarrow{AP}$를 $\vec{b}$, $\vec{c}$로 나타내시오.

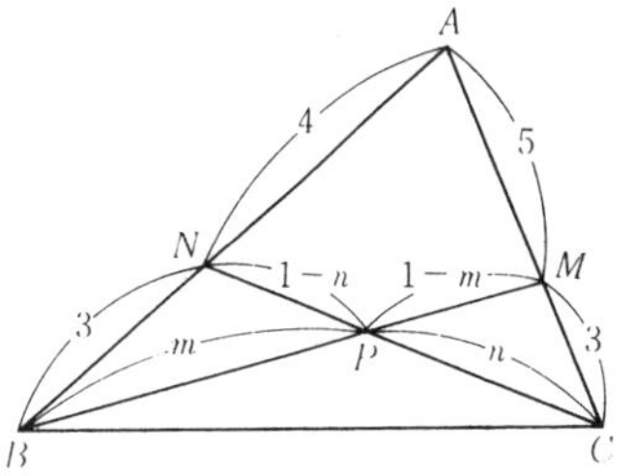

풀이 점 A를 기준점으로 하면 B, C, N, M의 위치벡터는 각각 다음과 같이 됩니다.

$$B(\vec{b}), \quad C(\vec{c}), \quad N\left(\frac{4}{7}\vec{b}\right), \quad M\left(\frac{5}{8}\vec{c}\right)$$

지금 오른쪽 그림과 같이 $BP:PM=m:1-m$으로 하면

$$\overrightarrow{AP}=(1-m)\vec{b}+m\cdot\frac{5}{8}\vec{c} \qquad ①$$

또 $CP:PN=n:1-n$으로 하면

$$\overrightarrow{AP}=n\cdot\frac{4}{7}\vec{b}+(1-n)\vec{c} \qquad ②$$

①, ②의 우변에 있는 $\vec{b}$, $\vec{c}$의 계수는 각각 일치하므로

$$1-m=\frac{4}{7}n, \quad \frac{5}{8}m=1-n$$

m, n에 관한 연립방정식을 풀면

$$m=\frac{2}{3}, \quad n=\frac{7}{12}$$

이 m의 값을 ①에 대입하면

$$\overrightarrow{AP}=\frac{1}{3}\vec{b}+\frac{5}{12}\vec{c}$$

문제 30 위의 예제에 대해서 다음 물음에 답하시오.

(1) 점 P는 선분 BM 및 선분 CN을 각각 어떤 비로 내분할까요?

(2) AP의 연장이 변 BC와 만나는 점을 L이라고 할 때, $\overrightarrow{AL}$를 $\vec{b}$, $\vec{c}$로 나타내시오. 또 점 L은 변 BC를 어떤 비로 내분할까요?

문제 31 평행사변형 $ABCD$의 변 BC를 $2:1$로 내분하는 점을 P로 하고, AP와 BD의 교점을 Q로 할 때 $\overrightarrow{AB}=\vec{b}$, $\overrightarrow{AD}=\vec{d}$로 하여 $\overrightarrow{AQ}$를 $\vec{b}$, $\vec{d}$로 나타내시오.

문제 32 평면상에 $\triangle ABC$와 점 P가 있고, $\overrightarrow{AB}=\vec{b}$, $\overrightarrow{AC}=\vec{c}$라 하면

$$6\overrightarrow{AP}=2\vec{b}+3\vec{c}$$

로 됩니다. 직선 AP, BP, CP가 대변 BC, CA, AB와 만나는 점을 각각 L, M, N이라 할 때, $\overrightarrow{AL}$, $\overrightarrow{AM}$, $\overrightarrow{AN}$을 $\vec{b}$, $\vec{c}$로 나타내시오. 또, L, M, N은 선분 BC, CA, AB를 각각 어떤 비로 분할할까요?

◆ 직선의 방정식

평면상에 한 좌표축이 정해졌다 하고, 그 평면상의 직선의 방정식을 벡터의 관점에서 살펴보기로 합시다.

벡터의 개념을 써서 직선의 방정식을 결정하는 데는 기본적으로 두 가지 방법이 있습니다. 하나는 주어진 점을 지나 주어진 벡터에 <u>평행인</u> 직선의 방정식을 구하는 일, 또 하나는 주어진 점을 지나 주어진 벡터에 수직인 직선의 방정식을 구하는 일입니다.

이제부터 점의 위치벡터는 좌표의 원점 O를 기준으로 정합니다.

[1] <u>정점 $P_0(\vec{p_0})$을 지나 $\vec{0}$가 아닌 벡터 $\vec{d}$에 평행인 직선</u>

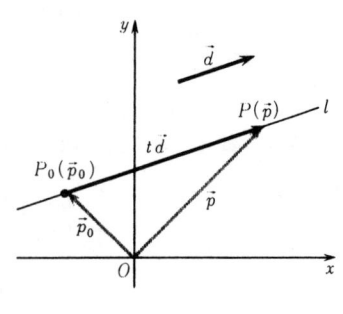

이 직선을 l이라고 하면, 점 $P(\vec{p})$가 직선 l상에 있다는 것은 벡터 $\overrightarrow{P_0P}$가 $\vec{d}$에 평행이라는 것, 즉

$$\overrightarrow{P_0P}=t\vec{d}$$

가 되는 실수 t가 존재한다는 것과 동치입니다.

위치벡터를 써서 위의 등식을 고쳐 쓰면

$$\vec{p}-\vec{p_0}=t\vec{d}$$

즉

$$\vec{p}=\vec{p_0}+t\vec{d} \qquad\qquad ①$$

①에서 t가 모든 실수를 움직이면 점 $P(\vec{p})$는 명백히 직선 l상의 모든 점을 움직입니다.

①을 직선 l의 **벡터방정식**이라 하고, t를 **매개변수** 또는 **파라미터**라고 합니다. 또 $\vec{d}$를 직선 l의 **방향벡터**라고 합니다. 물론 $\vec{d}$가 직선 l의 방향벡터이면, 0이 아닌 실수 k에 대하여 $k\vec{d}$도 l의 방향벡터입니다.

위에서 정점 P_0의 좌표를 $(x_0,\ y_0)$, 동점 P의 좌표를 $(x,\ y)$로 하고, 또 $\vec{d}=(a,\ b)$로 하면, $\vec{p_0}=(x_0,\ y_0)$, $\vec{p}=(x,\ y)$ 이므로 ①은

$$(x,\ y)=(x_0,\ y_0)+t(a,\ b)$$

즉,

$$\begin{cases} x=x_0+at \\ y=y_0+bt \end{cases} \qquad ②$$

로 나타낼 수 있습니다. 이것은 벡터방정식을 좌표를써서 나타낸 것입니다. ①이나 ②를 직선 l의 **매개변수 표시**라고 합니다. $\vec{d}$는 $\vec{0}$가 아니므로 ②에서 a, b 중 적어도 한쪽은 0이 아닙니다.

우리는 ②로 나타낸 직선을 보통의 방정식의 꼴로 다시 쓸 수가 있습니다. 실제로, 먼저 $a=0$이면 ②는 y축에 평행인 직선 $x=x_0$을 나타냅니다. (이 경우 $b\neq 0$이므로 $y=y_0+bt$는 모든 실수값을 취할 수 있다는 데에 주목하십시오.) 마찬가지로 $b=0$이면 ②는 x축에 평행인 직선 $y=y_0$을 나타냅니다. 또 $a\neq 0$, $b\neq 0$이면, ②에서 t를 소거하여

$$\frac{x-x_0}{a}=\frac{y-y_0}{b}$$

즉,

$$y-y_0=\frac{b}{a}(x-x_0)$$

이 되며, 이것은 점 $(x_0,\ y_0)$을 지나고 기울기가 $\dfrac{b}{a}$인 직선의 방정식으로서 우리가 익히 아는 꼴입니다.

[예] 점 $(2,\ -3)$을 지나고 $\vec{d}=(3,\ 2)$를 방향벡터로 하는 직선 l을 생각합시다. 매개변수 l을 사용하여 l을 ②의 꼴로 나타내면,

$$\begin{cases} x=2+3t \\ y=-3+2t \end{cases}$$

이것이 l의 매개변수표시입니다. 여기에서 t를 소거하면 $\dfrac{x-2}{3}=\dfrac{y+3}{2}$, 즉

$$y+3=\frac{2}{3}(x-2)$$

다시 분모를 없애고 정리하면

$$2x - 3y - 13 = 0$$

이것은 직선 l의 일반형의 방정식입니다.

예 반대로 x, y에 관한 보통의 일차방정식의 꼴로 주어진
직선을 매개변수를 사용해서 표현하는 것을 생각해 봅
시다. 예를 들면 방정식

$$3x + 4y - 17 = 0$$

으로 표시되는 직선을 l라 합니다. 이 직선 l은 점 (3,
2)를 지납니다. 왜냐하면 $3 \cdot 3 + 4 \cdot 2 - 17 = 0$이기 때문
입니다. 따라서 l의 방정식은

$$3x + 4y - 3 \cdot 3 - 4 \cdot 2 = 0$$
$$3(x-3) + 4(y-2) = 0$$

으로 고쳐 쓸 수 있고,

$$\frac{x-3}{4} = \frac{y-2}{-3} = t$$

로 놓으면,

$$x = 3 + 4t, \quad y = 2 - 3t$$

가 됩니다. 이것이 직선 l의 하나의 매개변수표시입니
다. 물론 이 두 식을 정리해서 벡터방정식의 꼴로

$$(x, y) = (3, 2) + t(4, -3)$$

으로 쓸 수도 있습니다. 그리고 말할 나위도 없는 일이
지만 직선 l을 매개변수로 표시하는 방법은 한 가지가
아닙니다. 왜냐하면 점 (x_0, y_0)은 l상의 임의의 점을
잡을 수가 있고, 방향벡터 $\vec{d}$도 그것에 평행인 임의의
벡터로 바꿀 수 있기 때문입니다.

예 평면상에 원점 O와 서로 다른 두 점 A, B가 있고, $O,$
A, B는 일직선상에 없는 것으로 합니다. 점 A, B의 위
치벡터를 $A(\vec{a}), B(\vec{b})$로 하여, $\angle AOB$의 이등분선의
벡터방정식을 구해 봅시다.

지금 $\vec{a}, \vec{b}$와 방향이 같은 단위벡터를 각각

$$\vec{a'} = \frac{\vec{a}}{|\vec{a}|}, \qquad \vec{b'} = \frac{\vec{b}}{|\vec{b}|}$$

로 하고, $\overrightarrow{a'}$, $\overrightarrow{b'}$를 위치벡터로 하는 점을 각각 A', B'로 합니다. 이때, 오른쪽 그림과 같이 평행사변형 $OA'CB'$ —— 이것은 마름모입니다. —— 를 만들면 점 C는 명백히 $\angle AOB$의 이등분선 l상에 있습니다. 따라서, l의 방향벡터로서 점 C의 위치벡터 $\overrightarrow{a'}+\overrightarrow{b'}$를 취할 수가 있습니다. 그러므로 이등분선 l의 벡터방정식은, $P(\overrightarrow{p})$를 l상의 임의의 점으로 하여

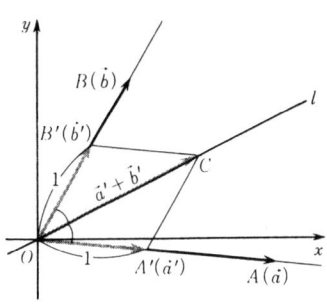

$$\overrightarrow{p} = t(\overrightarrow{a'}+\overrightarrow{b'}) = t\left(\frac{\overrightarrow{a}}{|\overrightarrow{a}|}+\frac{\overrightarrow{b}}{|\overrightarrow{b}|}\right)$$

로 주어집니다. t는 매개변수입니다.

구체적인 예로서 $A(1, 0)$, $B(4, 3)$으로 해봅시다. 이때,

$$\overrightarrow{a} = (1, 0), \qquad \overrightarrow{b} = (4, 3),$$
$$\overrightarrow{a'} = (1, 0), \qquad \overrightarrow{b'} = \left(\frac{4}{5}, \frac{3}{5}\right)$$

이므로, $\angle AOB$의 이등분선 l의 벡터방정식은

$$\overrightarrow{p} = t(\overrightarrow{a'}+\overrightarrow{b'}) = t\left(\frac{9}{5}, \frac{3}{5}\right)$$

이 됩니다. $\overrightarrow{p}=(x, y)$라 하면

$$x = \frac{9}{5}t, \quad y = \frac{3}{5}t$$

t를 소거하면

$$y = \frac{1}{3}x$$

이것이 구하는 이등분선의 (보통 꼴의) 방정식입니다.

문제 33 $A(4, -3)$, $B(5, 12)$라 합니다. $\angle AOB$의 이등분선의 방정식을 $y=mx$의 꼴로 나타내시오.

[2] 두 점 $A(\overrightarrow{a})$, $B(\overrightarrow{b})$를 지나는 직선
이 직선 l은 점 $A(\overrightarrow{a})$를 지나고, $\overrightarrow{AB}=\overrightarrow{b}-\overrightarrow{a}$를 방향벡터로 하는 직선입니다.

그러므로 이 직선 l의 벡터방정식은

$$\vec{p} = \vec{a} + t(\vec{b} - \vec{a}) \qquad\qquad ③$$

또한 고쳐 써서

$$\vec{\boldsymbol{p}} = (1-t)\vec{\boldsymbol{a}} + t\vec{\boldsymbol{b}}$$

로 주어집니다. $1-t=s$로 놓으면, 이것은 다음 꼴로도 나타낼 수 있습니다.

$$\vec{\boldsymbol{p}} = s\vec{\boldsymbol{a}} + t\vec{\boldsymbol{b}}, \quad s + t = 1$$

여기서 s, t는 $s+t=1$을 만족하는 임의의 두 개의 실수의 쌍을 움직입니다.

문제 34 위의 ③에서 $\vec{p}$를 위치벡터로 하는 점 P는 t가 $0 \leq t \leq 1$의 범위를 움직일 때 어떤 도형을 그릴까요? 또, t가 $t > 1$의 범위, $t < 0$의 범위를 움직일 때는 각각 어떻게 될까요?

[3] 정점 $P_0(\vec{p_0})$을 지나 $\vec{0}$가 아닌 벡터 $\vec{n}$에 수직인 직선

이 직선을 l이라 하면, 점 $P(\vec{p})$가 l상에 있다는 말은 $\overrightarrow{P_0P} = \vec{p} - \vec{p_0}$가 $\vec{n}$와 수직이라는 것, 즉

$$\vec{\boldsymbol{n}} \cdot (\vec{\boldsymbol{p}} - \vec{\boldsymbol{p_0}}) = 0 \qquad\qquad ④$$

이라는 것과 동치입니다. 이 ④가 직선 l의 (벡터의 꼴로 나타냄) 방정식입니다. 이러한 방정식도 또한 직선의 벡터방정식이라고 합니다.

앞에서와 같이 정점 P_0의 좌표를 (x_0, y_0), 동점 P의 좌표를 (x, y)라 하고, $\vec{n} = (a, b)$라 하면,

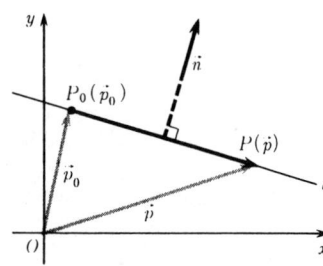

$$\vec{p} - \vec{p_0} = (x - x_0, \, y - y_0)$$
$$\vec{\boldsymbol{n}} \cdot (\vec{\boldsymbol{p}} - \vec{\boldsymbol{p_0}}) = a(x - \boldsymbol{x_0}) + b(y - \boldsymbol{y_0})$$

이므로 ④는 다음과 같이 됩니다.

$$\boldsymbol{a}(\boldsymbol{x} - \boldsymbol{x_0}) + \boldsymbol{b}(\boldsymbol{y} - \boldsymbol{y_0}) = 0 \qquad\qquad ⑤$$

⑤가 직선 l을 좌표로 나타낸 방정식입니다. $\vec{n} = (a, b)$를 이 직선의 **법선벡터**라고 합니다. 물론 $k \neq 0$이면 $k\vec{n}$도 이 직선의 법선벡터입니다.

⑤에서 $-ax_0 - by_0 = c$로 놓으면, ⑤는

$$ax + by + c = 0$$

의 꼴이 됩니다. 이것은 모두가 알고 있는 직선의 방정식의 일반형입니다.

반대로, 직선 $ax + by + c = 0$은, 그 위의 한 점 (x_0, y_0)을 잡으면, 곧 알 수 있듯이 ⑤의 꼴로 고쳐 쓸 수 있습니다. (그 변형은 여러분에게 맡기겠습니다.) 따라서 이 직선은 점 (x_0, y_0)을 지나고 벡터 (a, b)에 수직인 직선을 나타냅니다. 이 사실로부터

<u>직선 $ax + by + c = 0$에서, 계수의 쌍 (a, b)는 이 직선의 법선벡터 중 하나를 나타낸다</u>

는 것을 알 수 있습니다.

문제 35 다음의 점 A를 지나고 벡터 $\vec{n}$에 수직인 직선의 방정식을 구하시오.

(1) $A(5, -4)$, $\vec{n} = (2, 3)$

(2) $A(-1, 4)$, $\vec{n} = (3, -2)$

예 504페이지의 예에서 생각한 $\angle AOB$의 이등분선 l의 방정식을 이번에는 법선벡터를 이용해서 구해 봅시다. 앞에서와 같이 $A(\vec{a})$, $B(\vec{b})$로 하고, 또 $\vec{a'}$, $\vec{b'}$, A', B'도 앞서와 같은 뜻으로 합니다.

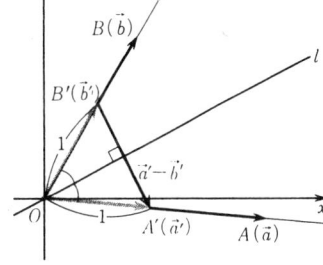

이때 $\overrightarrow{B'A'} = \vec{a'} - \vec{b'}$는 명백히 이등분선 l에 수직입니다. 따라서 l은 원점을 지나 $\vec{a'} - \vec{b'}$를 법선벡터로 하는 직선입니다. 따라서 이 벡터방정식은

$$(\vec{a'} - \vec{b'}) \cdot \vec{p} = 0$$

즉

$$\left(\frac{\vec{a}}{|\vec{a}|} - \frac{\vec{b}}{|\vec{b}|} \right) \cdot \vec{p} = 0$$

으로 주어집니다.

예를 들어 $A(1, 0)$, $B(4, 3)$이라 하면 $\vec{a'} = (1, 0)$, $\vec{b'} = \left(\dfrac{4}{5}, \dfrac{3}{5} \right)$이므로,

$$\vec{a'}-\vec{b'}=\left(\frac{1}{5},\ -\frac{3}{5}\right)$$

따라서 $\angle AOB$의 이등분선 l의 방정식은

$$\frac{1}{5}x-\frac{3}{5}y=0\quad 즉\quad y=\frac{1}{3}x$$

이 답은 물론 **505**페이지에서 구한 것과 일치합니다!

위에서 말한 새로운 공식을 이용해서 문제 **33**의 이등분선의 방정식을 다시 한 번 구해 보십시오.

⑩ 직선 l의 방정식을 $ax+by+c=0$으로 합니다. $\vec{n}=(a,\ b)$, $\vec{p}=(x,\ y)$로 놓으면, 이 방정식은

$$\vec{n}\cdot\vec{p}+c=0$$

으로 나타납니다. 지금 $G(\vec{g})$를 l상에 없는 한 점으로 하고, G에서 l에 내린 수선을 GH로 합니다. 벡터의 계산을 이용해서 선분 GH의 길이, 즉 점 G와 직선 l과의 거리를 구해 봅시다.

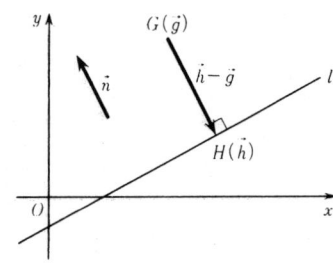

$H(\vec{h})$로 하면 $\overrightarrow{GH}=\vec{h}-\vec{g}$는 l의 법선벡터 $\vec{n}$와 평행이므로

$$\vec{h}-\vec{g}=k\vec{n}\quad 즉\quad \vec{h}=\vec{g}+k\vec{n}$$

가 되는 실수 k가 존재합니다. 이 k의 값을 구하기 위해 점 $H(\vec{h})$는 직선 l상에 있다는 것, 따라서

$$\vec{n}\cdot\vec{h}+c=0$$

이 성립되는 것에 주목합니다. 이 등식의 $\vec{h}$에 $\vec{h}=\vec{g}+k\vec{n}$를 대입하면

$$\vec{n}\cdot(\vec{g}+k\vec{n})+c=0$$

이것을 k에 관해서 풀면

$$k=-\frac{\vec{n}\cdot\vec{g}+c}{|\vec{n}|^2}$$

그러므로

$$|\vec{h}-\vec{g}|=|k\vec{n}|=|k|\,|\vec{n}|=\frac{|\vec{n}\cdot\vec{g}+c|}{|\vec{n}|}$$

즉, 점 $G(\vec{g})$와 직선 $l:ax+by+c=0$과의 거리는

$$\frac{|\vec{n} \cdot \vec{g} + c|}{|\vec{n}|} \qquad \text{단,} \qquad \vec{n} = (a, b)$$

로 주어집니다. G의 좌표를 (x_0, y_0)——즉, $\vec{g} = (x_0, y_0)$——로 하면 위의 식은

$$\frac{|ax_0 + by_0 + c|}{\sqrt{a^2 + b^2}}$$

가 되는데, 이것은 앞서 306페이지에서 얻은 "점과 직선의 거리의 공식"과 확실히 일치합니다.

$\boxed{\text{문제 36}}$ 직선 $l : ax + by + c = 0$ 위에 있지 않는 점 $G(x_0, y_0)$에서 l에 내린 수선을 GH라 할 때, 점 H는 점 G에서 l에 내린 **수선의 발**이라고 합니다. 수선의 발 H의 좌표 (x_1, y_1)은

$$x_1 = x_0 - \frac{ax_0 + by_0 + c}{a^2 + b^2}\, a, \quad y_1 = y_0 - \frac{ax_0 + by_0 + c}{a^2 + b^2}\, b$$

로 주어지는 것을 증명하시오.

◆ 선분의 벡터방정식

이미 배운 바와 같이 $A(\vec{a})$, $B(\vec{b})$를 평면상의 다른 두 점이라 할 때, 직선 AB는

$$\vec{p} = \vec{a} + t(\vec{b} - \vec{a})$$

또는

$$\vec{p} = (1-t)\vec{a} + t\vec{b}$$

라는 벡터방정식으로 나타낼 수 있습니다.

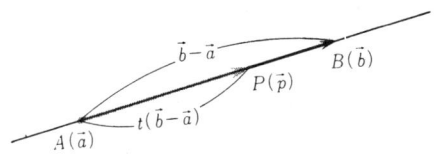

여기서 점 $P(\vec{p})$가 선분 AB 위에 있기 위한 필요충분조건은, 위 그림에서도 알 수 있듯이 $0 \leq t \leq 1$입니다. 즉, 선분 AB의 벡터방정식은

$$\vec{p} = (1-t)\vec{a} + t\vec{b}, \quad 0 \leq t \leq 1$$

로 주어집니다.

대칭성을 위해서 $1-t=s$로 놓으면, $0 \leqq t \leqq 1$라는 조건은

$$s \geqq 0, \quad t \geqq 0, \quad s+t=1$$

로 바꾸어 쓸 수 있습니다. 따라서 다음과 같이 말할 수 있습니다.

두 점 $A(\vec{a})$, $B(\vec{b})$를 연결시키는 선분 AB의 벡터방정식은

$$\vec{p} = s\vec{a} + t\vec{b}, \quad s \geqq 0, \ t \geqq 0, \ s+t=1$$

로 주어진다.

예제 원점 O인 좌표평면위에 두 점 $A(\vec{a})$, $B(\vec{b})$가 있고, O, A, B는 한 직선상에 없는 것으로 합니다. 이때 $\triangle OAB$의 내부 및 둘레는 위치벡터가

$$\vec{p} = s\vec{a} + t\vec{b}, \ s \geqq 0, \ t \geqq 0, \ s+t \leqq 1$$

의 꼴로 나타나는 점 P의 전체로 이루어진다는 것을 증명하시오.

증명 $\triangle OAB$의 내부 및 둘레는, 점 Q가 변 AB 위를 움직였을 때 선분 OQ 위에 있는 점 P 전체의 집합입니다.

Q를 변 AB 위의 점이라 하면 그 위치벡터 $\vec{q}$는

$$s' \geqq 0, \quad t' \geqq 0, \quad s'+t'=1 \qquad ①$$

을 만족시키는 어떤 s', t'에 의해서

$$\vec{q} = s'\vec{a} + t'\vec{b} \qquad ②$$

로 나타낼 수 있습니다. 또 선분 OQ 위의 점 P의 위치벡터 $\vec{p}$는, $0 \leqq k \leqq 1$을 만족하는 어떤 k에 의해서

$$\vec{p} = k\vec{q} \qquad ③$$

로 나타낼 수 있습니다. ③에 ②를 대입하면

$$\vec{p} = ks'\vec{a} + kt'\vec{b}$$

여기서 $ks'=s$, $kt'=t$로 놓으면

$$\vec{p} = s\vec{a} + t\vec{b}$$

가 되고, ①과 $0 \leqq k \leqq 1$로부터 s, t는

$$s \geqq 0, \quad t \geqq 0, \quad s+t \leqq 1 \qquad ④$$

를 만족합니다.

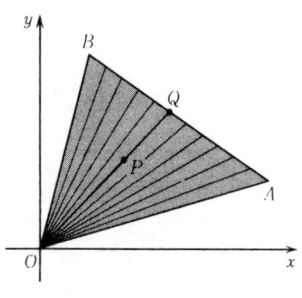

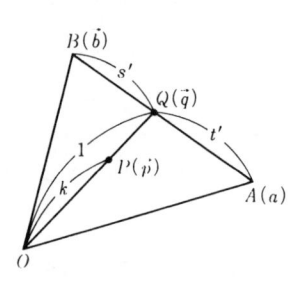

그런데 s', t'가 ①을 만족하는 모든 실수의 쌍을 움직이면 점 Q는 선분 AB 위의 모든 점을 움직이고, k가 $0 \le k \le 1$을 만족하는 모든 실수를 움직이면, 점 P는 선분 OQ 위의 모든 점을 움직입니다. 따라서 s, t가 ④를 만족하는 모든 실수의 쌍을 움직이면, $\vec{p} = s\vec{a} + t\vec{b}$를 위치벡터로 하는 점 P는 △OAB의 내부 및 둘레 전체를 움직이는 것이 됩니다. 이것으로 증명이 끝났습니다.

문제 37 평면상에 있는 △ABC의 세 꼭지점의 위치벡터를 $\vec{a}$, $\vec{b}$, $\vec{c}$라 할 때, 이 삼각형의 내부 및 둘레는 위치벡터가

$$\vec{p} = r\vec{a} + s\vec{b} + t\vec{c}$$

$$r \ge 0, \quad s \ge 0, \quad t \ge 0, \quad r + s + t = 1$$

로 나타나는 점 P의 전체로 이루어진다는 것을 증명하시오.

[힌트 : $\overrightarrow{CA} = \vec{a} - \vec{c}$, $\overrightarrow{CB} = \vec{b} - \vec{c}$, $\overrightarrow{CP} = \vec{p} - \vec{c}$인 것에 주목하고, 예제의 결과를 적용해 보십시오.]

◆ **볼록집합**

여기서는 볼록집합이라는 개념을 소개하겠습니다.

일반적으로 평면상의 점의 집합 M은 다음 조건을 만족할 때 **볼록집합**이라고 합니다.

<u>A, B가 모두 M의 점이면 선분 AB 위의 점도 모두 M의 점이다.</u>

예를 들면, 삼각형의 내부나 원의 내부(둘레를 포함시켜도 됩니다)는 명백히 볼록집합입니다. 그러나 다음 그림의 ③과 같은 도형은 볼록집합이 아닙니다.

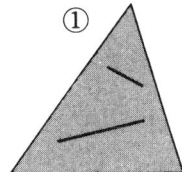 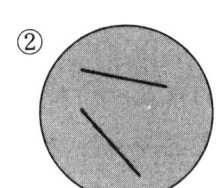 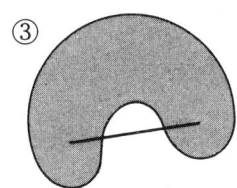

위치벡터를 써서 표현하면, 집합 M이 볼록집합이라 함은 다음과 같이 말할 수 있습니다. (다음 문장에서는 간단히 하기 위해 점과 그 위치벡터를 동일시하여, 위치벡터 자체에 의해서 점을 나타냈습니다.)

> $\vec{a},\,\vec{b}\in M$이면 $s\geqq0,\ t\geqq0,\ s+t=1$을 만족하는 임의의 $s,\,t$에 대하여 $s\vec{a}+t\vec{b}\in M$이다.

볼록집합은 이 강의에서 등장하는 일이 거의 없겠지만, 그 이론은 수학 자체내에서도 어떤 특수한 중요성을 지니며, 또 여러 분야에서 응용되고 있습니다. 특히 경제학에서는 볼록집합과 그 이론이 매우 빈번하게 나타나며 중요하게 이용되고 있다는 것을 덧붙여 둡니다.

◈ 원과 벡터

평면상의 점 $C(\vec{c})$를 중심으로 하고 반지름 r인 원의, 원주상에 있는 임의의 점을 $P(\vec{p})$라 하면, $|\overrightarrow{CP}|=r$, 즉

$$|\vec{p}-\vec{c}|=r$$

이 성립합니다. 이것은 원──정확히 말하면 원주──의 벡터방정식이라고 볼 수 있습니다. 이 양변을 제곱하면 $|\vec{p}-\vec{c}|^2=r^2$이 되고, $\vec{p}=(x,\,y)$, $\vec{c}=(a,\,b)$로 놓으면

$$(x-a)^2+(y-b)^2=r^2$$

이 됩니다. 이 방정식──중심 $(a,\,b)$, 반지름 r인 원의 방정식──은 이미 제6장에서 배운 바 있습니다.

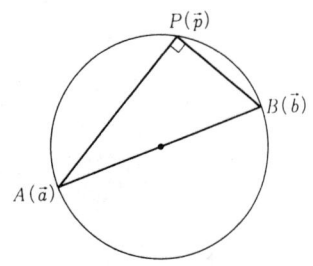

예 두 점 $A(\vec{a})$, $B(\vec{b})$를 지름의 양끝으로 하는 원의 벡터방정식을 생각해 봅시다.

이 원은 $\angle APB$가 직각, 즉 $\overrightarrow{AP}\perp\overrightarrow{BP}$가 되는 점 P의 자취입니다.

$P(\vec{p})$로 하면 $\overrightarrow{AP}=\vec{p}-\vec{a}$, $\overrightarrow{BP}=\vec{p}-\vec{b}$이므로 $\overrightarrow{AP}\perp\overrightarrow{BP}$는

$$(\vec{p}-\vec{a})\cdot(\vec{p}-\vec{b})=0$$

으로 나타납니다. 이것이 구하는 원의 벡터 공식입니다.

점 A, B의 좌표를 각각 (a_1, a_2), (b_1, b_2) —— 따라서 $\vec{a} = (a_1, a_2)$, $\vec{b} = (b_1, b_2)$ —— 라 하고 $\vec{p} = (x, y)$라 하면, 위의 벡터방정식은

$$(x - a_1)(x - b_1) + (y - a_2)(y - b_2) = 0$$

으로 고쳐 쓸 수가 있습니다. 이것은 좌표를 사용해서 (구체적으로) 쓴 구하는 원의 방정식입니다.

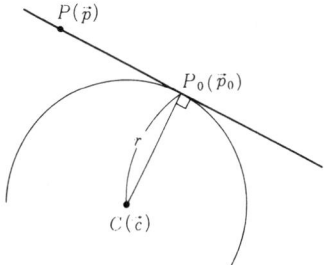

문제 38 점 $C(\vec{c})$를 중심으로 하고 반지름 r인 원의 원주상에 한 점 $P_0(\vec{p_0})$를 잡습니다. 점 P_0에서의 이 원의 접선의 벡터방정식은, 이 위의 임의의 점을 $P(\vec{p})$로 하여

$$(\vec{p_0} - \vec{c}) \cdot (\vec{p} - \vec{c}) = r^2$$

으로 나타낼 수 있음을 증명하시오.

$C(a, b)$, $P_0(x_0, y_0)$, $P(x, y)$로 놓으면 위의 벡터방정식은 어떻게 나타날까요?

◆ 몇 개의 연습 문제

우리는 앞에서 벡터를 이용하여 도형의 성질을 여러 가지로 살펴보았습니다. 이 장에서 설명해야 할 사항은 이것으로 모두 끝났다고 해도 될 것입니다. 이제 끝으로 "벡터와 도형"에 대해서 몇 개의 예제 및 문제를 제시하므로써 문제를 해결하는 데 도움을 주고자 합니다.

예제 사각형 $ABCD$에서

$$AB^2 + CD^2 = AD^2 + BC^2$$

이 성립된다면 대각선 AC와 BD는 직교한다는 것을 벡터를 사용해서 증명하시오.

증명 A를 기준점으로 하여 $\overrightarrow{AB} = \vec{b}$, $\overrightarrow{AC} = \vec{c}$, $\overrightarrow{AD} = \vec{d}$라 합니다. 그러면

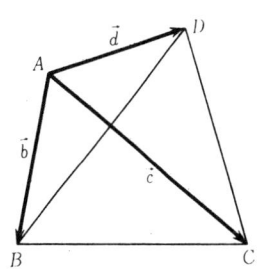

$$AB^2 = |\overrightarrow{AB}|^2 = \vec{b} \cdot \vec{b}$$
$$CD^2 = |\overrightarrow{CD}|^2 = (\vec{d} - \vec{c}) \cdot (\vec{d} - \vec{c})$$
$$AD^2 = |\overrightarrow{AD}|^2 = \vec{d} \cdot \vec{d}$$
$$BC^2 = |\overrightarrow{BC}|^2 = (\vec{c} - \vec{b}) \cdot (\vec{c} - \vec{b})$$

그러므로 가정에 의해

$$\vec{b} \cdot \vec{b} + (\vec{d} - \vec{c}) \cdot (\vec{d} - \vec{c})$$
$$= \vec{d} \cdot \vec{d} + (\vec{c} - \vec{b}) \cdot (\vec{c} - \vec{b})$$

이 양변을 전개하고, 같은 항을 소거하면

$$-2\vec{c} \cdot \vec{d} = -2\vec{c} \cdot \vec{d}$$

따라서 $\vec{c} \cdot (\vec{d} - \vec{b}) = 0$, 즉 $\overrightarrow{AC} \perp \overrightarrow{BD}$가 됩니다. 이것으로 대각선 AC, BD가 직교한다는 것이 증명되었습니다.

예제　원에 내접하는 사각형 $ABCD$가 있습니다. 이 사각형의 각 변의 중점에서 대변으로 내린 수선은 동일한 점에서 만난다는 것을 증명하시오.

이 문제는 조금 어려운 감이 있습니다. 그래서 답을 대부분 가르쳐 주는 것이 되겠지만, 좀더 문제를 풀기 쉬운 형태로 문제를 고쳐 보겠습니다.

사각형 $ABCD$가 중심 O에 내접한다고 하고, O를 기준으로 하는 네 꼭지점의 위치벡터를 $\overrightarrow{OA} = \vec{a}$, $\overrightarrow{OB} = \vec{b}$, $\overrightarrow{OC} = \vec{c}$, $\overrightarrow{OD} = \vec{d}$로 합니다. 이때

$$\vec{p} = \frac{1}{2}(\vec{a} + \vec{b} + \vec{c} + \vec{d})$$

를 위치벡터로 하는 점을 P──즉 $\overrightarrow{OP} = \vec{p}$──라 하면, 사각형의 각 변의 중점에서 대변에 내린 수선은 모두 점 P를 지난다는 것을 증명하시오.

증명　변 AB의 중점을 M이라 하고, M에서 CD로 내린 수선이 P를 지나는 일, 다시 말하면 직선 MP가 직선 CD에 수직이라는 것을 증명해 봅시다.

변 AB의 중점 M의 위치벡터를 $\overrightarrow{OM} = \vec{m}$로 하면,

$$\vec{m} = \frac{\vec{a} + \vec{b}}{2}$$

따라서

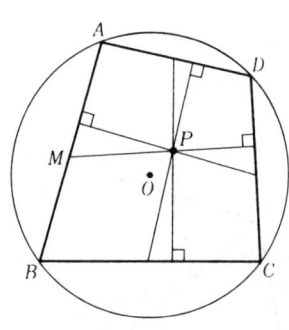

$$\overrightarrow{MP} = \vec{p} - \vec{m}$$
$$= \frac{\vec{a} + \vec{b} + \vec{c} + \vec{d}}{2} - \frac{\vec{a} + \vec{b}}{2} = \frac{\vec{c} + \vec{d}}{2}$$

입니다. 그러므로 $\overrightarrow{MP}$와 $\overrightarrow{CD}$가 수직임을 나타내기 위해서는 $2\overrightarrow{MP} \cdot \overrightarrow{CD} = 0$, 즉

$$(\vec{c} + \vec{d}) \cdot (\vec{d} - \vec{c}) = 0$$

을 증명하면 됩니다. 위 식의 좌변을 전개하면

$$(\vec{c} + \vec{d}) \cdot (\vec{d} - \vec{c}) = \vec{d} \cdot \vec{d} - \vec{c} \cdot \vec{c} = |\vec{d}|^2 - |\vec{c}|^2$$

그런데 $|\vec{c}| = |\overrightarrow{OC}|$, $|\vec{d}| = |\overrightarrow{OD}|$는 모두 원 O의 반지름과 같으므로 $|\vec{c}|^2 = |\vec{d}|^2$ 따라서 명백히

$$(\vec{c} + \vec{d}) \cdot (\vec{d} - \vec{c}) = 0$$

이 됩니다. 이것으로 $\overrightarrow{MP} \perp \overrightarrow{CD}$임이 증명되었습니다.

그런데 $\vec{p}$는 $\vec{a}$, $\vec{b}$, $\vec{c}$, $\vec{d}$에 대하여 완전히 대칭적인 꼴을 하고 있습니다. 그러므로 굳이 똑같은 설명을 되풀이할 필요도 없이, 변 BC, CD, DA의 각 중점과 P를 연결하는 직선도 역시 각각 대변에 수직이라는 것을 알 수 있습니다.

이것으로 문제는 증명되었습니다.

예제 $\triangle ABC$의 세 꼭지점 A, B, C에서 각 대변에 내린 수선 AD, BE, CF가 한 점에서 만난다는 것——그 섬을 $\triangle ABC$의 수심이라 한다는 깃——은 우리가 이미 알고 있는 사실입니다. 이것을 다음과 같은 생각에 따라 다시 증명해 보시오.

즉 수선 BE, CF의 교점을 H라 할 때, 직선 AH가 직선 BC에 수직임을 증명하시오. 그러기 위해서는 벡터를 이용하시오.

증명 수선 BE, CF의 교점을 H라 하고, H를 기준으로 하는 세 꼭지점의 위치벡터를 $\overrightarrow{HA} = \vec{a}$, $\overrightarrow{HB} = \vec{b}$, $\overrightarrow{HC} = \vec{c}$로 합니다.

$\vec{c} \perp \overrightarrow{AB}$이므로

$$(\vec{b} - \vec{a}) \cdot \vec{c} = 0 \quad \text{즉} \quad \vec{b} \cdot \vec{c} = \vec{a} \cdot \vec{c} \qquad ①$$

입니다. 또 $\vec{b} \perp \overrightarrow{AC}$이므로

$$(\vec{c} - \vec{a}) \cdot \vec{b} = 0 \quad \text{즉} \quad \vec{c} \cdot \vec{b} = \vec{a} \cdot \vec{b} \qquad ②$$

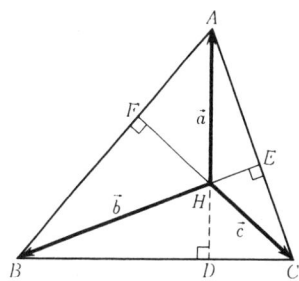

입니다. ①, ②의 좌변은 같으므로

$$\vec{a} \cdot \vec{c} = \vec{a} \cdot \vec{b} \quad \text{즉} \quad \vec{a} \cdot (\vec{c} - \vec{b}) = 0$$

이 됩니다. 이것은 $\vec{a} \perp \overrightarrow{BC}$임을 나타내고 있습니다. 즉, 직선 AH는 수선 AD와 겹칩니다. 다시 말하면 수선 AD도 H를 지납니다.

이것으로 세 수선 AD, BE, CF는 모두 점 H를 지난다는 것이 증명되었습니다.

예제 △ABC의 외접원의 중심──즉 외심──을 O라 하고, O를 기준점으로 하여 $\overrightarrow{OA} = \vec{a}$, $\overrightarrow{OB} = \vec{b}$, $\overrightarrow{OC} = \vec{c}$라 합니다. 또 H를

$$\overrightarrow{OH} = \vec{h} = \vec{a} + \vec{b} + \vec{c}$$

인 점으로 정합니다. 이때 다음을 증명하시오.

(1) $\overrightarrow{AH} \perp \overrightarrow{BC}$이다.

(2) H는 △ABC의 수심이다.

(3) △ABC의 무게중심을 G라 하면 외심 O, 무게중심 G, 수심 H는 일직선상에 있고, G는 선분 OH를 $1:2$의 비로 내분한다.

증명 (1) $\overrightarrow{OH} = \vec{h} = \vec{a} + \vec{b} + \vec{c}$, $\overrightarrow{OA} = \vec{a}$이므로

$$\overrightarrow{AH} = \vec{h} - \vec{a} = \vec{b} + \vec{c}$$

입니다. 한편, 변 BC의 중점을 L이라 하면

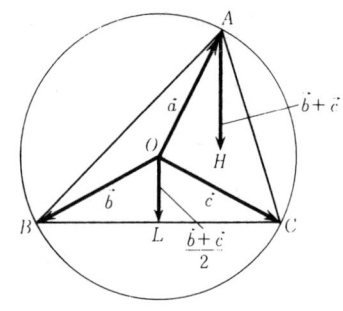

$$\overrightarrow{OL} = \frac{\vec{b} + \vec{c}}{2}$$

입니다. 따라서 벡터 $\overrightarrow{AH}$는 벡터 $\overrightarrow{OL}$에 평행(길이는 2배)입니다. 그런데 $\overrightarrow{OL}$은 $\overrightarrow{BC}$에 수직이므로 $\overrightarrow{AH}$도 $\overrightarrow{BC}$에 수직이 됩니다.

(2) $\vec{h} = \vec{a} + \vec{b} + \vec{c}$는 $\vec{a}$, $\vec{b}$, $\vec{c}$에 대해서 대칭적인 꼴을 하고 있습니다. 그러므로, (1)에서 논한 것과 똑같은 방법으로, $\overrightarrow{BH} \perp \overrightarrow{CA}$, $\overrightarrow{CH} \perp \overrightarrow{AB}$임을 알 수 있습니다. 다시 말하면, H는 A에서 변 BC에 내린 수선 위에도 있고, B에서 변 CA에 내린 수선 위에도, 그리고 C에서 변 AB에 내린 수선 위에도 있습니다. 즉 H는

$\triangle ABC$의 수심입니다.

[주의 : 이상의 설명은 또한 "삼각형의 세 수선은 한 점에서 만난다"는 것을 다른 방법으로 증명한 것입니다.]

(3) $\triangle ABC$의 무게중심을 G라 하면, G의 위치벡터 $\vec{g}$는

$$\vec{g} = \frac{\vec{a} + \vec{b} + \vec{c}}{3}$$

로 주어집니다. [우리는 이것을 **499**페이지에서 보았습니다. 그리고 무게중심의 위치벡터가 세 꼭지점의 위치벡터에 의해서 이와 같이 나타낼 수 있는 것은 기준점을 잡는 방법과 아무런 관계가 없습니다.] 이것과, 위에서 본 바와 같이 $\triangle ABC$의 외심 O를 기준으로 했을 때의 수심 H의 위치벡터가 $\vec{h} = \vec{a} + \vec{b} + \vec{c}$인 것을 아울러 생각하면,

$$\overrightarrow{OH} = 3\overrightarrow{OG}$$

임을 알 수 있습니다. 이 등식은 세 점 O, G, H가 일직선상에 있고, G는 선분 OH를 $1 : 2$로 내분하는 점이라는 것을 뜻합니다.

이상으로 모든 증명이 끝났습니다.

[보충]   구점원

위 예제의 증명의 범위에서 한 걸음 나아가 살펴봅시다. 그러면 우리는 다음 정리를 증명할 수가 있습니다.

"$\triangle ABC$의 세 변 BC, CA, AB의 중점을 각각 L, M, N, 세 꼭지점 A, B, C에서 대변에 내린 수선의 발을 각각 D, E, F, 그리고 세 꼭지점 A, B, C와 수심 H를 연결하는 선분 AH, BH, CH의 중점을 각각 P, Q, R로 한다. 이때, 9점

$$L, M, N, D, E, F, P, Q, R$$

은 동일 원주상에 있다."

이 원은 아래의 왼쪽 그림에 나타나 있습니다. 이 원을
△ABC의 **구점원**('포이에르바하의 정리'라고도 함)이라
합니다. 아래 증명에서 보는 바와 같이, 이 구점원의 중심
은 외심 O와 수심 H를 연결하는 선분 OH의 중점이고,
반지름은 △ABC의 외접원의 반지름의 $\dfrac{1}{2}$ 입니다.

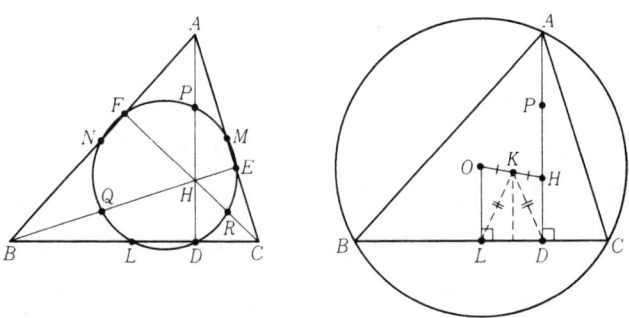

위의 정리를 증명하겠습니다.

앞의 예제와 같이 △ABC의 외심을 O라 하고, O를 기
준으로 하는 A, B, C의 위치벡터를 $\vec{a}$, $\vec{b}$, $\vec{c}$라 합니다. 그
리고, 외심 O와 수심 H를 연결하는 선분 OH의 중점을 K
라 합니다. 이때, 위의 오른쪽 그림의 세 점 L, P, D가 모
든 점 K로부터

$$\frac{|\vec{a}|}{2}$$

의 거리에 있다는 것을 증명하겠습니다.

이미 본 바와 같이 H의 위치벡터는 $\vec{h}=\vec{a}+\vec{b}+\vec{c}$이므
로 K의 위치벡터는

$$\vec{k}=\frac{\vec{h}}{2}=\frac{\vec{a}+\vec{b}+\vec{c}}{2}$$

입니다. 또, L, P의 위치벡터는 각각

$$\vec{l}=\frac{\vec{b}+\vec{c}}{2}$$

$$\vec{p}=\frac{\vec{a}+\vec{h}}{2}=\vec{a}+\frac{\vec{b}+\vec{c}}{2}$$

입니다. 그러므로

$$\overrightarrow{KL}=\vec{l}-\vec{k}=-\frac{\vec{a}}{2}, \quad \overrightarrow{KP}=\vec{p}-\vec{k}=\frac{\vec{a}}{2}$$

가 되어, *KL*, *KP*의 길이는 모두 $\dfrac{|\vec{a}|}{2}$ 와 같다는 것을 알 수 있습니다.

또, *K*는 선분 *OH*의 중점이므로 *K*에서 *BC*에 내린 수선의 발은 선분 *LD*를 이등분하고, 따라서 △*KLD*는 *KL* = *KD*인 이등변삼각형입니다. 따라서 *KD*의 길이도 $\dfrac{|\vec{a}|}{2}$ 와 같아집니다. 이상으로 세 변 *L*, *P*, *D*는 모두 점 *K*에서 $\dfrac{|\vec{a}|}{2}$ 의 거리에 있다는 것이 증명되었습니다.

같은 방법으로, 세 점 *M*, *Q*, *E*는 점 *K*에서 $\dfrac{|\vec{b}|}{2}$ 의 거리에, 그리고 세 점 *N*, *R*, *F*는 점 *K*에서 $\dfrac{|\vec{c}|}{2}$ 의 거리에 있다는 것을 알 수 있습니다. 그리고

$$|\vec{a}| = |\vec{b}| = |\vec{c}|$$

이므로 결국 9 점 *L*, *M*, *N*, *D*, *E*, *F*, *P*, *Q*, *R*은 모두 점 *K*를 중심으로 하고 반지름 $\dfrac{|\vec{a}|}{2}$ 인 원주상에 있게 됩니다.

이것으로 증명이 끝났습니다.

문제 39 ∠*A*가 직각인 직각이등변삼각형 *ABC*의 세 변 *AB*, *BC*, *CA*를 각각 1 : *n*으로 내분하는 점을 *D*, *E*, *F*라 합니다. 단, *n*은 양의 상수입니다. $\overrightarrow{AB} = \vec{b}$, $\overrightarrow{AC} = \vec{c}$ 라 하고, $\overrightarrow{AE}$, $\overrightarrow{DF}$ 를 $\vec{b}$, $\vec{c}$로 나타내어 $\overrightarrow{AE} \perp \overrightarrow{DF}$ 임을 증명하시오.

문제 40 원에 내접하는 사각형 *ABCD*의 대각선 *AC*, *BD*가 점 *P*에서 직교한다고 합니다. 이때 변 *AB*의 중점 *M*과 *P*를 지나는 직선은 *CD*에 수직임을 증명하시오.

[힌트 : 점 *P*를 기준으로 하는 *A*, *B*의 위치벡터를 $\vec{a}$, $\vec{b}$로 하면, *C*, *D*의 위치벡터는 어떤 음수 *m*, *n*에 의해서 $C(m\vec{a})$, $D(n\vec{b})$로 나타낼 수 있습니다. 이때 $m|\vec{a}|^2 = n|\vec{b}|^2$인 것을 이끌어 내십시오.]

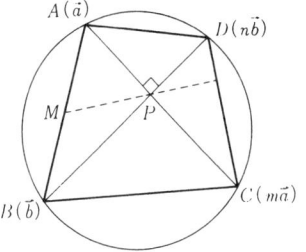

문제 41 △*ABC*의 변 *AB*, *AC*를 한 변으로 하여, 삼각형의 바깥쪽에 각각 정사각형 *ABDE*, *ACFG*를 만듭니다. 이때 선분 *EG*의 중점을 *M*이라 하면, 직선 *MA*는 직선 *BC*에 수직임을 증명하시오.

[힌트 : *A*를 기준으로 하는 위치벡터를 생각하십시오.]

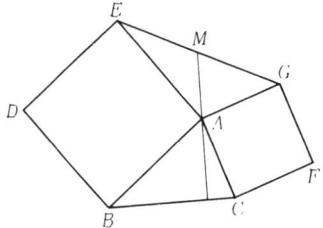

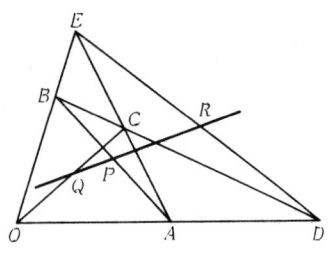

문제 42 다음 정리를 **뉴턴의 정리**라고 합니다.

대변이 평행이 아닌 사각형 $OACB$의 변 OA, BC의 연장의 교점을 D, 변 OB, AC의 연장의 교점을 E라 합니다. 이때 선분 AB, OC, DE의 중점 P, Q, R은 일직선상에 있습니다.

위치벡터를 사용해서 이 정리를 증명하시오.

[힌트 : O를 기준으로 하는 A, D, B, E의 위치벡터를 $A(\vec{a})$, $D(k\vec{a})$, $B(\vec{b})$, $E(l\vec{b})$라 합니다. 여기서 k, l은 물론 어떤 상수입니다. (그림이 왼쪽 그림과 같다 해도 여러분은 $k > 1$, $l > 1$로 가정해도 상관없습니다.) 교점의 위치벡터를 구하는 방법을 써서 C의 위치벡터를 $\vec{a}$, $\vec{b}$로 나타내십시오. 또한 P, Q, R의 위치벡터를 $\vec{a}$, $\vec{b}$로 나타내고, $\overrightarrow{PQ}$가 $\overrightarrow{PR}$의 상수배가 되는 것을 확인하십시오. 계산은 좀 복잡하지만, 나는 여러분이 해답을 보지 않고 해결함으로써 기쁨을 맛보기를 바랍니다.]

10 새로운 수와 그 표시
—— 복소수와 복소평면

10.1 복소평면

우리는 제3장에서 실수의 범위에서는 해를 갖지 않는 이차방정식도 해를 갖도록 하기 위하여 수의 범위를 복소수까지 확장하였습니다. 그리고 이차방정식뿐만 아니라 몇 개의 간단한 삼차방정식과 사차방정식 또는 연립방정식 등의 해도 복소수의 범위에서 구하였습니다. 하지만 제3장에서 잠시 언급했을 뿐 제4장 이후 복소수는 무대에서 완전히 그 모습을 감추었습니다.

이 장에서는 복소수를 다시 한 번 무대 위로 끌어내고자 합니다. 여기서 복소수는 "복소평면"이라는 새로운 의상을 걸치고 나타납니다. 이 매력적인 의상은 전에는 단지 이차방정식을 풀기 위한 방편으로서 편의적, 인위적으로 도입한데 불과한 복소수의 개념에 좀더 확실한

실재감과 기하학적인 이미지를 줄 것입니다. 그리고 이
장을 배움으로써 복소수의 계산이 삼각함수의 덧셈정리
나 벡터의 계산 등과 얼마나 깊은 관계가 있는지도 분명
히 알게 될 것입니다.

[보충] 한 마디 덧붙이면, 이 장을 읽지 않아도 계속
해서 이 책을 읽어 가는데는 지장이 없을 것입니다. 이
장에서의 결과가 다음 장에서 사용되는 일은 거의 없기
때문입니다. 그것은 복소수가 이 이상 발전할 수 없기 때
문이 아니라, 오히려 그 반대이기 때문입니다. 복소수의
도입은 수학의 전반에 걸쳐서 두드러진 효과를 가져 왔
습니다. 단지 이 강의의 성격상 지나치게 고급인 화제는
다룰 수 없기에 생략했을 뿐입니다. 그러나 나는 여러분
이 이 장을 읽음으로써 여러분이 복소수에 대한 관심과
친근감이 증대하기를 바랍니다.

◆ 복소수의 실수부 · 허수부, 켤레복소수

먼저, 복소수의 정의를 상기해 보고, 아울러 몇 가지 기
본적인 사항을 말하겠습니다.

복소수란 a, b를 실수, i를 허수단위로 하여

$$a+bi$$

의 꼴로 나타낼 수 있는 수입니다. 허수단위 i란 $i^2 = -1$이
되는 수를 말합니다.

이 장에서는 앞으로 복소수를 α, β, γ, δ, (각각 알파, 베
타, 감마, 델타로 읽습니다)와 같은 그리스 문자, 또는 z,
w와 같은 라틴 문자로 나타냅니다. 그리고,

$$\alpha = a+bi, \quad z = x+yi$$

등으로 썼을 때는 달리 말이 없어도 a, b, x, y는 실수를
나타내는 것으로 합니다.

복소수 $\alpha = a+bi$에 대하여, a를 그 **실수부**, b를 그 **허
수부**라고 합니다. (bi를 α의 허수부라고 부르는 편이 자
연스럽다고 생각될지 모르나, 보통은 bi가 아니라 b를 α

의 허수부라고 합니다.) 이 정의에 따르면 복소수의 실수
부, 허수부는 모두 실수입니다.

　복소수 $\alpha = a + bi$에 대하여 $a - bi$를 α의 **켤레복소수**
또는 **공역복소수**라 하고, 보통 이것을 $\bar{\alpha}$로 나타냅니다.
α가 특히 실수이면 명백히 $\alpha = \bar{\alpha}$이고, 그 반대도 성립합
니다. 즉,

$$\alpha = \bar{\alpha} \Longleftrightarrow \alpha\text{는 실수}$$

입니다. 또 켤레복소수 $\bar{\alpha}$의 켤레가 α인 것, 즉 $\bar{\bar{\alpha}} = \alpha$인 것
도 명백할 것입니다.

　복소수의 사칙과 켤레 사이에는 다음이 성립합니다.
(물론 **4**에서는 $\beta \neq 0$으로 합니다.)

$$\textbf{1} \qquad \overline{\alpha + \beta} = \bar{\alpha} + \bar{\beta}$$
$$\textbf{2} \qquad \overline{\alpha - \beta} = \bar{\alpha} - \bar{\beta}$$
$$\textbf{3} \qquad \overline{\alpha\beta} = \bar{\alpha}\,\bar{\beta}$$
$$\textbf{4} \qquad \overline{\left(\frac{\alpha}{\beta}\right)} = \frac{\bar{\alpha}}{\bar{\beta}}$$

증명　**1, 2**의 증명은 여러분에게 맡기고, 여기서는 **3** 과
4만 증명하겠습니다.

　　3　$\alpha = a + bi,\ \beta = c + di$ 라 하면
$$\alpha\beta = (ac - bd) + (ad + bc)\,i$$
한편 $\bar{\alpha} = a - bi,\ \bar{\beta} = c - di$, 로 놓으면
$$\bar{\alpha}\,\bar{\beta} = (ac - bd) - (ad + bc)\,i$$
그러므로
$$\overline{\alpha\beta} = \bar{\alpha}\,\bar{\beta}$$

　　4　$\dfrac{\alpha}{\beta} = \gamma$ 라 하면 $\alpha = \beta\gamma$이고 **3** 으로부터
$$\bar{\alpha} = \overline{\beta\gamma} = \bar{\beta}\,\bar{\gamma}$$
그러므로
$$\overline{\left(\frac{\alpha}{\beta}\right)} = \bar{\gamma} = \frac{\bar{\alpha}}{\bar{\beta}}$$

◆　복소평면

　지금까지의 강의 중에서, 실수가 수직선상의 점으로
나타난다는 것은 우리의 가장 기본적인 지식의 하나였습

니다. 실수에 대하여 복소수는

$$\alpha = a + bi$$

의 꼴로 나타나는 수이고, 이것은 실수부 a, 허수부 b 라는 두 실수의 쌍에 의해서 정해집니다. 따라서 이것을 좌표평면상의 점 (a, b)에 의해서 나타낼 수가 있습니다. 그렇게 하면 임의의 복소수는 평면상의 한 점으로 나타나고, 반대로 평면상의 임의의 점은 하나의 복소수를 나타냅니다. 이렇게 해서 모든 복소수와 평면상의 모든 점이 일대일로 대응하게 됩니다. 이와 같이 복소수를 좌표평면상의 점으로 나타냈을 때, 이 평면을 **복소평면** 또는 **가우스평면**이라 하고, 복소수 α를 나타내는 점을 간단히 "점 α"라 합니다.

복소평면에서는, x축상의 점 $(a, 0)$은 실수 a를 나타내고, y축상의 점 $(0, b)$는 순허수 bi를 나타냅니다. (원점 O는 0을 나타냅니다.) 그리하여 복소평면에서는 x축, y축을 각각 **실수축, 허수축**이라고도 합니다.

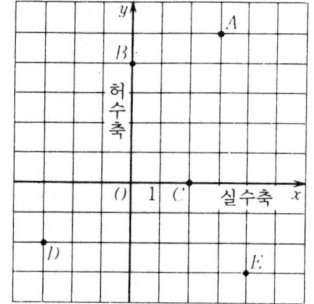

왼쪽 그림에서는 복소평면상에 몇 개의 점을 잡았습니다. 이 그림에서 점 A, B, C, D, E는 각각 복소수

$$3+5i, \quad 4i, \quad 2, \quad -3-2i, \quad 4-3i$$

를 나타냅니다.

복소평면상에서 점 α와 점 $-\alpha$는 원점에 대하여 대칭인 위치에 있습니다. 또 점 α와 점 $\bar{\alpha}$는 실수축(x축)에 대하여 대칭인 위치에 있습니다. 이런 사실은 쉽게 관찰할 수 있습니다. 복소수 α, β에 대하여,

$$\alpha + \beta, \quad \alpha - \beta \quad 및 \quad m\alpha \quad (단, m은 실수)$$

를 나타내는 점은 각각 어떻게 작도가 될까요? 이것을 보기 위해 우리는 복소수의 덧셈·뺄셈 및 복소수의 곱 (이 경우는 어떤 복소수의 실수배)의 정의를 생각해 내기로 합시다. 그러면 $\alpha+\beta$, $\alpha-\beta$, $m\alpha$가 각각 다음 페이지 그림처럼 작도된다는 것을 금방 알 수 있을 것입니다.(여러분은 상세한 점까지 생각해 보십시오.)다음 왼쪽의 두 그림

에 있는 사각형은 모두 평행사변형입니다.

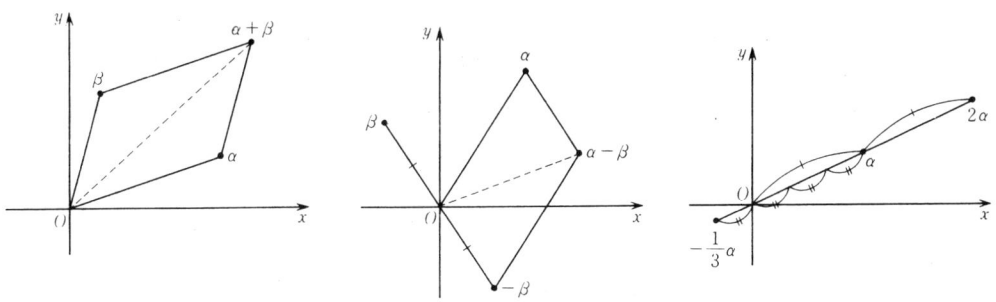

한 마디 덧붙이면, 복소수 α, β에 대하여 두 점 α, β를 연결하는 선분의 중점은 어떤 복소수를 나타낼까요? 그것은

$$\frac{\alpha+\beta}{2}$$

를 나타냅니다. 또, 복소수 α, β, γ에 대하여, 세 점 α, β, γ를 세 꼭지점으로 하는 삼각형의 무게중심은 어떤 복소수를 나타낼까요? 그것은

$$\frac{\alpha+\beta+\gamma}{3}$$

를 나타냅니다. 이미 평면의 좌표기하에 익숙해진 사람이라면 이런 것들도 쉽사리 검증할 수 있을 것입니다.

[문제 1] 복소평면상의 두 점 α, β에 대하여, 그 두 점을 연결하는 선분을 $m:n$으로 내분하는 점은 어떤 복소수를 나타낼까요? 또, $m:n$으로 외분하는 점은 어떤 복소수를 나타낼까요? 단, $m>0$, $n>0$으로 하고, 외분의 경우는 $m \neq n$으로 합니다.

복소평면이라는 발상은 원리적으로는 매우 단순한 것입니다. 그러나 이것은 비약적으로 우리의 복소수에 대한 감각을 신선하게 해줍니다. '실수가 직선상의 점과 일대일로 대응하는데 대하여, 복소수는 평면상의 점과 일대일로 대응한다!'는 인식이 중요합니다. 우리는 이것을 표어적으로 '실수는 <u>일차원</u>의 수이고, 복소수는 <u>이차</u>

원의 수'라고 말할 수 있을 것입니다.

◈ 복소수의 절대값

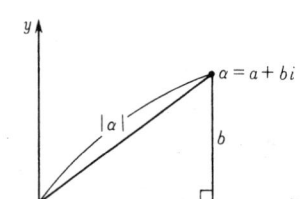

복소수 $\alpha = a+bi$에 대하여 $\sqrt{a^2+b^2}$을 α의 **절대값**이라 부르고, $|\alpha|$로 나타냅니다. 즉,

$$|\boldsymbol{\alpha}| = |\boldsymbol{a+bi}|$$
$$= \sqrt{\boldsymbol{a^2+b^2}}$$

입니다. 이것은 음이 아닌 실수이며, $|\alpha|=0$이 되는 것은 $\alpha=0$일 때에 한합니다. 또, α가 실수 a와 같을 때는

$$\sqrt{a^2} = |a| \qquad \text{(우변은 실수 } a \text{의 절대값)}$$

이므로, 이것은 이미 배운 실수 a의 절대값과 일치합니다. 기하학적으로는, 절대값 $|\alpha|$는 원점 O에서 점 α까지의 거리를 나타내고 있습니다.

절대값의 정의로부터 다음 사실은 명백합니다.

1 $\qquad\qquad |\alpha| = |-\alpha| = |\bar{\alpha}|$

2 $\qquad\qquad \alpha\bar{\alpha} = |\alpha|^2$

또 복소수의 곱, 몫의 절대값에 대해서는 다음 정리가 성립합니다.

임의의 복소수 α, β에 대하여

3 $\qquad\qquad |\alpha\beta| = |\alpha||\beta|$

4 $\qquad\qquad \left|\dfrac{\alpha}{\beta}\right| = \dfrac{|\alpha|}{|\beta|} \qquad\qquad$ 단, $\beta \neq 0$

증명 3 위의 2와 523페이지의 3에 따라

$$|\alpha\beta|^2 = (\alpha\beta)(\overline{\alpha\beta}) = (\alpha\beta)(\bar{\alpha}\,\bar{\beta})$$
$$= (\alpha\bar{\alpha})(\beta\bar{\beta}) = |\alpha|^2|\beta|^2$$

즉

$$|\alpha\beta|^2 = |\alpha|^2|\beta|^2$$

이 양변의 음이 아닌 제곱근을 취하면 됩니다.

4 $\dfrac{\alpha}{\beta} = \gamma$로 놓으면 $\alpha = \beta\gamma$이고, 위의 3으로부터

$$|\alpha| = |\beta\gamma| = |\beta||\gamma|$$

따라서
$$\left|\frac{\alpha}{\beta}\right| = |\gamma| = \frac{|\alpha|}{|\beta|}$$

위의 정리 **3**을 되풀이해서 이용하면, 일반적으로 몇 개의 복소수 $\alpha_1, \alpha_2, \cdots, \alpha_n$에 대하여
$$|\alpha_1 \alpha_2 \cdots \alpha_n| = |\alpha_1||\alpha_2|\cdots|\alpha_n|$$

이 성립하는 것을 알 수 있습니다. 특히
$$|\alpha^n| = |\alpha|^n$$

입니다. 또, **4**로부터 특히
$$\left|\frac{1}{\beta}\right| = \frac{1}{|\beta|}$$

이 얻어집니다.

문제 2 다음 복소수의 절대값을 구하시오.

(1) $-2i(3+i)(2-4i)(1+i)$

(2) $\dfrac{(-1+2i)(3-2i)}{(1+i)(3-4i)}$

문제 3 임의의 복소수 α, β에 대하여
$$|\alpha+\beta|^2 + |\alpha-\beta|^2 = 2(|\alpha|^2 + |\beta|^2)$$

이 성립하는 것을 증명하시오. [주의 : 이 등식은 293페이지의 예제 및 **492**페이지의 예(2)의 등식과 실질적으로 같은 것입니다.]

문제 4 $|\alpha|=1$ 또는 $|\beta|=1$이면 $|\alpha-\beta|=|1-\overline{\alpha}\beta|$가 성립하는 것을 증명하시오.

◆ 복소수와 벡터

우리는 위에서 복소수 α를 복소평면의 점으로서 나타냈습니다. 그러나 복소수 α를 점 대신에 원점 O에서 점 α로 향하는 벡터 $\overrightarrow{O\alpha}$로 나타낼 수도 있습니다. 이 벡터를 "벡터 α"라 부르기로 합니다. $\alpha=a+bi$로 하면, 벡터 α의 성분 표시는 (a, b)입니다. 이것과 복소수 및 벡터의 합이나 차의 정의로부터, 복소수로서의 α, β의 합이나 차에는 각각 벡터로서의 α, β의 합이나 차가 대응한다는 것을 곧 알 수 있습니다. 또, m을 실수라고 할 때, 복소수

α의 m배에는 벡터 α의 m배가 대응합니다. (이것들은 이미 525페이지의 그림에도 나와 있습니다.) 따라서 복소수를 벡터로 해석해도 합·차·실수배의 계산에 혼란은 생기지 않습니다. 벡터 α의 길이는 절대값 $|α|$입니다.

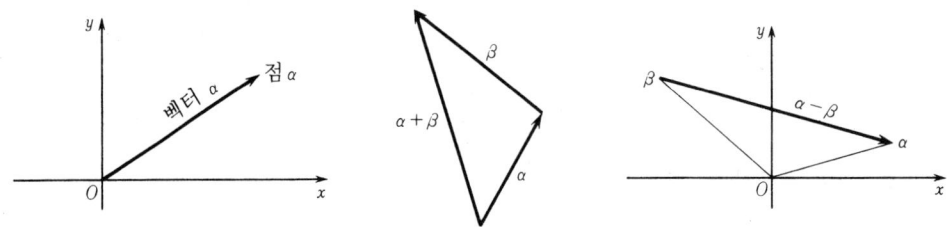

복소수에 벡터로서의 해석도 허용하면, 복소수를 기하학적으로 다룸에 있어 한결 편리해집니다. 왜냐하면, 벡터의 뜻에 의해서 벡터 α는 평행이동함으로써 그 시초점을 복소수 평면상의 임의의 위치로 옮길 수가 있기 때문입니다. 따라서, 복소수 α, β의 합 α＋β를 나타내는 벡터를 위의 가운데 그림처럼 작도할 수가 있습니다.

원점 O를 기준으로 하는 점 α의 위치벡터는 벡터 α입니다.

또, 두 점 α, β에 대하여, 점 β에서 점 α로 향하는 벡터 $\overrightarrow{βα}$는 벡터 α－β입니다. 따라서 두 점 α, β사이의 거리는 $|α-β|$로 주어집니다.

또다시 위의 가운데 그림으로 돌아갑시다. 이 그림에서도 분명하듯이, 임의의 복소수 α, β에 대하여

$$|α＋β| \leq |α| ＋ |β|$$

가 성립하는 것을 알 수 있습니다. 이 부등식에서 등호가 성립하는 것은 어떤 경우일까요? 물론 α＝0 또는 β＝0이면 등호가 성립하지만, α≠0, β≠0일 때에도 등호가 성립하는 것은, 벡터 α와 벡터 β가 같은 방향을 가질 때에 한합니다. 그리고 벡터 α, β가 같은 방향을 갖는다는 것은 복소수 α, β의 한쪽이 다른 쪽의 양의 실수배가 되는 일, 다시 말하면 몫 $\dfrac{α}{β}$가 양의 실수라는 것에 불과합니다.

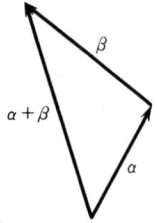

위에서 말한 것을 정리하면 다음과 같이 됩니다. (나는
이것을 나중에 이용할 작정입니다.)

임의의 두 복소수 α, β 에 대하여

$$|\alpha + \beta| \leq |\alpha| + |\beta|$$

**가 성립한다. 여기서 등호가 성립하는 것은 $\alpha = 0$
또는 $\beta = 0$이든가, 또는 ($\alpha \neq 0$, $\beta \neq 0$에서) $\dfrac{\alpha}{\beta}$ 가
양의 실수가 될 때이다.**

보기 **문제 5** α를 복소평면상의 주어진 점, r을 양의 실수라 할
때 $|z - \alpha| = r$을 만족하는 점 z의 집합, 또 $|z - \alpha| \leq r$을 만
족하는 점 z의 집합은 각각 어떤 집합이 될까요?

보기 **문제 6** α, β를 복소평면상의 다른 두 점으로 할 때 다음
의 (1), (2)를 만족하는 점 z의 집합은 각각 어떤 집합일까
요? 단, k는 1과 같지 않은 양의 상수입니다.

(1) $\dfrac{|z - \alpha|}{|z - \beta|} \leq 1$　　　　(2) $\dfrac{|z - \alpha|}{|z - \beta|} = k$

◈ 복소수의 극형식

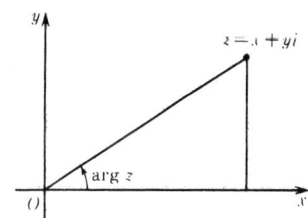

$z = x + yi$를 0이 아닌 복소수라고 할 때, 실수축의 양
의 부분을 시초선으로 하고 동경 Oz에 속하는 각을 복소
수의 **편각**이라 부르고 $\arg z$로 나타냅니다.

[주의 : 영어로 편각을 argument라고 합니다. 기호 arg
는 여기서 나온 것입니다.]

편각 $\arg z$는 z에 대해서 단 하나만 정해지는 것이 아
닙니다. 그러나 그 하나를 θ라 하면, $\arg z$는 일반적으로
$\theta + 2n\pi$(n은 정수)로 나타낼 수 있습니다. 즉, $\arg z$는
2π의 정수배만큼의 차를 무시하면 한 가지 뜻으로 정해
집니다.

예를 들면 양의 실수, 음의 실수, 순허수의 편각은 각
각 $0, \pi, \pm\dfrac{\pi}{2}$(일반적으로는 이것에 $2n\pi$를 더한 것)가
됩니다.

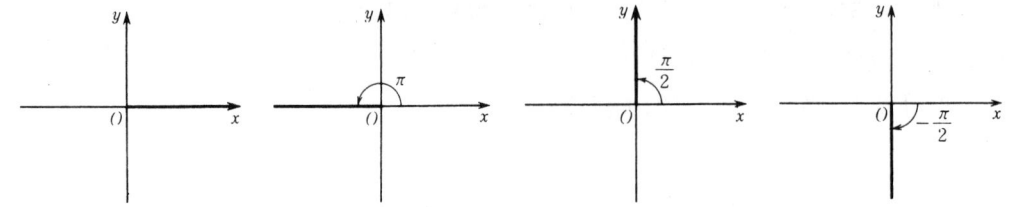

또 분명히 다음과 같은 등식이 성립합니다.

$$\arg\,(-z) = \arg\,z + \pi$$

$$\arg\,\overline{z} = -\arg\,z$$

단, 이와 같은 편각 사이의 등식에서는 2π의 정수배의 차는 언제나 무시하고 생각합니다.

지금 $z = x + yi$를 0이 아닌 복소수라 하고, 그 절대값을 r, 편각의 하나를 θ라 합니다. 이때

$$x = r\cos\theta,\quad y = r\sin\theta$$

이므로, $z = x + yi$를

$$z = r\,(\cos\theta + i\sin\theta)$$

로 쓸 수가 있습니다. 복소수 z를 그 절대값 $|z| = r$과 편각 $\arg z = \theta$에 의해서 이런 꼴로 나타낸 것을 z의 **극형식**이라 합니다. [복소수 0에 대해서는 편각은 정의되지 않습니다. 따라서 극형식도 정의되지 않습니다.]

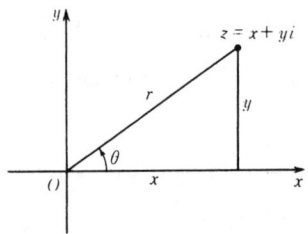

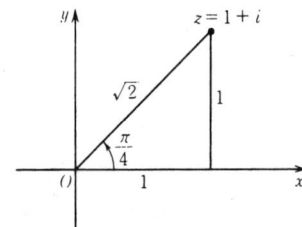

㉘ 복소수 $z = 1 + i$를 극형식으로 나타내시오.

풀이 이 복소수의 절대값 $|z|$는 $\sqrt{2}$, 편각 $\arg z$(의 하나)는 $\dfrac{\pi}{4}$ 이므로

$$z = \sqrt{2}\left(\cos\frac{\pi}{4} + i\sin\frac{\pi}{4}\right)$$

이것이 $z = 1 + i$의 극형식입니다.

문제 7 다음 복소수를 극형식으로 나타내시오.

(1) $1-i$ (2) $-1-i$ (3) $1+\sqrt{3}\,i$

(4) $-\sqrt{3}+i$ (5) i (6) $-2i$

(7) -3 (8) $\dfrac{1}{\sqrt{2}}-\dfrac{1}{\sqrt{2}}i$

극형식은 복소수의 곱이나 몫을 다룰 때 특히 유용합니다. 이것을 살펴보기 위해 z_1, z_2를 두 개의 0이 아닌 복소수라 하고, 이것들의 극형식을 각각

$$z_1 = r_1(\cos\theta_1 + i\sin\theta_1)$$
$$z_2 = r_2(\cos\theta_2 + i\sin\theta_2)$$

라 합니다. 이것들의 곱을 계산하면

$$r_1 r_2\{\cos\theta_1\cos\theta_2 - \sin\theta_1\sin\theta_2$$
$$+ i(\sin\theta_1\cos\theta_2 + \cos\theta_1\sin\theta_2)\}$$

가 되지만, 삼각함수의 덧셈정리를 이용하면 이것은

$$r_1 r_2\{\cos(\theta_1+\theta_2) + i\sin(\theta_1+\theta_2)\}$$

로 간단히 고쳐 쓸 수 있습니다. 즉,

$$z_1 z_2 = r_1 r_2\{\cos(\theta_1+\theta_2) + i\sin(\theta_1+\theta_2)\}$$

입니다. 이 식은 $z_1 z_2$의 절대값이 $r_1 r_2$, 편각이 $\theta_1+\theta_2$임을 나타냅니다. 이 결과를 다음과 같이 쓸 수가 있습니다.

$$|z_1 z_2| = |z_1|\,|z_2|$$
$$\arg(z_1 z_2) = \arg z_1 + \arg z_2$$

즉, "곱의 절대값은 절대값의 곱과 같고, 곱의 편각은 편각의 합과 같다"입니다. 단, 위의 등식 중 $|z_1 z_2| = |z_1|\,|z_2|$ 쪽은 이미 **526**페이지에서도 배운 바 있습니다. 편각에 관한 등식은 새로운 결과입니다.

곱의 편각 대신에 몫의 편각을 생각하면,

$$\arg\left(\frac{z_1}{z_2}\right) = \arg z_1 - \arg z_2$$

를 얻습니다. 실제로 $\dfrac{z_1}{z_2} = z$로 놓으면 $z_1 = z z_2$이므로

$$\arg z_1 = \arg(z z_2) = \arg z + \arg z_2$$

따라서

$$\arg z = \arg z_1 - \arg z_2$$

가 됩니다.

위에서 말한 것을 정리로서 간추려 보겠습니다.

0이 아닌 임의의 복소수 z_1, z_2에 대하여

1 $\mathbf{arg}\,(z_1 z_2) = \mathbf{arg}\,z_1 + \mathbf{arg}\,z_2$

2 $\mathbf{arg}\!\left(\dfrac{z_1}{z_2}\right) = \mathbf{arg}\,z_1 - \mathbf{arg}\,z_2$

위의 **1**을 일반화하면, 임의의 0이 아닌 복소수 z_1, z_2, $\cdots$, z_n에 대하여

$$\arg\,(z_1 z_2 \cdots z_n) = \arg z_1 + \arg z_2 + \cdots + \arg z_n$$

이 성립합니다. 특히

$$\arg\,(z^n) = n \arg z$$

입니다. 또 **2**로부터는 특히

$$\arg\left(\frac{1}{z}\right) = -\arg z$$

를 얻습니다.

다시 한번 곱에 관한 등식

$$|z_1 z_2| = |z_1|\,|z_2|, \quad \arg\,(z_1 z_2) = \arg z_1 + \arg z_2$$

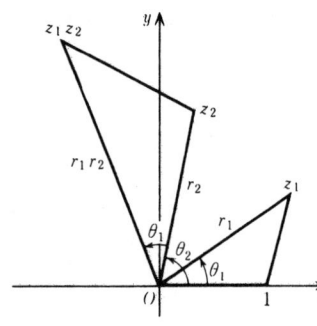

에 주목합시다. 이것에 의하면 두 점 z_1, z_2가 주어졌을 때, 점 $z_1 z_2$를 얻으려면 점 z_2를 원점 O 주위에서 $\arg z_1$만큼 회전시키고, 다시 원점으로부터의 거리를 $|z_1|$배하면 되는 것을 알 수 있습니다. 따라서, 세 점 $O, 1, z_1$을 꼭지점으로 하는 삼각형과, 세 점 $O, z_2, z_1 z_2$를 꼭지점으로 하는 삼각형은 왼쪽 그림과 같이 같은 방향으로 닮은꼴이 됩니다. 단, 평면상의 두 삼각형 ABC, $A'B'C'$가 같은 방향으로 닮은꼴이라는 것은 양자가 닮은꼴일 뿐만 아니라 반직선 AB를 A의 주위에서 AC까지 회전시키는 각과, 반직선 $A'B'$를 A'의 주위에서 $A'C'$까지 회전시키는 각이 방향도 포함해서 같다는 것을 뜻합니다.

간단한 예로서 복소수 z에 허수단위 i를 곱한 복소수 iz는 도형적으로 z와 어떤 관계에 있는지 생각해 봅시다. 그 답은 간단합니다. 실제로 $|i| = 1$, $\arg(i) = \dfrac{\pi}{2}$ 이므로

$$|iz| = |z|, \quad \arg(iz) = \arg z + \frac{\pi}{2}$$

이것은 점 iz가 점 z를 원점 주위에서 $\pi/2$만큼 회전시킨 점임을 뜻합니다. 즉, 복소수를 i배 한다는 것은

원점 주위에서 $\dfrac{\pi}{2}$ 만큼 회전한다.

는 효과를 가지는 것입니다.

$\boxed{\text{문제 8}}$ 복소평면상에서 점 z와, 좌표축 사이의 각을 이등분하는 직선 $y = x$에 대하여 대칭인 점은 $i\bar{z}$임을 증명하시오.

$\boxed{\text{문제 9}}$ 복소수 z의 절대값을 r, 편각을 θ라 할 때, 다음 복소수의 절대값과 편각을 구하시오. 단, $0 < \theta < \pi$로 합니다.

(1) $z + \dfrac{1}{z}$ (2) $r + z$ (3) $r - z$ (4) $\dfrac{r - z}{r + z}$

◈ 드·무아브르의 공식과 복소수의 n제곱근

z를 0이 아닌 복소수, n을 양의 정수라 할 때,

$$|z^n| = |z|^n, \quad \arg(z^n) = n \arg z$$

임은 이미 보아온 바입니다. 따라서 z의 극형식을 $z = r(\cos\theta + i\sin\theta)$로 하면, z^n은

$$z^n = r^n(\cos n\theta + i\sin n\theta) \qquad ①$$

로 나타납니다. 이 등식은 물론 $n = 0$일 때도 옳으며, 또 $z^{-n} = \dfrac{1}{z^n}$이므로

$$|z^{-n}| = \frac{1}{|z|^n} = |z|^{-n}$$
$$\arg(z^{-n}) = -\arg(z^n) = -n \arg z$$

따라서

$$z^{-n} = r^{-n}\{\cos(-n\theta) + i\sin(-n\theta)\}$$

즉, ①은 n이 음의 정수일 때도 성립합니다. 이로써 다음이 증명되었습니다.

$$z = r(\cos\theta + i\sin\theta)$$
라 하면 임의의 정수 n에 대하여

$$z^n = r^n(\cos n\theta + i \sin n\theta)$$

특히 $r = |z| = 1$일 때를 생각하면

$$(\cos \theta + i \sin \theta)^n = \cos n\theta + i \sin n\theta$$

이 공식을 **드·무아브르의 공식**이라 합니다.

다음에는 위의 사실을 이용해서 α를 0이 아닌 주어진 복소수, n을 양의 정수라 할 때, α의 n제곱근, 즉 방정식

$$z^n = \alpha \qquad\qquad ②$$

를 만족하는 복소수 z를 구해 봅시다.

α의 극형식을 $\alpha = r(\cos \theta + i \sin \theta)$라 하고, 또

$$z = \rho(\cos \varphi + i \sin \varphi)$$

로 하면(그리스 문자 ρ, φ는 각각 로, 파이로 읽습니다) ②는

$$\rho^n(\cos n\varphi + i \sin n\varphi) = r(\cos \theta + i \sin \theta) \qquad ③$$

의 꼴이 됩니다. $\rho^n = r$, $n\varphi = \theta$이면 ③은 만족하므로

$$\sqrt[n]{r}\left(\cos \frac{\theta}{n} + i \sin \frac{\theta}{n}\right)$$

는 α의 하나의 n제곱근이 됩니다. (물론 여기서 $\sqrt[n]{r}$은 양수 r의 양의 n제곱근을 나타냅니다.) 그러나 ③의 근은 이것만이 아닙니다. 왜냐하면, 편각은 2π의 정수배만큼의 차이가 있어도 되기 때문입니다. 그러므로 ③이 성립하기 위해서는

$$\rho^n = r, \quad n\varphi = \theta + 2k\pi \quad (k \text{는 정수})$$

라는 것이 필요충분조건입니다. 따라서

$$z_k = \sqrt[n]{r}\left(\cos \frac{\theta + 2k\pi}{n} + i \sin \frac{\theta + 2k\pi}{n}\right)$$

라 놓으면 $z_k(k = 0, \pm 1, \pm 2, \cdots)$가 ②의 근의 전체가 됩니다. 단, k가 모든 정수를 움직일 때, z_k가 모두 다른 것은 아닙니다. 실제로

$$\frac{\theta + 2k\pi}{n} \text{와} \quad \frac{\theta + 2k'\pi}{n} \text{와의 차} \frac{2(k - k')\pi}{n}$$

가 2π의 정수배일 때는(또 그 때에 한해서) z_k와 $z_{k'}$는 같아지기 때문입니다. $\dfrac{2(k - k')\pi}{n}$가 2π의 정수배가 된다

는 것은 $k-k'$가 n으로 나누어떨어진다는 것과 동치입니다. 이로부터 z_0, z_1, z_2, $\cdots$, z_{n-1}은 모두 다르고, 다른 z_k는 이것들 중의 어느 것과 일치한다는 것을 알 수 있습니다. 구체적으로 말하면, 정수 k를 n으로 나누었을 때의 나머지를 k_0이라 하면, k_0은 0, 1, 2, $\cdots$, $n-1$ 중 하나이며, z_k는 z_{k_0}과 일치합니다.

이상으로 다음 정리가 증명되었습니다.

0이 아닌 복소수 $\alpha = r(\cos \theta + i \sin \theta)$의 n제곱근은, 복소수의 범위 안에 꼭 n개 존재하며, 그것들은

$$z_k = \sqrt[n]{r} \left(\cos \frac{\theta + 2k\pi}{n} + i \sin \frac{\theta + 2k\pi}{n} \right)$$
$$(k = 0, 1, 2, \cdots, n-1)$$

에 의해서 주어진다.

특히, $\alpha = 1$인 경우를 생각하면 다음의 계가 얻어집니다.

1의 n제곱근은 복소수의 범위에서 n개 존재하고, 그것들은

$$\cos \frac{2k\pi}{n} + i \sin \frac{2k\pi}{n}$$
$$(k = 0, 1, 2, \cdots, n-1)$$

로 주어진다.

위 계에서 1의 n제곱근 중, 특히
$$\cos \frac{2\pi}{n} + i \sin \frac{2\pi}{n}$$
를 ω(오메가)로 쓰기로 한다면
$$\omega^k = \cos \frac{2k\pi}{n} + i \sin \frac{2k\pi}{n}$$
가 되므로, 1의 n개의 n제곱근은 1, ω, ω^2, $\cdots$, ω^{n-1}로 나타낼 수 있습니다. 복소평면상에서 이들 점은 단위원의 원주상에 있고, 편각이 $\frac{2\pi}{n}$씩 증가해 갑니다. 즉, 이들 점은 단위원의 원주상을 점 1에서 출발하여 n등분하는 점으로 되어 있습니다. 따라서 이들 점을 차례로 연결하면 단위

원에 내접하는 정 n 각형을 얻습니다.

[주의 : 나는 여기서 같은 문자 ω 를 쓰고 있지만, 물론 그 값은 n 의 값에 따라 변합니다.]

(예) $n=3$ 이라 합니다. 이때

$$\omega = \cos\frac{2\pi}{3} + i\sin\frac{2\pi}{3} = \frac{-1+\sqrt{3}\,i}{2}$$

이고, 1의 세제곱근은 $1, \omega, \omega^2$ 으로 주어집니다. 이 결과는 이미 제3장 139페이지 문제 22에서 보았습니다.

또 $n=8$ 이라 합시다. 이때

$$\omega = \cos\frac{2\pi}{8} + i\sin\frac{2\pi}{8} = \frac{1+i}{\sqrt{2}}$$

이고, 1의 8제곱근은 $1, \omega, \omega^2, \cdots, \omega^7$ 으로 주어집니다. 좀 더 구체적으로 쓰면, 1의 8제곱근은

$$\pm 1, \quad \pm i, \quad \frac{1\pm i}{\sqrt{2}}, \quad \frac{-1\pm i}{\sqrt{2}}$$

입니다.

다음에 1의 세제곱근과 8제곱근을 꼭지점으로 하는 정삼각형 및 정팔각형을 그려 두었습니다.

(예) $-1+i$ 의 네제곱근을 구하시오.

[풀이] $-1+i = \sqrt{2}\left(\cos\frac{3}{4}\pi + i\sin\frac{3}{4}\pi\right)$

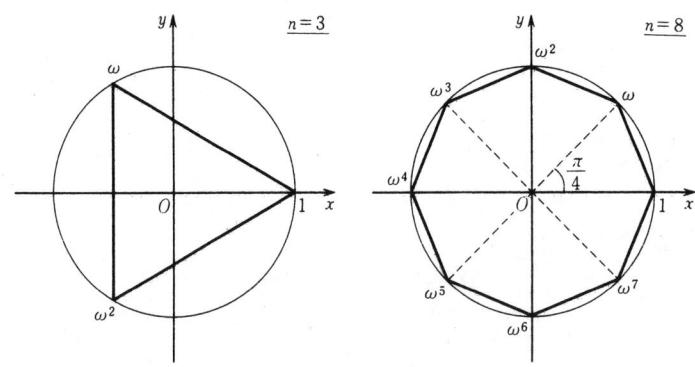

이므로, 정리에 따라 구하는 네제곱근은

$$\sqrt[8]{2}\left(\cos\frac{\frac{3}{4}\pi+2k\pi}{4} + i\sin\frac{\frac{3}{4}\pi+2k\pi}{4}\right) \quad (k=0,1,2,3)$$

즉

$$\sqrt[8]{2}\left(\cos\frac{3}{16}\pi+i\sin\frac{3}{16}\pi\right),$$

$$\sqrt[8]{2}\left(\cos\frac{11}{16}\pi+i\sin\frac{11}{16}\pi\right),$$

$$\sqrt[8]{2}\left(\cos\frac{19}{16}\pi+i\sin\frac{19}{16}\pi\right),$$

$$\sqrt[8]{2}\left(\cos\frac{27}{16}\pi+i\sin\frac{27}{16}\pi\right)$$

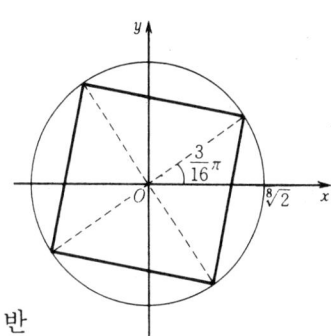

입니다. 이들 점을 연결하면 오른쪽 그림과 같은 반지름 $\sqrt[8]{2}$인 원에 내접하는 정사각형이 얻어집니다.

주의 : 일반적으로 복소수 $\alpha(\neq0)$의 n제곱근은 원점을 중심으로 하는 어떤 원의 원주를 n등분합니다. 실제로 방정식 $z^n=\alpha$의 하나의 해를 z_0이라 하면, 이 방정식은 $z^n=z_0{}^n$, 즉

$$\left(\frac{z}{z_0}\right)^n=1$$

로 고쳐 쓸 수 있으며, $\omega=\cos\dfrac{2\pi}{n}+i\sin\dfrac{2\pi}{n}$로 하면 $\dfrac{z}{z_0}$는 1, ω, ω^2, $\cdots$, ω^{n-1}이 됩니다. 따라서 α의 n제곱근은 z_0, $z_0\omega$, $z_0\omega^2$, $\cdots$, $z_0\omega^{n-1}$로 주어지며, 이 점들은 모두 원점을 중심으로 하고 반지름 $|z_0|$인 원주상에 있고, 중심각이 $\dfrac{2\pi}{n}$의 간격으로 늘어섭니다.

문제 10　$n=3,\ 4,\ 5$일 때에 $(\cos\theta+i\sin\theta)^n$을 실제로 전개하고, 드·무아브르의 공식을 써서 $\cos3\theta$, $\sin4\theta$, $\cos5\theta$를 각각 $\cos\theta$와 $\sin\theta$로 나타내시오.

문제 11　1의 네제곱근, 6제곱근을 구하시오.

문제 12　다음의 거듭제곱근을 복소평면상에 나타내시오.

(1)　$1+i$의 제곱근　　　　(2)　i의 세제곱근

(3)　$-2+2\sqrt{3}i$의 네제곱근　　(4)　-1의 5제곱근

문제 13　1의 허수의 세제곱근의 하나를 ω로 하고, n을 자연수라 할 때, $\omega^{2n}+\omega^n+1$의 값을 구하시오. [힌트 : n이 3의 배수일 때, 또 그 때에 한해서 $\omega^n=1$이 됩니다.]

위에서 우리는, 방정식 $z^n = \alpha$는 복소수의 범위내에서 반드시 n개의 근을 가진다는 것을 알았습니다. 사실은 좀더 일반적으로, 복소수를 계수로 하는 어떤 n차 방정식도 복소수의 범위에서──이중근, 삼중근, …은 각각 두 개의 근, 세 개의 근, …으로 세는 것으로 하고──반드시 n개의 근을 가진다는 것을 보여줍니다. 이것을 **대수학의 기본 정리**라고 한다는 것은 제3장에서도 언급했습니다. 이 정리는 수학에서 가장 중요한 정리 중 하나이지만, 이 강의에서는 유감스럽게도 그 증명에까지 들어갈 수는 없습니다.

10.2 복소수와 평면기하학

이 절에서는 복소평면의 이야기를 계속하고, "복소수의 기하학" 또는 "평면기하학에의 복소수의 응용"에 대해서 몇 가지를 설명하겠습니다. 평면기하학의 문제 중에는 복소수를 이용함으로써 매우 교묘하게 해결되는 것이 몇 개 있습니다. 이것은 복소수에 커다란 매력을 주고, 그 깊이를 느끼게 합니다. 여러분은 이 절에서 아주 근소하지만 그 일단을 맛보게 될 것입니다. 그리고 이것은 여러분의 마음 속에 복소수에 대한 보다 친근한 인상을 갖게 할 것입니다.

[주의 : 이 절을 설정한 주요 목적은 복소수에 대한 친근감을 증대시키는 일입니다. 그러나 여러분 중에는 이런 내용에 대해서 그다지 흥미를 느끼지 못하는 사람도 있을 것입니다. 또 이 절을 읽는 데에 좀 어려움을 느끼는 사람도 있을 것입니다. 만일 그렇다면 이 절을 생략하고 다음 장으로 넘어가도 됩니다. 이 장에서도 특히 제2절은 앞으로의 장과 전혀 관계가 없기 때문입니다.]

먼저 이 절에서 사용할 기호에 대해서 몇 가지 약속을

하겠습니다. 이 절에서는 복소평면상의 다른 두 점 α, β
를 연결하는 선분 $\alpha\beta$의 길이를 $[\alpha\beta]$로 나타냅니다. 벡터
$\overrightarrow{\alpha\beta}$의 크기는 $[\alpha\beta]$와 같고, $\overrightarrow{\alpha\beta}$는 복소수 $\beta-\alpha$를 나타냈으
므로

$$[\alpha\beta] = |\beta - \alpha| = |\alpha - \beta|$$

입니다. 또, 일직선상에 있지 않는 세 점 α, β, γ에 대하여,
이것들을 꼭지점으로 하는 삼각형을 $\triangle\alpha\beta\gamma$로 나타냅니
다. 물론 여기서 $\alpha\beta$나 $\alpha\beta\gamma$가 곱을 나타내는 것은 아닙니
다. 당연한 이야기지만, $\alpha\beta$나 $\alpha\beta\gamma$가 곱을 나타내는 일도
있습니다만, 이것을 식별하는 데 있어 여러분은 아무런
어려움을 느끼지 않을 것입니다.

또 한 가지, 다른 세 점 α, β, γ에 대하여, 기호 $\angle\beta\alpha\gamma$는
벡터 $\overrightarrow{\alpha\beta}$를 점 α의 주위에서 벡터 $\overrightarrow{\alpha\gamma}$까지 회전시킨 각($2\pi$
의 정수배의 차는 무시해도 좋다)을 나타냅니다. 이것은
"방향도 포함해서 생각한 각"이며, 따라서

$$\angle\gamma\alpha\beta = -\angle\beta\alpha\gamma$$

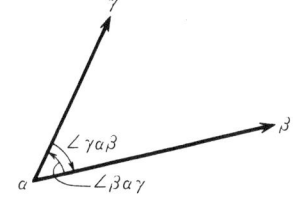

입니다.

특히 α, β, γ가 일직선상에 있는 경우에는 β, γ가 α에서
보아 같은 쪽에 있는가 반대쪽에 있는가에 따라

$$\angle\beta\alpha\gamma = 0 \quad \text{또는} \quad \angle\beta\alpha\gamma = \pi$$

가 됩니다.

◆ 일직선상에 있는 세 점, 같은 방향으로 닮은꼴인 삼각형

지금 α, β, γ를 다른 세 점이라 하고, 복소수

$$\frac{\gamma - \alpha}{\beta - \alpha}$$

를 생각합니다. 이 절대값은

$$\frac{|\gamma - \alpha|}{|\beta - \alpha|} = \frac{[\alpha\gamma]}{[\alpha\beta]}$$

입니다. 즉, 이것은 선분 $\alpha\gamma$와 선분 $\alpha\beta$의 길이의 비를 나
타냅니다.

한편, 이 복소수의 편각은, 몫의 편각의 공식으로부터

$$\arg \frac{\gamma-\alpha}{\beta-\alpha} = \arg (\gamma-\alpha) - \arg(\beta-\alpha)$$

가 되지만, $\arg(\gamma-\alpha)$, $\arg(\beta-\alpha)$는 각각 벡터 $\overrightarrow{\alpha\gamma}$, $\overrightarrow{\alpha\beta}$가 실수축의 양의 방향과 이루는 각을 나타내므로, 그 차는 $\angle\beta\alpha\gamma$로 나타냅니다. 즉

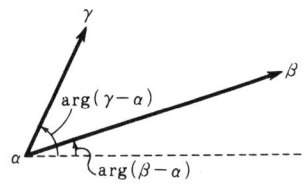

$$\arg \frac{\gamma-\alpha}{\beta-\alpha} = \angle\beta\alpha\gamma$$

입니다.

이것과, 양의 실수는 편각이 0(정확히는 $2n\pi$)인 복소수, 음의 실수는 편각이 π(정확히는 $\pi+2n\pi$)인 복소수임에 주목하면 곧 다음을 알 수 있습니다.

복소수 평면상의 서로 다른 세 점 α, β, γ가 일직선상에 있기 위한 필요충분조건은

$$\frac{\gamma-\alpha}{\beta-\alpha} \text{ 가 실수}$$

라는 것이다. 이것이 양의 실수이면 β, γ는 α에서 보아 같은 쪽에 있고, 음의 실수이면 β, γ는 α에서 보아 반대쪽에 있다.

또, 복소수 평면상의 두 삼각형에 대해서는 다음이 성립합니다.

복소수 평면상의 $\triangle\alpha\beta\gamma$와 $\triangle\alpha'\beta'\gamma'$가 방향이 같고 닮은꼴이기 위한 필요충분조건은

$$\frac{\gamma-\alpha}{\beta-\alpha} = \frac{\gamma'-\alpha'}{\beta'-\alpha'}$$

가 성립하는 일이다.

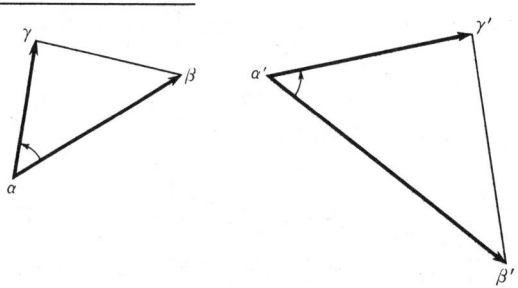

증명 $\triangle\alpha\beta\gamma$, $\triangle\alpha'\beta'\gamma'$가 방향이 같고 닮음꼴이라는 것은 두 변의 길이의 비가 같고, 그 두 변 사이의 각이 회

전 방향도 포함해서 같다는 것이므로, 그러기 위한 필요충분조건은 다음의 두 등식에 의해서 주어집니다.

$$\frac{[\alpha\gamma]}{[\alpha\beta]} = \frac{[\alpha'\gamma']}{[\alpha'\beta']}$$

$$\angle\beta\alpha\gamma = \angle\beta'\alpha'\gamma'$$

이들 두 등식은 각각

$$\left|\frac{\gamma-\alpha}{\beta-\alpha}\right| = \left|\frac{\gamma'-\alpha'}{\beta'-\alpha'}\right|$$

$$\arg\frac{\gamma-\alpha}{\beta-\alpha} = \arg\frac{\gamma'-\alpha'}{\beta'-\alpha'}$$

와 동치이고, 이것들을 합친 것은 바로

$$\frac{\gamma-\alpha}{\beta-\alpha} = \frac{\gamma'-\alpha'}{\beta'-\alpha'}$$

인 것입니다. 이것으로 증명이 끝났습니다.

문제 14 복소평면상의 $\triangle\alpha\beta\gamma$가 정삼각형이기 위한 필요충분조건은

$$\alpha^2 + \beta^2 + \gamma^2 - \alpha\beta - \beta\gamma - \gamma\alpha = 0$$

으로 주어진다는 것을 증명하시오. [힌트 : $\triangle\alpha\beta\gamma$가 정삼각형이라는 것은 $\triangle\alpha\beta\gamma$와 $\triangle\beta\gamma\alpha$가 방향이 같고 닮을꼴이라는 것과 동치입니다.]

◆ 동일 원주상 또는 동일 직선상에 있는 네 점

복소평면상의 서로 다른 네 점 α, β, γ, δ는 일반적으로 사각형을 만듭니다. 어떤 경우에 이 사각형이 원에 내접하는가, 즉 네 점 α, β, γ, δ가 동일 원주상에 늘어서는가와 또는 어떤 경우에 네 점 α, β, γ, δ가 동일 직선상에 늘어서는가, 이것을 판정하는 것은 매우 흥미있는 문제입니다. 다음 명제는 그 해답을 줍니다. 이 명제 속의 비의 기호 $z : w$는 여기서는 비의 값 $\frac{z}{w}$를 나타냅니다.

복소평면상의 서로 다른 네 점 α, β, γ, δ에 대하여

$$\varepsilon = \frac{\alpha-\gamma}{\beta-\gamma} : \frac{\alpha-\delta}{\beta-\delta}$$

로 놓으면 α, β, γ, δ가 동일 원주상 또는 동일 직선

상에 있기 위한 필요충분조건은

ε이 실수

라는 것이다. 그리고 ε>0이면 α, β는 γ, δ를 분리시키지 않고, ε<0이면 α, β는 γ, δ를 분리시킨다.

증명을 하기 전에 명제 속에 있는 "분리시키지 않는다"와 "분리시킨다"는 말의 뜻을 설명해 두겠습니다. α, β, γ, δ가 동일 원주상에 있을 때 α, β가 γ, δ를 "분리시키지 않는다"는 것은 α, β에 의해서 나누어지는 원의 두 호의 한쪽에만 γ, δ가 있다는 것을 뜻하고, "분리시킨다"는 것은 그 두 호의 한쪽에 γ, 다른 쪽에 δ가 있다는 것을 뜻합니다. 또, α, β, γ, δ가 동일 직선상에 있을 때, α, β가 γ, δ를 "분리시키지 않는다"는 것은 γ, δ가 모두 선분 αβ상에 있든가 또는 모두 선분 αβ의 연장선상에 있는 것을 뜻하고, "분리시킨다"라는 것은 γ, δ의 한쪽이 선분 αβ상에, 다른 쪽이 그 연장선상에 있는 것을 뜻합니다. 아래의 왼쪽 그림은 α, β가 γ, δ를 분리시키지 않는 경우, 오른쪽 그림은 분리시키는 경우를 나타냅니다. (말에 의한 설명보다 이런 그림이 훨씬 간결하고도 확실하게 상황을 설명해 줄 것입니다.)

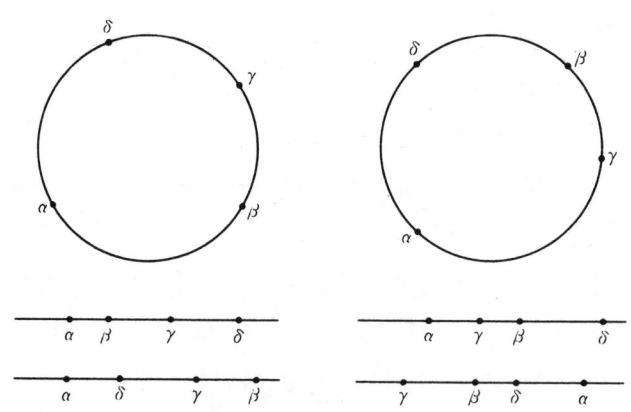

그럼, 명제를 증명해 보겠습니다.

증명 명제에서 말한 비

$$\varepsilon = \frac{\alpha-\gamma}{\beta-\gamma} : \frac{\alpha-\delta}{\beta-\delta}$$

가 실수가 되는 것은 ε의 편각이 0 또는 $\pm\pi$가 되는 경우입니다. 그리고 몫의 편각에 관한 공식으로부터 arg ε은

$$\arg \varepsilon = \arg \frac{\alpha-\gamma}{\beta-\gamma} - \arg \frac{\alpha-\delta}{\beta-\delta}$$

인데, 우리가 이미 얻은 지식에 의하면 이것은

$$\arg \varepsilon = \angle\,\beta\gamma\alpha - \angle\,\beta\delta\alpha$$

로 나타낼 수 있습니다.

따라서 arg $\varepsilon = 0$, 즉 ε이 양의 실수가 되는 것은

$$\angle\,\beta\gamma\alpha = \angle\,\beta\delta\alpha$$

가 될 때, 또 arg $\varepsilon = \pm\pi$, 즉 ε이 음의 실수가 되는 것은

$$\angle\,\beta\gamma\alpha - \angle\,\beta\delta\alpha = \angle\,\beta\gamma\alpha + \angle\,\alpha\delta\beta = \pm\pi$$

가 될 때입니다.

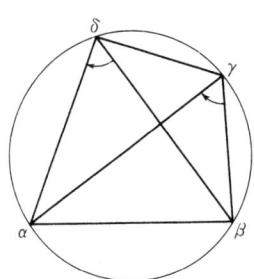

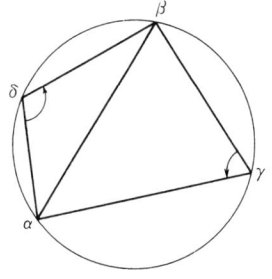

이것들은 각각 (α, β, γ가 일직선상에 없으면) 네 점 α, β, γ, δ가 동일 원주상에 있으며, 전자의 경우는 α, β가 γ, δ를 분리시키지 않고, 후자의 경우는 α, β가 γ, δ를 분리시킨다는 것을 나타내고 있습니다. 특별한 경우로서 α, β, γ가 일직선상에 있을 때에는 δ도 또한 그 직선상에 있으며, 점이 늘어서는 상태는 위에서 말한 것과 같게 됩니다. (이 검증은 여러분에게 맡기겠습니다.)

이상으로 명제의 증명이 끝났습니다.

위의 명제 속에 나타난 비

$$\frac{\alpha-\gamma}{\beta-\gamma} : \frac{\alpha-\delta}{\beta-\delta}$$

를 α, β, γ, δ의 **복비** (또는 비조화비)라고 합니다. 이것을 보통 기호 $[\alpha, \beta, \gamma, \delta]$로 나타냅니다. 즉,

$$[\boldsymbol{\alpha}, \boldsymbol{\beta}, \boldsymbol{\gamma}, \boldsymbol{\delta}] = \frac{\boldsymbol{\alpha}-\boldsymbol{\gamma}}{\boldsymbol{\beta}-\boldsymbol{\gamma}} : \frac{\boldsymbol{\alpha}-\boldsymbol{\delta}}{\boldsymbol{\beta}-\boldsymbol{\delta}}$$

입니다.

이 복비의 기호를 써서 위의 결과를 말로 나타내면,

$$[\alpha, \beta, \gamma, \delta]\text{가 실수} \iff \alpha, \beta, \gamma, \delta\text{가 동일 원주상}$$
$$\text{또는 동일 직선상에 있다}$$

가 되고, 또

$$[\alpha, \beta, \gamma, \delta] > 0 \implies \alpha, \beta\text{는 } \gamma, \delta\text{를 분리시키지 않는다.}$$
$$[\alpha, \beta, \gamma, \delta] < 0 \implies \alpha, \beta\text{는 } \gamma, \delta\text{를 분리시킨다.}$$

가 됩니다.

◆ 프톨레미의 정리

$\alpha, \beta, \gamma, \delta$를 복소평면상의 서로 다른 네 점이라 합니다. 먼저 등식

$$(\alpha - \beta)(\gamma - \delta) + (\alpha - \delta)(\beta - \gamma) = (\alpha - \gamma)(\beta - \delta) \quad ①$$

가 성립하는 데에 주목합시다.

실제로, 좌변의 두 곱을 전개하여 정리하면

$$\alpha\gamma - \beta\gamma - \alpha\delta + \beta\delta + \alpha\beta - \delta\beta - \alpha\gamma + \delta\gamma$$
$$= -\beta\gamma - \alpha\delta + \alpha\beta + \delta\gamma$$
$$= (\alpha - \gamma)(\beta - \delta)$$

가 됩니다.

그런데, 529페이지에서 본 바와 같이 —— 거기와는 문자를 바꾸고, 또 부등호의 방향 및 양변을 바꾸어서 쓰지만 —— 일반적으로 두 복소수 z_1, z_2에 대하여

$$|z_1| + |z_2| \geqq |z_1 + z_2|$$

가 성립합니다. 따라서 ①로부터

$$|(\alpha - \beta)(\gamma - \delta)| + |(\alpha - \delta)(\beta - \gamma)| \geqq |(\alpha - \gamma)(\beta - \delta)|$$
$$②$$

를 얻습니다. 복소수의 곱의 절대값은 절대값의 곱과 같으므로, 이것은

$$[\alpha\beta][\gamma\delta] + [\alpha\delta][\beta\gamma] \geqq [\alpha\gamma][\beta\delta] \quad ②'$$

로 고쳐 쓸 수 있습니다. 단, ②´에서 $[\alpha\beta], [\gamma\delta], \cdots$는 지금까지 한 대로 각 선분의 길이를 나타냅니다. 이것은 임의의 서로 다른 네 점 $\alpha, \beta, \gamma, \delta$에 대해서 항상 성립하는 부등식입니다.

② 또는 ②′에서 등호가 성립되는 것은 어떤 경우일까요? **529**페이지에서 우리는

$$|z_1| + |z_2| = |z_1 + z_2|$$

가 성립하는 것은 벡터 z_1과 벡터 z_2의 방향이 같을 때, 즉 $\dfrac{z_1}{z_2}$이 양의 실수일 때임을 알았습니다. 따라서 ②에서 등호가 성립하는 것은

$$z_1 = (\alpha - \beta)(\gamma - \delta), \quad z_2 = (\alpha - \delta)(\beta - \gamma)$$

로 하여

$$\frac{z_1}{z_2} = \frac{(\alpha - \beta)(\gamma - \delta)}{(\alpha - \delta)(\beta - \gamma)} = -\frac{\alpha - \beta}{\gamma - \beta} : \frac{\alpha - \delta}{\gamma - \delta}$$

가 양의 실수가 될 때, 즉

$$\frac{\alpha - \beta}{\gamma - \beta} : \frac{\alpha - \delta}{\gamma - \delta}$$

가 음의 실수가 될 때입니다. 이 비는 복비 $[\alpha, \gamma, \beta, \delta]$ ——문자의 차례에 주목하십시오——를 나타내고 있습니다.

그러므로 ② 또는 ②′에서 등호가 성립하는 것은 α, β, γ, δ가 동일 원주상 또는 동일 직선상에 있고, 또한 α, γ가 β, δ를 분리시킬 때, 또 그럴 때에 한한다는 것을 알 수 있습니다.

위에서 얻은 결과를, 복소수 대신에 보통의 평면상의 점의 기호를 써서 말하면 다음과 같이 됩니다.

A, B, C, D를 평면상의 서로 다른 네 점이라 할 때, 상호간의 거리 사이에는 일반적으로 부등식

$$AB \cdot CD + AD \cdot BC \geqq AC \cdot BD$$

가 성립한다. 여기서 등식

$$AB \cdot CD + AD \cdot BC = AC \cdot BD$$

이 성립하는 것은 네 점 A, B, C, D가 동일 원주상 또는 동일 직선상에 있고, A, C가 B, D를 분리시킬 때, 또 그 때에 한한다.

이것을 **오일러**(1707~1783)**의 정리**라 합니다. 특히 후반의 등식 부분은 고전 평면기하학에서 유명한 다음 정

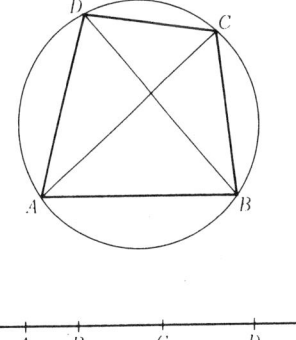

리를 포함합니다.

평면상의 사각형 $ABCD$가 원에 내접하기 위한 필요충분조건은 대응하는 두 변의 길이의 곱 $AB\cdot CD$와 $AD\cdot BC$의 합이 대각선의 길이의 곱 $AC\cdot BD$와 같다는 것이다.

이것을 **프톨레미**(ptolemy)**의 정리**라고 합니다. 원래는 그리스어식으로 읽어 프톨레마이오스의 정리라고 해야 할지도 모릅니다. 그는 기원전 2세기경의 그리스의 수학자입니다.

◆ 심슨의 정리

또 하나, 복소수의 평면기하학에의 응용례로서 유명한 심슨의 정리를 설명하겠습니다. 여기서도 복비가 기본적인 구실을 합니다.

처음에 말하는 것은 그 준비입니다. 먼저, 원점 O를 중심으로 하는 원에 내접하는 $\triangle\alpha\beta\gamma$를 생각합시다. ("원점 O를 중심으로 하는 것"은 단지 계산의 편의를 위한 것이며, 기하학적으로 본질적인 가정은 아닙니다.) 이때 꼭지점 α로부터 대변 $\beta\gamma$ 또는 그 연장선에 내린 수선의 발을 z라 하면, z는 어떻게 나타날까요? 왼쪽 그림과 같이 α를 한 끝으로 하는 원 O의 지름 $\alpha\alpha'$를 그어 봅시다. 이 때 $\alpha' = -\alpha$이고 $\triangle\alpha\gamma z$는 $\triangle\alpha\alpha'\beta$와 닮은꼴입니다. 그러므로 540페이지의 명제에 따라

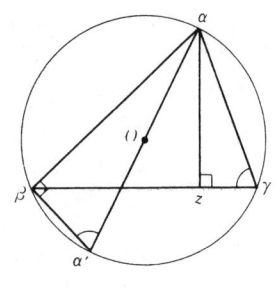

$$\frac{z-\alpha}{\gamma-\alpha} = \frac{\beta-\alpha}{\alpha'-\alpha} = -\frac{\beta-\alpha}{2\alpha}$$

가 성립합니다.

위 식에서 z를 구하면,

$$z = \alpha - \frac{(\beta-\alpha)(\gamma-\alpha)}{2\alpha}$$

$$= \frac{\alpha^2 + \alpha\beta + \alpha\gamma - \beta\gamma}{2\alpha}$$

$$= \frac{1}{2}\left(\alpha + \beta + \gamma - \frac{\beta\gamma}{\alpha}\right)$$

이것으로 z가 구해집니다.

그럼 이번에는 원 O의 원주상에 임의로 서로 다른 네 점 α, β, γ, δ를 잡아 봅시다. 점 δ에서 $\triangle\alpha\beta\gamma$의 변 $\beta\gamma$, $\gamma\alpha$, $\alpha\beta$ 또는 그 연장선상에 내린 수선의 발을 각각 z_1, z_2, z_3라고 합시다. 이때 우리는 다음 사실을 주장합니다.

세 점 z_1, z_2, z_3는 일직선상에 나란히 있다!

이것을 **심슨의 정리**라 하고, 세 점 z_1, z_2, z_3를 지나는 직선을 $\triangle\alpha\beta\gamma$에 대한 점 δ의 **심슨선**이라고 합니다.

다음에 그것을 증명하겠습니다.

증명 위의 결과에 따라 z_1, z_2, z_3는 각각

$$z_1 = \frac{1}{2}\left(\delta + \beta + \gamma - \frac{\beta\gamma}{\delta}\right)$$

$$z_2 = \frac{1}{2}\left(\delta + \gamma + \alpha - \frac{\gamma\alpha}{\delta}\right)$$

$$z_3 = \frac{1}{2}\left(\delta + \alpha + \beta - \frac{\alpha\beta}{\delta}\right)$$

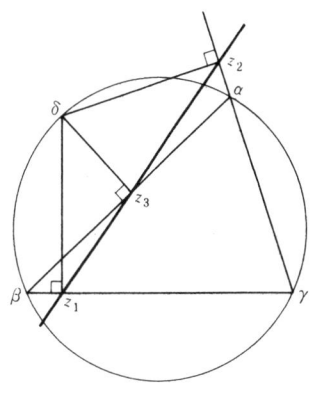

가 됩니다. 이 세 점이 일직선상에 있는 것을 보이기 위해서는 벡터 $\overrightarrow{z_3 z_1} = z_1 - z_3$와 $\overrightarrow{z_3 z_2} = z_2 - z_3$가 같은 방향 또는 반대 방향을 가지는 일, 즉

$$\frac{z_1 - z_3}{z_2 - z_3}\text{ 가 실수인 것}$$

을 보여 주면 됩니다. (이것도 **540**페이지에서 주의한 바 있습니다.) 그리하여 $z_1 - z_3$, $z_2 - z_3$를 계산하면 —— 여러분은 이 계산을 제대로 하기 바랍니다. ——

$$z_1 - z_3 = \frac{1}{2\delta}(\alpha - \gamma)(\beta - \delta)$$

$$z_2 - z_3 = \frac{1}{2\delta}(\beta - \gamma)(\alpha - \delta)$$

그러므로

$$\frac{z_1 - z_3}{z_2 - z_3} = \frac{(\alpha - \gamma)(\beta - \delta)}{(\beta - \gamma)(\alpha - \delta)} = \frac{\alpha - \gamma}{\beta - \gamma} : \frac{\alpha - \delta}{\beta - \delta}$$

이것은 바로 네 점 α, β, γ, δ의 복비입니다. 그리고 α, β, γ, δ가 동일 원주상에 있을 때, 이것이 실수가 되는 것은 우

리가 이미 알고 있는 바입니다. 이것으로 정리가 증명되
었습니다.

이 이야기에 여러분이 약간이라도 흥미를 느꼈다면 다
행입니다. 흥미를 느낀 사람을 위해서 다음 문제를 제공
하겠습니다. (좀 어려울지 모르나, 즐거운 마음으로 생각
해 주기 바랍니다.)

문제 15 위와 같이 원점 O를 중심으로 하는 원의 원주상에
서로 다른 네 점 α, β, γ, δ를 잡고, δ에서 $\triangle\alpha\beta\gamma$의 변 $\beta\gamma$,
$\gamma\alpha$, $\alpha\beta$ 또는 그 연장선상으로 내린 수선의 발을 각각 z_1, z_2, z_3
라 합니다. 또 점 w를

$$w = \frac{1}{2}(\alpha + \beta + \gamma + \delta)$$

에 의해서 정합니다.

(1) $w - z_1$, $w - z_2$를 계산하여

$$\frac{w - z_1}{w - z_2} = \frac{\alpha\delta + \beta\gamma}{\alpha\gamma + \beta\delta}$$

임을 증명하시오.

(2) $\varepsilon = \dfrac{\alpha\delta + \beta\gamma}{\alpha\gamma + \beta\delta}$ 로 놓으면, $\bar{\varepsilon} = \varepsilon$임을 증명하시오. 단, $\bar{\varepsilon}$
은 ε의 켤레복소수를 나타냅니다. [힌트 : 원 O의 반지름을
1로 가정합니다. (반지름의 크기는 문제의 본질과 아무런
관계가 없습니다.) 이때

$$\bar{\alpha} = \frac{1}{\alpha}, \quad \bar{\beta} = \frac{1}{\beta}, \quad \bar{\gamma} = \frac{1}{\gamma}, \quad \bar{\delta} = \frac{1}{\delta}$$

이 됩니다.]

(3) (2)의 결과로부터 z_1, z_2, z_3를 지나는 심슨선은 점 w도
지남을 증명하시오.

문제 16 마찬가지로 α, β, γ, δ를 원 O의 원주상에 있는 서
로 다른 네 점이라 합니다. $\triangle\alpha\beta\gamma$에 대한 점 δ의 심슨선을
간단히 "δ의 심슨선"이라 부르기로 한다면, 같은 방법으로
이 사각형 $\alpha\beta\gamma\delta$에 대하여 α의 심슨선, β의 심슨선, γ의 심

슨선을 생각할 수 있습니다. (예를 들어 α의 심슨선이란 $\triangle \beta\gamma\delta$에 대한 점 α의 심슨선이라는 뜻입니다.) 이들 네 개의 심슨선이 동일한 점을 지난다는 것을 증명하시오.

복소수의 기하학에는, 이밖에도 여러 가지 재미있는 화제, 일종의 무한 계열을 형성하는 경이적인 정리 등 많은 것이 있습니다. (예를 들면 위에 든 심슨의 정리에 관해서도, 그 연장으로서 어떤 "무한한 조작"에 의해서 만들어지는 네 점, 다섯 점, 여섯 점, …이 차례로 일직선상에 늘어선다고 하는 신비스러운 정리를 펼칠 수가 있습니다.) 이러한 이야기에 깊이 들어가기로 한다면 끝이 없습니다. 우리는 일단 복소수의 몇 가지 응용을 봄으로써 복소수가 단순한 공상의 산물이나 기괴한 것이 아니라 실용적인 것이 될 수 있으며, 그 세계는 넓고 매력이 넘치며, 우리의 심상을 한껏 부풀게 하는 것이라는 인상을 가질 수 있기를 기대하며 이 절을 끝내고자 합니다.

해석기하학의 공식은 어떤 목적이 아니라 실제로 지각할 수 있는 공간적 구조를 가장 간결하게 나타낸 것에 불과하다. 그 다음의 발전은 공간적 구조에 입각해서 이루어지는 것이다.

F. 클라인

11 입체적인 공간 속의 도형
── 공간도형

 11.1 공간에서의 점·직선·평면, 공간좌표

우리는 제6장에서 평면의 좌표기하를 배웠고, 제9장에서 평면상의 벡터를 배웠습니다. 이 장에서는 "차원"을 더 높여서 3차원의 공간도형에 관해서 살펴보겠습니다.

먼저, 공간에서의 직선이나 평면의 위치 관계에 대한 기본적인 사항을 정리해서 설명하겠습니다. (나는 여기서는 "공리"에 따라 공간의 기하학을 구성할 생각은 없습니다. 여러분은 다음의 "정리"에 대해서 소박한 직감을 작용시켜 납득하기만 하면 됩니다.)

◆ 두 직선의 위치 관계

먼저, 공간에 있는 다른 두 직선 l, m의 위치 관계에 대해서 생각해 봅시다.

두 직선 l, m이 같은 평면상에 있을 때는 다음 두 경우 중 하나가 일어납니다.

    1 만난다   **2** 평행이다

2의 "평행"인 경우는 $l \parallel m$으로 씁니다.

l, m이 같은 평면상에 없을 때는 l, m은 **꼬인 위치에 있다**고 합니다. 따라서 공간에 있는 두 직선의 위치 관계는 위의 **1, 2** 또는

    3 꼬인 위치에 있다

중에서 어느 하나가 됩니다.

다음은 각 경우에 해당하는 그림입니다.

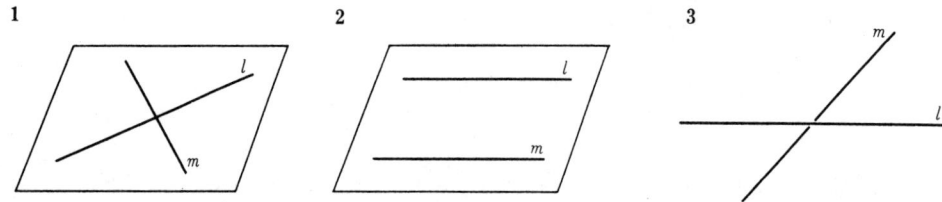

l, m이 꼬인 위치에 있을 때는 물론 l, m은 만나지 않지만, 이 경우에도 **두 직선 l, m이 이루는 각**을 다음과 같이 정의할 수가 있습니다. 즉, 임의로 하나의 점 O를 잡고, O를 지나 l, m에 각각 평행인 직선 l', m'를 그으면, l', m'가 이루는 각은 점 O를 어디에 잡건 관계없이 결정됩니다. 이 각을 l, m이 이루는 각으로 정의합니다.

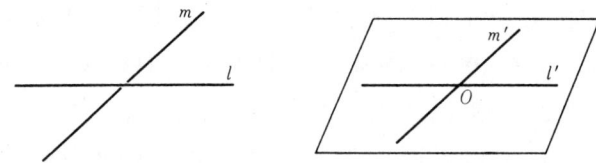

주의 : 단지 두 직선 l, m이 이루는 각이라고 할 때, 우리는 이것을 (회전 방향 등을 생각하지 않고) 상식적인 뜻으로──즉 0°에서 180°까지의 각의 뜻으로──해석합니다. **2**의 "평행인" 경우를 제외하면 l, m이 이루는 각은 일반적으로 두 개가 있는데, 하나는 예각이고 또 하나

는 둔각이며 그 합은 180°입니다.

특히 두 직선 l, m이 이루는 각이 직각일 때 l, m은 수직이라 하고, $l \perp m$으로 씁니다. 같은 평면상에 있고 수직인 두 직선은 **직교한다**고 합니다.

◆ **평면의 결정**

공간내에, 일직선상에 있지 않는 세 점 A, B, C가 주어지면 그 점들을 지나는 평면이 단 하나 정해집니다. 이것을 "일직선상에 있지 않는 세 점 A, B, C는 하나의 평면을 결정한다"고 합니다.

일반적으로, 공간에서 다음의 **1~4**중 어느 하나가 주어지면 각각 하나의 평면이 결정됩니다.

1 일직선상에 있지 않는 세 점
2 한 직선과 그 위에 있지 않는 점
3 만나는 두 직선   **4** 평행인 두 직선

각각의 경우를 그림으로 나타내었습니다.

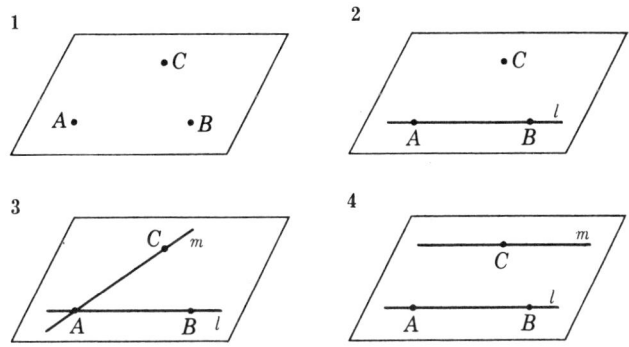

◆ **두 평면의 위치 관계**

공간에서 서로 다른 두 평면 α, β는, 공유점을 가질 때 **만난다**고 하고, 만나지 않을 때 **평행**이라고 합니다. 즉, 두 평면 α, β의 위치 관계는 다음의 두 경우 중 어느 하나입니다.

1 만난다   **2** 평행이다

다음 그림은 각각의 경우를 보여 줍니다.

1 만난다

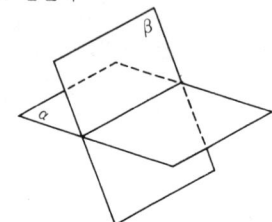

2 평행이다

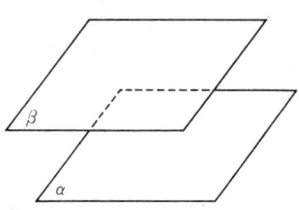

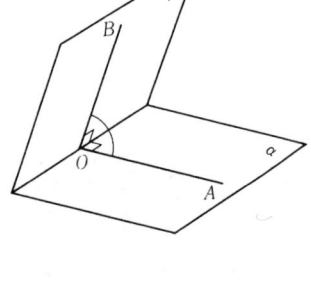

위의 그림 **1**에 보인 바와 같이, 두 평면 α, β가 만날 때 α, β는 하나의 직선을 공유합니다. 이 직선을 α, β의 **교선**이라 합니다.

또, α, β가 평행일 때는 **$\alpha \,/\!/\, \beta$**로 씁니다.

두 평면 α, β가 만날 때, 이 교선상의 임의의 점 O에서 교선에 수직인 직선 OA, OB를 각각 평면 α, β상에 그으면, $\angle AOB$의 크기는 점 O를 어디에 잡건 관계없이 결정됩니다. 이 각을 **두 평면 α, β가 이루는 각**이라 합니다.

특히 이 각이 직각일 때 α, β는 **직교**한다 또는 **수직**이라 하고, **$\alpha \perp \beta$**로 씁니다.

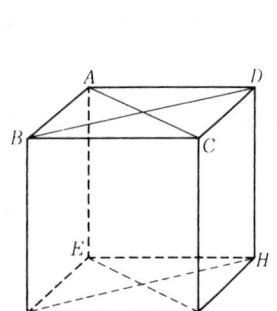

문제 1 왼쪽 그림의 정육면체 $ABCD - EFGH$에서, 다음 두 직선이 이루는 각을 구하시오.

(1) BC와 GH (2) AH와 CF

(3) AC와 EF (4) AH와 BD

문제 2 위 문제의 정육면체에서 다음 두 평면이 이루는 각을 구하시오.

(1) 평면 $AEGC$와 평면 $BFGC$

(2) 평면 $ABCD$와 평면 $BFHD$

◆ **직선과 평면의 위치 관계**

공간에서의 직선 l과 평면 α에 대해서는 다음 세 가지 경우 중 어느 하나가 일어납니다.

1 만난다   **2** 평행이다

3 직선이 평면에 포함된다

다음에 각 경우의 그림을 보였습니다.

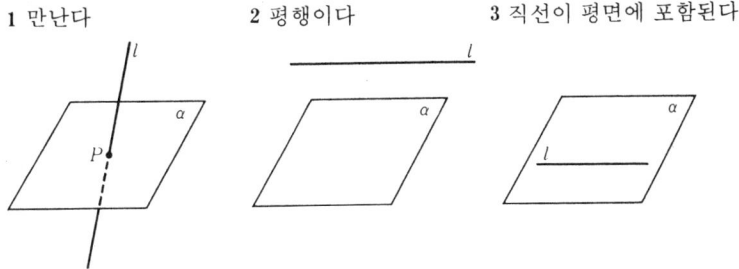

1 만난다　　　　　2 평행이다　　　　　3 직선이 평면에 포함된다

직선 l과 평면 α가 **만난다**는 것은 l과 α가 단 하나의 점 P를 공유한다는 것을 말합니다. 이때 점 P를 l과 α의 **교점**이라고 합니다.

또 l과 α가 **평행**이라는 것은 l과 α가 공유점을 갖지 않는 것을 말하고, $l /\!/ \alpha$로 씁니다.

직선 l과 평면 α가 다른 두 점을 공유할 때 l상의 모든 점은 α상에 있습니다. 즉, 이 경우 직선 l은 평면 α에 포함됩니다.

◆　직선과 평면의 수직

직선 l이 평면 α상의 <u>모든 직선</u>에 수직일 때, l과 α는 **직교한다** 또는 **수직**이라 하고, $l \perp \alpha$로 씁니다.

실제로는, 직선 l이 평면 α에 수직이기 위해서는 l이 α상에서 <u>만나는 두 직선</u>과 수직이면 그것으로 충분합니다. 즉, 다음 정리가 성립합니다.

> **직선 l이 평면 α상에서 만나는 두 직선 a, b와 각각 수직이라고 하면 $l \perp \alpha$이다.**

증명　c를 평면 α상의 임의의 점이라 합니다. 우리가 증명하고자 하는 것은 $l \perp c$라는 것입니다.

이 증명을 위해서 두 직선 a, b의 교점을 O라 하고, l 및 c는 점 O를 지난다고 가정합니다. 이렇게 가정해도 증명의 일반성을 잃지 않는다는 것은 두 직선이 이루

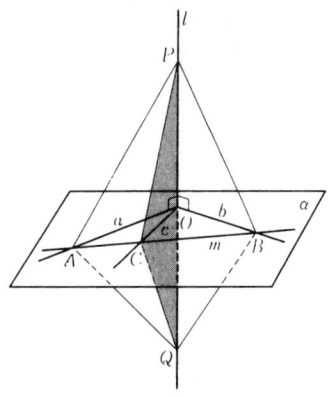

는 각의 정의로부터 바로 알 수 있습니다.

그럼, 왼쪽 그림과 같이 평면 α상에 O를 지나지 않는 하나의 직선 m을 긋고, 직선 a, b, c와의 교점을 각각 A, B, C라 합니다. 또, 직선 l상에 점 O에 대해서 대칭인 두 점 P, Q를 잡고 P, Q와 A, B, C를 각각 그림과 같이 연결합니다.

이때, 먼저 △PAB와 △QAB에서

$$AP = AQ, \quad BP = BQ, \quad AB는 공통$$

이므로 이것들은 합동, 즉

$$\triangle PAB \equiv \triangle QAB$$

가 됩니다. (기호 ≡은 "합동"을 나타냅니다.) 따라서

$$\angle PAB = \angle QAB \quad 즉 \quad \angle PAC = \angle QAC$$

임을 알 수 있습니다. 다음에 △APC와 △AQC를 생각하면

$$AP = AQ, \quad AC는 공통, \quad \angle PAC = \angle QAC$$

이므로 이것들도 합동이 됩니다. 즉

$$\triangle APC \equiv \triangle AQC$$

따라서

$$PC = QC$$

입니다. 이것으로 △CPQ는 PC, QC가 같은 이등변삼각형임을 알 수 있습니다. 그리고 점 O는 이 이등변삼각형의 밑변 PQ의 중점이 됩니다. 그러므로

$$PQ \perp CO \quad 즉 \quad l \perp c$$

가 아니면 안 됩니다.

이상으로 증명이 끝났습니다.

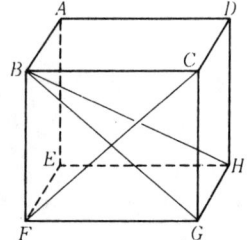

문제 3   왼쪽 그림과 같은 정육면체 ABCD − EFGH에서, 대각선 BH는 면 BFGC의 대각선 CF에 수직임을 증명하시오.

◆ 삼수선의 정리

공간내에 하나의 평면 α와 평면 α상에 있지 않은 한 점

P를 잡습니다.

또, l을 평면 α상의 직선, A를 직선 l상의 점, Q를 평면 α상에 있고 직선 l상에는 있지 않는 점이라 합니다.

이때 다음 **1, 2, 3**이 성립합니다. 이것들을 **삼수선의 정리**라고 합니다.

삼수선의 정리

  1 $PQ \perp \alpha,\ QA \perp l \implies PA \perp l$

  2 $PQ \perp \alpha,\ PA \perp l \implies QA \perp l$

  3 $PA \perp l,\ QA \perp l,\ PQ \perp QA \implies PQ \perp \alpha$

다음에 각 경우에 해당하는 그림을 그려놓았습니다.

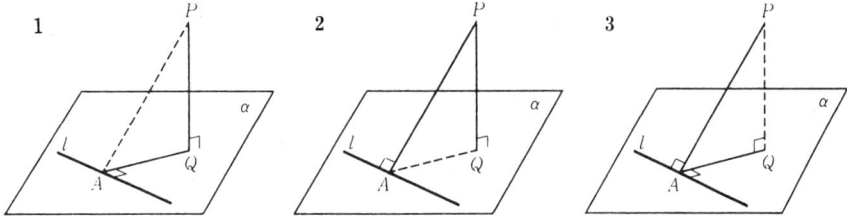

증명 **1** $PQ \perp \alpha,\ QA \perp l$라 가정합니다. 이때 가정에 따라 $PQ \perp \alpha$이고, 직선 l은 평면 α상에 있으므로

$$PQ \perp l$$

입니다. 이것과 $QA \perp l$로부터, 555페이지의 정리에 따라

$$\text{평면 } PQA \perp l$$

임을 알 수 있습니다. 그리고 직선 PA는 평면 PQA상에 있습니다. 그러므로 $PA \perp l$입니다.

  2 $PQ \perp \alpha,\ PA \perp l$라 가정합니다. 이때 **1**과 마찬가지로 $PQ \perp l$이므로, 다시 555페이지의 정리에 따라

$$\text{평면 } PQA \perp l$$

그러므로 $QA \perp l$이 됩니다.

  3 $PA \perp l,\ QA \perp l,\ PQ \perp QA$라 가정합니다. 이때 $PA \perp l,\ QA \perp l$로부터

평면 $PQA \perp l$

따라서 $PQ \perp l$. 이것과 $PQ \perp QA$로부터, PQ는 두 직선 l과 QA에 의해 결정되는 평면, 즉 평면 α에 수직, 즉 $PQ \perp \alpha$입니다. (3의 증명에서는 555페이지의 정리를 두 번 사용했습니다.)

[문제 4] 두 평면 α, β가 평행이 아니라 하고, 그 교선을 l이라 합니다. P를 α상에도 β상에도 있지 않은 한 점이라 하고, P에서 α, β로 내린 수선을 각각 PA, PB라 합니다. 이때 A, B에서 l로 내린 수선을 AA', BB'라 하면 A'와 B'가 일치하는 것을 증명하시오.(여러분이 스스로 그림을 그려 생각해 보십시오.)

◆ **공간좌표**

우리는 이미 직선상의 점이나 평면상의 점을 좌표를 써서 나타내는 방법을 알고 있습니다. 공간에 있는 점의 좌표는 다음과 같이 하여 결정합니다.

공간좌표는 한 점 O에서 서로 직교하는 세 개의 **좌표축**에 의해서 결정됩니다. 보통 이것들을 **x축, y축, z축**이라 부릅니다. 이것들은 점 O를 원점으로 하고 같은 단위의 길이를 가지는 수직선입니다. 양의 방향은 보통 다음 페이지의 그림과 같이 잡습니다. 점 O를 좌표의 **원점**이라고 합니다.

x축과 y축에 의해 정해지는 평면은 이 공간내의 **xy평면**이라 불립니다. **yz평면, zx평면**에 대해서도 마찬가지입니다.

555페이지의 정리에 따라 x축, y축, z축은 각각 yz평면, zx평면, xy평면에 수직이 됩니다.

공간의 점 P의 좌표는 다음과 같이 정해집니다. 즉, 점 P를 지나 yz평면, zx평면, xy평면에 평행인 평면이 각각 x축, y축, z축과 만나는 점을 Q, R, S라 하고, 이들 점의

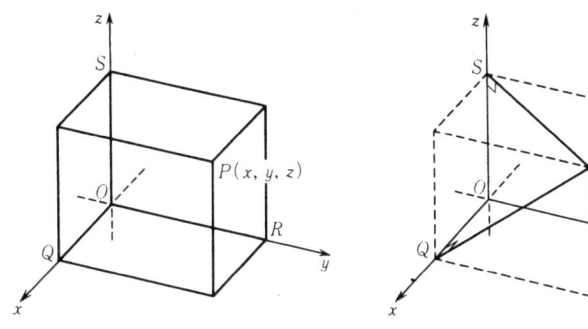

각 좌표축상에서의 좌표를 각각 x, y, z라 합니다. 이때 세 실수의 쌍(x, y, z)가 점 P의 좌표입니다. x, y, z는 각 각 P의

x좌표, y좌표, z좌표

라 합니다. 이 점 P의 좌표가 (x, y, z)인 것을 $P(x, y, z)$ 라 씁니다.

그리고 삼수선의 정리 **1**로부터 알 수 있듯이, 위에서 말한 점 Q, R, S는 각각 점 P에서 x축, y축, z축에 내린 수선의 발이 됩니다. 이들 점의——공간의 점으로서의 ——좌표는 각각

$$(x, 0, 0), \quad (0, y, 0), \quad (0, 0, z)$$

로 주어집니다.

역으로 세 개의 실수의 쌍(x, y, z)가 주어지면, 그것을 좌표로 하는 공간의 한 점이 정해집니다. 이렇게 해서 공 간의 모든 점과 세 개의 실수의 모든 쌍들이 일대일로 대 응합니다.

원점의 좌표는 물론 $(0, 0, 0)$입니다. 또 3개의 좌표축 위의 단위점의 좌표는

$$(1, 0, 0), \quad (0, 1, 0), \quad (0, 0, 1)$$

에 의해서 주어집니다.

◆ 두 점 사이의 거리

$P(x, y, z)$를 공간내의 한 점이라 합니다.

P에서 xy평면에 내린 수선을 PH, 다시 H에서 x축에

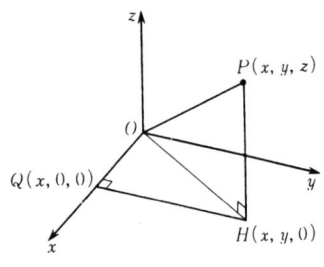

내린 수선을 HQ라고 하면, H의 좌표는 $(x, y, 0)$, Q의 좌표는 $(x, 0, 0)$입니다. 따라서 선분 OQ, QH, PH의 길이는 각각

$$OQ = |x|, \quad QH = |y|, \quad PH = |z|$$

가 됩니다.

그리고 $\triangle OQH$는 Q를 직각의 꼭지점으로 하는 직각삼각형이므로

$$OH^2 = OQ^2 + QH^2 = x^2 + y^2$$

또, $\triangle POH$는 H를 직각의 꼭지점으로 하는 직각삼각형이므로

$$OP^2 = OH^2 + PH^2 = x^2 + y^2 + z^2$$

따라서 다음 공식이 얻어집니다.

$$OP = \sqrt{x^2 + y^2 + z^2}$$

좀더 일반적으로 공간의 두 점 $A(x_1, y_1, z_1)$, $B(x_2, y_2, z_2)$ 사이의 거리를 구해 봅시다.

선분의 길이는 평행이동을 해도 변함이 없으므로, 선분 AB를 선분 OC로 평행이동시키면 $AB = OC$입니다. 점 $A(x_1, y_1, z_1)$을 원점 O로 옮기려면 x축, y축, z축의 방향으로 각각 $-x_1, -y_1, -z_1$만큼 평행이동시키면 됩니다. 따라서 점 $A(x_1, y_1, z_1)$을 원점 O로 옮기는 평행이동으로 점 $B(x_2, y_2, z_2)$가 이동하는 점 C의 좌표는

$$(x_2 - x_1, \quad y_2 - y_1, \quad z_2 - z_1)$$

이 됩니다. 그리고 $AB = OC$이므로 다음을 알 수 있습니다.

> 공간의 두 점 $A(x_1, y_1, z_1)$, $B(x_2, y_2, z_2)$ 사이의 거리는
> $$AB = \sqrt{(x_2 - x_1)^2 + (y_2 - y_1)^2 + (z_2 - z_1)^2}$$

$\boxed{\text{문제 5}}$ 다음 두 점 사이의 거리를 구하시오.

(1) $A(3, -1, 4)$, $B(0, 3, -1)$

(2) $A(-5, 1, 2)$, $B(4, -1, -4)$

$\boxed{\text{문제 6}}$ 두 점 $A(1, 1, 1)$, $B(-1, 0, -2)$에 대하여, 다음 점

의 좌표를 구하시오.

(1) A, B에서 같은 거리에 있는 x축상의 점 P

(2) A, B에서 같은 거리에 있는 y축상의 점 Q

(3) $\triangle ABR$이 정삼각형이 되는 xy평면상의 점 R

11.2 공간벡터

제9장에서 배운 평면상의 벡터와 마찬가지로, 공간에서도 "공간벡터"를 생각할 수가 있습니다. 이 절에서는 공간벡터에 관해서 기본적인 사항을 대충 훑어보기로 합니다. "벡터의 응용"의 주요 부분은 다음의 제3절로 넘깁니다.

◆ 유향선분과 벡터

공간에서의 유향선분이나 벡터의 정의는 평면의 경우와 똑같습니다.

즉, 공간에서의 **유향선분** AB란 A에서 B로 방향을 붙인 선분을 말합니다. 또, 유향선분 AB의 방향과 길이만을 생각하고 위치를 무시했을 때, 이것을 **공간벡터** 또는 단순히 **벡터**라 하고, $\overrightarrow{AB}$로 나타냅니다. 유향선분 AB에서나, 벡터 $\overrightarrow{AB}$에서나, A는 그 **시초점**, B는 그 **종점**이라 합니다. 벡터는 또 $\vec{a}, \vec{b}$와 같이 화살표를 붙인 문자로도 나타냅니다.

벡터의 **크기**(길이)는 앞에서와 같이 $|\overrightarrow{AB}|$ 또는 $|\vec{a}|$로 씁니다.

벡터의 뜻에 따라 두 벡터 $\overrightarrow{AB}, \overrightarrow{CD}$가 같다는 것은 그것들의 방향과 길이가 각각 일치하는 일, 다시 말하면 AB를 평행이동시켜서 CD와 겹치게 할 수 있다는 말입니다.

영벡터, 역벡터, 단위벡터, 벡터의 평행의 정의 등 모두 평면의 경우와 마찬가지입니다.

벡터의 덧셈과 뺄셈, 또 벡터의 실수배도 평면의 경우와 마찬가지로 정의됩니다. 덧셈 및 실수배에 대해서는 477페이지의 **1, 2, 3, 4** 및 479페이지의 **1, 2, 3**이 그대로 성립합니다. 여기에 그것들을 다시 정리해 두겠습니다.

$$\vec{a} + \vec{b} = \vec{b} + \vec{a}$$
$$(\vec{a} + \vec{b}) + \vec{c} = \vec{a} + (\vec{b} + \vec{c})$$
$$\vec{a} + \vec{0} = \vec{a}$$
$$\vec{a} + (-\vec{a}) = \vec{0}$$
$$(mn)\vec{a} = m(n\vec{a})$$
$$(m+n)\vec{a} = m\vec{a} + n\vec{a}$$
$$m(\vec{a} + \vec{b}) = m\vec{a} + m\vec{b}$$

위 뒤쪽의 세 등식에서 m, n은 실수입니다.

$\vec{a}, \vec{b}$를 두 개의 $\vec{0}$가 아닌 벡터라 할 때, $\vec{a} /\!/ \vec{b}$라는 것은

0이 아닌 어떤 실수 m에 대하여 $\vec{b} = m\vec{a}$

가 성립하는 것과 동치입니다.

⑩ 왼쪽 그림과 같은, 마주보는 세 쌍의 면이 각각 평행인 어떤 평행육면체 $ABCD - EFGH$를 생각합시다.

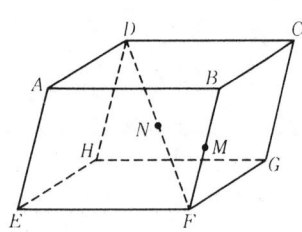

이 평행육면체에서, 예를 들면 다음과 같은 계산을 할 수 있습니다.

$$\vec{AB} + \vec{AD} + \vec{AE} = (\vec{AB} + \vec{BC}) + \vec{AE}$$
$$= \vec{AC} + \vec{CG} = \vec{AG}$$
$$\vec{BE} - \vec{AD} = \vec{BE} + \vec{DA} = \vec{CH} + \vec{HE} = \vec{CE}$$

문제 7   위의 평행육면체에서 $\vec{AB} = \vec{a}$, $\vec{AD} = \vec{b}$, $\vec{AE} = \vec{c}$ 라 합니다. 또, 변 BF의 중점을 M, 대각선 DF의 중점을 N이라 합니다. 다음 벡터를 $\vec{a}, \vec{b}, \vec{c}$로 나타내시오.

(1) $\vec{BH}$ (2) $\vec{CF}$ (3) $\vec{EC}$
(4) $\vec{DF}$ (5) $\vec{DM}$ (6) $\vec{AN}$

◈ **동일 평면상에 있지 않는 세 벡터의 일차결합**

$\vec{a}, \vec{b}, \vec{c}$를 공간내의 세 벡터라 합니다. 한 점 O를 잡고,

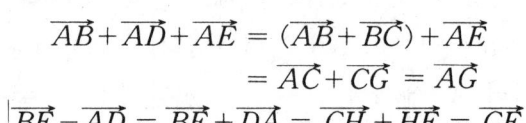

$$\vec{a} = \vec{OA}, \quad \vec{b} = \vec{OB}, \quad \vec{c} = \vec{OC}$$

가 되는 점 A, B, C를 정했을 때, 네 점 O, A, B, C가 동일 평면상에 있지 않으면 "벡터 $\vec{a}$, $\vec{b}$, $\vec{c}$는 동일 평면상에 있지 않다"고 합니다. 물론 이때 $\vec{a}$, $\vec{b}$, $\vec{c}$는 모두 $\vec{0}$와 같지 않습니다.

지금, 동일 평면상에 있지 않는 공간의 세 벡터 $\vec{a}$, $\vec{b}$, $\vec{c}$가 주어졌다고 합시다. 이때 공간의 임의의 벡터 $\vec{p}$는

$$\vec{p} = l\,\vec{a} + m\,\vec{b} + n\,\vec{c}$$

의 꼴로 단 한 가지로 나타낼 수 있음을 증명해 봅시다.

그러기 위해서 위와 같이 $\vec{a} = \overrightarrow{OA}$, $\vec{b} = \overrightarrow{OB}$, $\vec{c} = \overrightarrow{OC}$로 하고, 또 $\vec{p} = \overrightarrow{OP}$가 되는 점 P를 잡아 오른쪽 그림과 같은 평행육면체를 만듭니다.

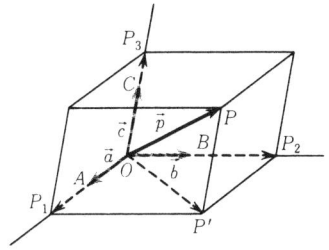

이때, P', P_1, P_2, P_3는 그림에 나타낸 점으로서,

$$\overrightarrow{OP} = \overrightarrow{OP'} + \overrightarrow{P'P}$$
$$\overrightarrow{OP'} = \overrightarrow{OP_1} + \overrightarrow{OP_2}, \quad \overrightarrow{P'P} = \overrightarrow{OP_3}$$

이므로 $\overrightarrow{OP}$는

$$\overrightarrow{OP} = \overrightarrow{OP_1} + \overrightarrow{OP_2} + \overrightarrow{OP_3}$$

로 쓸 수 있습니다.

그리고 $\overrightarrow{OP_1}$, $\overrightarrow{OP_2}$, $\overrightarrow{OP_3}$은 각각 (한 뜻으로만 정해지는) 어떤 실수 l, m, n에 의해서

$$\overrightarrow{OP_1} = l\,\vec{a}, \quad \overrightarrow{OP_2} = m\,\vec{b}, \quad \overrightarrow{OP_3} = n\,\vec{c}$$

로 나타낼 수 있습니다. 그러므로 $\vec{p} = l\vec{a} + m\vec{b} + n\vec{c}$의 오직 한 가지 꼴로 나타나게 됩니다.

$l\vec{a} + m\vec{b} + n\vec{c}$의 꼴인 벡터를 $\vec{a}$, $\vec{b}$, $\vec{c}$의 **일차결합**(또는 **선형결합**)이라고 합니다. 이 말을 사용하면 위의 결과는 다음과 같이 표현됩니다.

$\vec{a}$, $\vec{b}$, $\vec{c}$를 동일 평면상에 있지 않는 공간의 세 벡터라고 하면, 공간의 임의의 벡터 $\vec{p}$는 $\vec{a}$, $\vec{b}$, $\vec{c}$의 일차결합으로서 오직 한 가지로 나타난다.

여러분은 이 명제를 평면상의 벡터에 관한 481페이지의 명제와 비교해 보십시오. 새로운 명제는 이전 명제를 삼차원으로 확장한 것입니다.

◆ 좌표축과 벡터

다음에는 공간에 좌표축이 정해져 있을 때를 생각해 봅시다.

좌표축상의 세 단위점을 E_1, E_2, E_3로 하고,
$$\vec{e_1}=\overrightarrow{OE_1}, \quad \vec{e_2}=\overrightarrow{OE_2}, \quad \vec{e_3}=\overrightarrow{OE_3}$$
로 하면, 이것들은 각 좌표축의 양의 방향과 같은 방향을 갖는 단위벡터입니다. 이것들을 각각 x축 방향, y축 방향, z축 방향의 **기본벡터**라고 합니다.

지금 $\vec{a}$를 공간의 임의의 벡터라 하고, $\vec{a}=\overrightarrow{OP}$가 되는 점 P를 잡아 그 좌표를 (a_1, a_2, a_3)로 합니다. 이때, 위의 설명에서 알 수 있듯이, $\vec{a}$는 기본벡터 $\vec{e_1}$, $\vec{e_2}$, $\vec{e_3}$의 일차결합으로서
$$\vec{a}=a_1\vec{e_1}+a_2\vec{e_2}+a_3\vec{e_3}$$
로 나타납니다. 다음 그림을 보십시오.

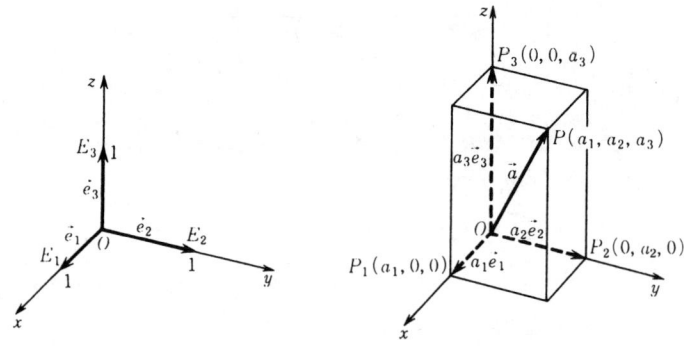

위 식의 a_1, a_2, a_3를 각각 $\vec{a}$의 **x성분, y성분, z성분**이라 하고, $\vec{a}$를 간단히
$$\vec{a}=(a_1, a_2, a_3)$$
로 나타냅니다. 이렇게 쓰는 것을 주어진 좌표축에 관한 $\vec{a}$의 **성분 표시**라고 합니다.

특히, 영벡터, 단위벡터의 성분 표시는 각각
$$\vec{0}=(0, 0, 0)$$
$$\vec{e_1}=(1, 0, 0), \quad \vec{e_2}=(0, 1, 0), \quad \vec{e_3}=(0, 0, 1)$$

이 됩니다.

거리 공식에서 알 수 있듯이, 벡터 $\vec{a}=(a_1, a_2, a_3)$의 크기는

$$|\vec{a}| = \sqrt{a_1^2 + a_2^2 + a_3^2}$$

으로 주어집니다.

또, 점 $A(x_1, y_1, z_1)$에서 점 $B(x_2, y_2, z_2)$로 향하는 벡터 $\overrightarrow{AB}$의 성분 표시는

$$\overrightarrow{AB} = (x_2-x_1, y_2-y_1, z_2-z_1)$$

이 됩니다. 이것의 검증도 아주 간단합니다.

$\boxed{\text{문제 8}}$ 다음 벡터의 크기를 구하시오.

(1) $(-6, 3, 2)$ (2) $(2-\sqrt{3}, 2+\sqrt{3}, 6)$

$\boxed{\text{문제 9}}$ 다음의 점 A, B에 대하여, 벡터 $\overrightarrow{AB}$의 성분 표시 및 그 크기 $|\overrightarrow{AB}|$를 구하시오.

(1) $A(2, 1, 3)$, $B(3, 5, 2)$

(2) $A(2, 3, 6)$, $B(5, -1, -6)$

성분 표시된 벡터의 덧셈·뺄셈·실수배에 대해서는 평면의 경우와 마찬가지로 다음이 성립됩니다.

$$(a_1, a_2, a_3) + (b_1, b_2, b_3) = (a_1+b_1, a_2+b_2, a_3+b_3)$$
$$(a_1, a_2, a_3) - (b_1, b_2, b_3) = (a_1-b_1, a_2-b_2, a_3-b_3)$$
$$m(a_1, a_2, a_3) = (ma_1, ma_2, ma_3)$$

이것들의 증명은 **484**페이지의 경우와 같습니다.

例 $\vec{a}=(2, 3, -1)$, $\vec{b}=(2, 0, 1)$, $\vec{c}=(1, -1, 2)$ 일 때, $\vec{p}=(3, 6, -5)$를 $l\vec{a}+m\vec{b}+n\vec{c}$의 꼴로 나타내시오.

풀이 $l\vec{a}+m\vec{b}+n\vec{c}$를 계산하면

$$(2l+2m+n, \quad 3l-n, \quad -l+m+2n)$$

따라서 $\vec{p}=l\vec{a}+m\vec{b}+n\vec{c}$로 놓으면

$$\begin{cases} 2l+2m+n = 3 \\ 3l \quad\quad -n = 6 \\ -l+m+2n = -5 \end{cases}$$

이 연립방정식을 풀어 $l=1$, $m=2$, $n=-3$

$$\langle 답 \rangle \quad \vec{p}=\vec{a}+2\vec{b}-3\vec{c}$$

문제 10 $\vec{a}=(1, 1, 0)$, $\vec{b}=(1, 0, 1)$, $\vec{c}=(0, 1, 1)$일 때, $\vec{p}=(7, 6, 5)$를 $l\vec{a}+m\vec{b}+n\vec{c}$의 꼴로 나타내시오.

◆ 벡터의 내적

다음에는 공간벡터의 내적 문제를 살펴보겠습니다. 공간벡터의 내적에 대한 정의와 그것에 관한 성질 등도 평면벡터의 경우와 거의 같습니다. 여기서는 이것들을 전반에 걸쳐 설명하지만, 상세한 설명은 일일이 하지 않겠습니다.

[이 장에서는 여러 차례 "앞서와 같다"는 말이 나와서, 여러분 중에는 좀 지루하게 생각하는 사람도 있을 것입니다. 그러나 이러한 "반복"은 결코 헛된 것이 아닙니다. 그것은 여러분에게 앞에서 배운 것을 다시 한 번 상기시키는 기회를 줍니다. 또, 이차원과 삼차원에 공통적으로 성립한다는 것을 분명히 머리 속에 심어 두는 데도 도움이 됩니다. 어떤 것을 머리 속에 단단히 심어 두기 위해서는 "반복"이 필요한 것입니다.]

본문으로 돌아가서, $\vec{a}$, $\vec{b}$를 공간의 $\vec{0}$가 아닌 두 벡터라 합니다. 한 점 O를 시초점으로 하여 $\vec{a}=\overrightarrow{OA}$, $\vec{b}=\overrightarrow{OB}$가 되는 점 A, B를 잡았을 때, $\angle AOB=\theta$를 벡터 $\vec{a}$와 $\vec{b}$가 이루는 각이라고 합니다. 단, θ는 $0\leqq\theta\leqq\pi$의 범위에 잡습니다. 특히 $\theta=0$ 또는 $\theta=\pi$이면 $\vec{a}$와 $\vec{b}$는 **평행**——기호로는 $\vec{a}/\!/\vec{b}$——이고, 또 $\theta=\dfrac{\pi}{2}$이면 $\vec{a}$와 $\vec{b}$는 **수직**——기호로는 $\vec{a}\perp\vec{b}$——입니다.

위와 같이 $\angle AOB=\theta$라 할 때 $\vec{a}$, $\vec{b}$의 **내적** $\vec{a}\cdot\vec{b}$를

$$\vec{a}\cdot\vec{b}=|\vec{a}||\vec{b}|\cos\theta$$

로 정의합니다.

$\vec{a}=\vec{0}$ 또는 $\vec{b}=\vec{0}$일 때는 $\vec{a}\cdot\vec{b}=0$으로 정합니다.

다음은 정의로부터 명백합니다.

$$\vec{a} \cdot \vec{b} = \vec{b} \cdot \vec{a}$$
$$\vec{a} \cdot \vec{a} = |\vec{a}|^2$$
$$|\vec{a} \cdot \vec{b}| \leq |\vec{a}| |\vec{b}|$$
$$\vec{a} /\!/ \vec{b} \Longleftrightarrow |\vec{a} \cdot \vec{b}| = \pm |\vec{a}| |\vec{b}|$$
$$\vec{a} \perp \vec{b} \Longleftrightarrow \vec{a} \cdot \vec{b} = 0$$

[문제 11] 공간의 세 기본벡터 $\vec{e_1}$, $\vec{e_2}$, $\vec{e_3}$에 대하여 내적 $\vec{e_i} \cdot \vec{e_j}$를 구하시오. 단, i, j는 1, 2, 3의 임의의 값을 취합니다.

[문제 12] 오른쪽 그림의 정육면체 $ABCD-EFGH$에서, 다음의 내적을 구하시오. 단, 정육면체의 한 변의 길이는 1로 하고, P는 대각선 AG의 중점, Q는 변 $CGHD$의 대각선 CH의 중점이라 합니다.

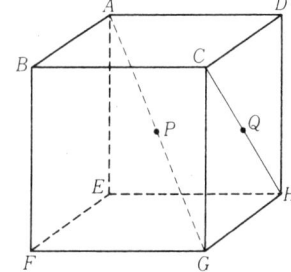

(1) $\overrightarrow{AB} \cdot \overrightarrow{AF}$ (2) $\overrightarrow{AF} \cdot \overrightarrow{BG}$ (3) $\overrightarrow{BG} \cdot \overrightarrow{DE}$

(4) $\overrightarrow{DE} \cdot \overrightarrow{FC}$ (5) $\overrightarrow{CE} \cdot \overrightarrow{CF}$ (6) $\overrightarrow{AD} \cdot \overrightarrow{BC}$

(7) $\overrightarrow{EP} \cdot \overrightarrow{ED}$ (8) $\overrightarrow{CQ} \cdot \overrightarrow{ED}$ (9) $\overrightarrow{AP} \cdot \overrightarrow{CQ}$

[힌트 : (9) $\overrightarrow{AS} = \overrightarrow{CH}$가 되도록 점 S를 잡으면 $AS = \sqrt{2}$, $AG = \sqrt{3}$, $GS = \sqrt{5}$가 됩니다.]

다음에, 공간에 좌표축을 설정하고, $\vec{a}$, $\vec{b}$의 성분 표시를 각각

$$\vec{a} = (a_1, a_2, a_3), \quad \vec{b} = (b_1, b_2, b_3)$$

로 합니다. 이때 내적 $\vec{a} \cdot \vec{b}$는

$$\vec{a} \cdot \vec{b} = a_1 b_1 + a_2 b_2 + a_3 b_3$$

로 주어집니다. 이 증명도 489~490페이지의 평면의 경우와 똑같습니다. 여러분은 오른쪽 그림의 $\triangle OAB$에 코사인 정리를 적용하고, 공간에 있는 두 점의 거리 공식을 사용해서 위의 공식을 증명해 보십시오. [이러한 연습은 매우 유익합니다. 나는 여러분이 이 증명을 실행해 주기를 바랍니다. 만일 증명에 막히면 앞의 489~490페이지의

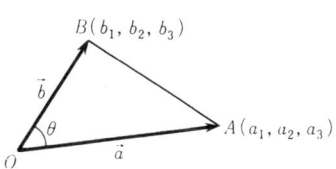

증명을 참조하십시오.]

위의 공식으로부터 특히

$$\vec{a} \perp \vec{b} \iff a_1 b_1 + a_2 b_2 + a_3 b_3 = 0$$

이 얻어집니다.

또 $\vec{a}$, $\vec{b}$가 $\vec{0}$이 아닐 때, 이들이 이루는 각 θ의 코사인은

$$\cos \theta = \frac{\vec{a} \cdot \vec{b}}{|\vec{a}||\vec{b}|} = \frac{a_1 b_1 + a_2 b_2 + a_3 b_3}{\sqrt{a_1{}^2 + a_2{}^2 + a_3{}^2}\sqrt{b_1{}^2 + b_2{}^2 + b_3{}^2}}$$

로 주어집니다.

위의 공식

$$\vec{a} \cdot \vec{b} = a_1 b_1 + a_2 b_2 + a_3 b_3$$

는 내적의 "대수적 정의"로 생각됩니다. 이것을 이용하면 내적의 다음 성질을 간단히 이끌어낼 수 있는 것도 평면의 경우와 마찬가지입니다.

$$\vec{a} \cdot (\vec{b} + \vec{c}) = \vec{a} \cdot \vec{b} + \vec{a} \cdot \vec{c}$$
$$(\vec{a} + \vec{b}) \cdot \vec{c} = \vec{a} \cdot \vec{c} + \vec{b} \cdot \vec{c}$$
$$\vec{a} \cdot (m\vec{b}) = (m\vec{a}) \cdot \vec{b} = m(\vec{a} \cdot \vec{b})$$

물론 마지막 등식에의 m은 실수입니다.

문제 13 다음의 벡터 $\vec{a}$, $\vec{b}$가 이루는 각을 구하시오.

(1) $\vec{a} = (-1, 0, 1)$, $\vec{b} = (-1, 2, 2)$

(2) $\vec{a} = (1, 2, -3)$, $\vec{b} = (4, 1, 2)$

문제 14 $A(2, 0, 1)$, $B(3, -2, 4)$, $C(-1, 2, 0)$을 공간내의 세 점이라 합니다.

(1) $\angle BAC = \theta$라 할 때, $\cos \theta$의 값을 구하시오.

(2) $\triangle ABC$의 넓이를 구하시오.

문제 15 $A(a_1, a_2, a_3)$, $B(b_1, b_2, b_3)$를 공간의 두 점이라 하고, O, A, B는 일직선상에 있지 않습니다. OA, OB를 두 변으로 하는 평행사변형 $OACB$의 넓이를 S라 하면,

$$S = \sqrt{(a_1 b_2 - a_2 b_1)^2 + (a_2 b_3 - a_3 b_2)^2 + (a_3 b_1 - a_1 b_3)^2}$$

임을 증명하시오.

[힌트 : $\overrightarrow{OA} = \vec{a}$, $\overrightarrow{OB} = \vec{b}$로 하면, **495**페이지와 마찬가지로
$S^2 = |\vec{a}|^2 |\vec{b}|^2 - (\vec{a} \cdot \vec{b})^2$이 됩니다.]

문제 16 정사면체 $ABCD$에서, 변 AB와 CD가 수직임을 증
명하시오.

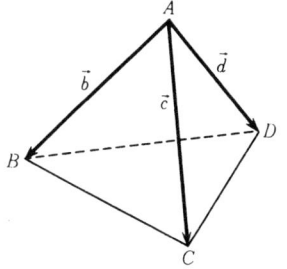

[힌트 : 그림과 같이 $\overrightarrow{AB} = \vec{b}$, $\overrightarrow{AC} = \vec{c}$, $\overrightarrow{AD} = \vec{d}$로 놓고,
$\overrightarrow{AB} \cdot \overrightarrow{CD}$를 계산하십시오.]

문제 17 $\vec{a} = (a_1, a_2, a_3)$를 공간의 $\vec{0}$가 아닌 벡터라 하고,
$\vec{a}$가 세 개의 기본벡터

$$\vec{e_1} = (1, 0, 0), \quad \vec{e_2} = (0, 1, 0), \quad \vec{e_3} = (0, 0, 1)$$

과 이루는 각——다시 말하면, $\vec{a}$가 x축, y축, z축의 양의
방향과 이루는 각——을 각각 α, β, γ라고 합니다. 이때 $\vec{a}$
와 방향이 같은 단위벡터

$$\frac{\vec{a}}{|\vec{a}|} = \left(\frac{a_1}{|\vec{a}|}, \frac{a_2}{|\vec{a}|}, \frac{a_3}{|\vec{a}|} \right)$$

는 $(\cos \alpha, \cos \beta, \cos \gamma)$와 같다는 것을 증명하시오. [$\cos \alpha$,
$\cos \beta$, $\cos \gamma$를 벡터 $\vec{a}$의 **방향코사인**이라고 합니다.]

◆ **위치벡터**

공간에서도 한 점 O를 고정하면 임의의 점 P의 위치는
벡터

$$\overrightarrow{OP} = \vec{p}$$

에 의해서 정해집니다. 이때 $\vec{p}$를 O를 **기준**으로 하는 점 P
의 **위치벡터**라 하고, 점 P의 위치벡터가 $\vec{p}$인 것을 $P(\vec{p})$
로 씁니다.

두 점 A, B에 대하여, $A(\vec{a})$, $B(\vec{b})$이면

$$\overrightarrow{AB} = \vec{b} - \vec{a}$$

입니다.

좌표축을 정한 공간에서는 보통 원점 O를 기준점으로
잡습니다. 이때 공간의 임의의 점 P의 좌표는 그대로 P의
위치벡터 $\vec{p}$의 성분 표시가 됩니다. 즉, 점 P의 좌표가
(x, y, z)이면 $\vec{p} = (x, y, z)$입니다.

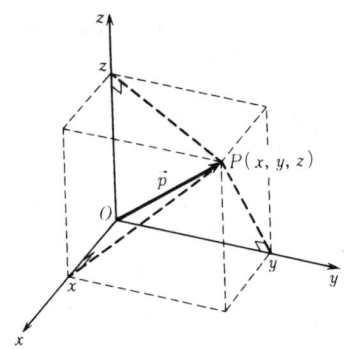

　　공간에서도 두 점 $A(\vec{a})$, $B(\vec{b})$를 연결하는 선분 AB
를 $m:n$으로 내분하는 점 C, 외분하는 점 D의 위치벡터
$\vec{c}, \vec{d}$는 각각 다음과 같이 됩니다.

$$\vec{c} = \frac{n\vec{a}+m\vec{b}}{m+n}, \qquad \vec{d} = \frac{-n\vec{a}+m\vec{b}}{m-n}$$

점 A, B의 좌표를 각각 (a_1, a_2, a_3), (b_1, b_2, b_3)로 하면, 위
로부터 선분 AB를 $m:n$으로 내분하는 점 C의 좌표는

$$\left(\frac{na_1+mb_1}{m+n}, \frac{na_2+mb_2}{m+n}, \frac{na_3+mb_3}{m+n}\right),$$

또, $m:n$으로 외분하는 점 D의 좌표는

$$\left(\frac{-na_1+mb_1}{m-n}, \frac{-na_2+mb_2}{m-n}, \frac{-na_3+mb_3}{m-n}\right)$$

임을 알 수 있습니다. 이런 점은 일차원, 이차원의 결과를
삼차원으로 단순히 연장한데 지나지 않습니다.

　　특히 두 점 $A(\vec{a})$, $B(\vec{b})$를 연결하는 선분 AB의 중점
의 위치벡터는

$$\frac{\vec{a}+\vec{b}}{2},$$

세 점 $A(\vec{a})$, $B(\vec{b})$, $C(\vec{c})$를 꼭지점으로 하는 $\triangle ABC$의
무게중심의 위치벡터는

$$\frac{\vec{a}+\vec{b}+\vec{c}}{3}$$

가 됩니다.

　　이것의 연장으로서, 또 하나 간단한 예제를 추가해 두
겠습니다.

예제 네 점 $A(\vec{a})$, $B(\vec{b})$, $C(\vec{c})$, $D(\vec{d})$를 꼭지점으로 하는 사면체 $ABCD$에서, 꼭지점 A와 대면 $\triangle BCD$의 무게중심 G'를 연결하는 선분 AG'를 $3:1$로 내분하는 점 G의 위치벡터 $\vec{g}$를 구하시오.

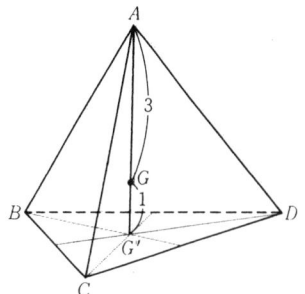

풀이 G'의 위치벡터를 $\vec{g'}$라 하면

$$\vec{g'} = \frac{\vec{b} + \vec{c} + \vec{d}}{3}$$

그리고 G는 선분 AG'를 $3:1$로 내분하는 점이므로, 그 위치벡터는

$$\vec{g} = \frac{1\vec{a} + 3\vec{g'}}{3+1} = \frac{\vec{a} + \vec{b} + \vec{c} + \vec{d}}{4}$$

가 됩니다.

위 예제의 점 G의 위치벡터

$$\vec{g} = \frac{\vec{a} + \vec{b} + \vec{c} + \vec{d}}{4}$$

는 사면체의 네 꼭지점의 위치벡터에 대하여 완전히 대칭적인 꼴을 하고 있습니다. 따라서 꼭지점 B, C, D와 각각의 대변의 무게중심을 연결하는 선분도 역시 점 G를 지나며, 점 G는 사면체 $ABCD$의 **무게중심**이라 불립니다.

문제 18 사면체 $ABCD$에서, 변 AB, CD의 중점을 연결하는 선분의 중점, 변 AC, BD의 중점을 연결하는 선분의 중점, 변 AD, BC의 중점을 연결하는 선분의 중심은 모두 무게중심 G와 일치하는 것을 증명하시오.

11.3 직선·평면·구의 방정식

이 절은 이 장의 주요 부분입니다. 이 절에서는 공간에 하나의 좌표축을 설정하고, 공간에서의 여러 가지 도형

──직선, 평면, 구 등──의 방정식을 구하고, 이 도형들의 상호 관계에 대해서 알아봅니다. 앞으로 이 절에서 점의 위치벡터라는 것은 항상 원점 O를 기준으로 하는 위치벡터를 뜻합니다.

◆ 직선의 방정식

먼저, 여러 가지 조건을 주어 직선의 방정식을 구하는 것부터 시작합시다.

[**1**] 정점 $P_0(\vec{p_0})$을 지나고, $\vec{0}$가 아닌 벡터 $\vec{d}$에 평행인 직선

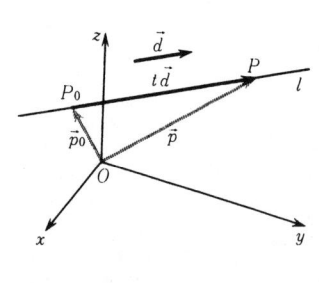

이것은 오래된 문제입니다. 평면상의 직선의 경우에서 우리는 이 문제를 다루었습니다. 즉, **502**페이지와 마찬가지로 이 직선을 l이라고 하면, 점 $P(\vec{p})$가 l상에 있다는 것은 $\overrightarrow{P_0P}=t\vec{d}$가 되는 실수 t가 존재하는 것과 동치입니다.

위치벡터를 사용해서 위의 등식을 고쳐 쓰면

$$\vec{p}-\vec{p_0}=t\vec{d}$$

즉

$$\vec{p}-\vec{p_0}=t\vec{d} \qquad ①$$

이것이 직선 l의 **벡터방정식**입니다.

정점 P_0의 좌표를 (x_0, y_0, z_0), 동점 P의 좌표를 (x, y, z)로 하고, 또 $\vec{d}=(a, b, c)$로 하면 ①은

$$(x, y, z)=(x_0, y_0, z_0)+t(a, b, c)$$

로 쓸 수 있습니다. 이 양변의 각 성분을 비교하면

$$\begin{cases} x = x_0+at \\ y = y_0+bt \\ z = z_0+ct \end{cases} \qquad ②$$

이것은 ①을 구체적으로 좌표를 써서 나타낸 것입니다.

①이나 ②를 직선 l의 **매개변수 표시**라 하고, t를 **매개변수**(또는 **파라미터**)라고 합니다. $\vec{d}=(a, b, c)$는 l의 **방향벡터**라 합니다. 이것은 $\vec{0}$가 아닌 벡터이므로 a, b, c 중

적어도 하나는 0이 아닙니다. 물론 방향벡터 $\vec{d}$는 k를 0이 아닌 임의의 실수로 하여 $k\vec{d}$로 대치할 수가 있습니다.

a, b, c가 모두 0이 아닐 때, 위의 매개변수 표시의 방정식 ②에서 t를 소거하면

$$\frac{x-x_0}{a} = \frac{y-y_0}{b} = \frac{z-z_0}{c} \qquad ③$$

을 얻습니다. 이것은 매개변수를 사용하지 않는 형태의, 공간에서의 직선의 방정식입니다.

[주의 : ③은 겉으로 보기에 하나의 식으로 보이지만, 실제는 두 개의 식으로 이루어지는 방정식입니다. 왜냐하면, 식 안에 두 개의 등호가 포함되어 있기 때문입니다.]

a, b, c 중에 0이 있을 때는 어떻게 될까요? 이 때는 경우에 따라 다음과 같이 됩니다.

<u>$a \neq 0, b \neq 0, c = 0$일 때</u> 위의 ②로부터

$$\frac{x-x_0}{a} = \frac{y-y_0}{b}, \qquad z = z_0$$

이것은 xy평면에 평행인 직선을 나타냅니다.

<u>$a \neq 0, b = 0, c = 0$일 때</u> 위의 ②로부터

$$y = y_0, \qquad z = z_0$$

이것은 x축에 평행인 직선을 나타냅니다.

a, b, c 중에 0이 있을 때에는 방정식 ③에 언제나 위와 같은 해석을 부여하기로 한다면, 우리는 일반적으로 공간에서의 직선의 방정식은 ③으로 주어진다고 할 수 있습니다. 이것은 매개변수를 사용하지 않는 형태입니다. 매개변수를 사용하는 형태와 합하여, 위에서 말한 것을 다시 한 번 정리해 보겠습니다.

공간에서의 직선의 방정식

점 $P_0(x_0, y_0, z_0)$을 지나고 $\vec{d} = (a, b, c)$를 방향벡터로 하는 직선의 방정식은

[**A**] 매개변수를 사용하는 형태에서는

$$\begin{cases} x = x_0 + at \\ y = y_0 + bt \\ z = z_0 + ct \end{cases}$$

[B]　매개변수를 사용하지 않는 형태에서는

$$\frac{x - x_0}{a} = \frac{y - y_0}{b} = \frac{z - z_0}{c}$$

문제 19　점 $(1, 2, -3)$을 지나고, 다음 벡터를 방향벡터로 하는 직선의 방정식을 (매개변수를 사용하지 않는 형태로) 쓰시오.

(1)　$(-2, 1, 3)$　　(2)　$(1, 2, -3)$　　(3)　$(2, -5, -4)$

(4)　$(1, -1, 0)$　　(5)　$(0, 2, -5)$　　(6)　$(2, 0, 0)$

문제 20　점 $(2, -4, 3)$을 지나고, 다음 직선에 평행인 직선의 방정식을 구하시오.

(1)　$x - 2 = \dfrac{y - 3}{3} = \dfrac{4 - z}{6}$

(2)　$x = 2t, \ y = -5t, \ z = 1 - 3t$

문제 21　두 직선 l, m이 다음 방정식으로 주어진다고 합니다.

$$l : \frac{x+3}{2} = \frac{y}{3} = \frac{3-z}{6}$$

$$m : \frac{x}{2} = \frac{2y-9}{6} = \frac{z+6}{-6}$$

이때 사실상 $l = m$임을 증명하시오.

[주의 : 공간에서의 직선은 그 위의 점 (x_0, y_0, z_0)을 잡는 방식에 따라, 같은 직선이 겉보기에 다른 무한히 많은 방정식으로 나타납니다. 그러므로 겉보기만으로 "다른 직선"이라고 속단해서는 안됩니다. 문제 21은 그 한 예를 보여 줍니다.]

[2]　두 점 $A(\vec{a})$, $B(\vec{b})$를 지나는 직선

이 직선을 l라 합니다. 이것은 점 $A(\vec{a})$를 지나고,

$\overrightarrow{AB} = \overrightarrow{b} - \overrightarrow{a}$를 방향벡터로 하는 직선입니다. 따라서 그 벡터방정식은

$$\overrightarrow{p} = \overrightarrow{a} + t(\overrightarrow{b} - \overrightarrow{a})$$

또는

$$\overrightarrow{p} = (1-t)\overrightarrow{a} + t\overrightarrow{b}$$

로 주어집니다.

$s = 1 - t$로 놓으면, 이것을 또

$$\overrightarrow{p} = s\overrightarrow{a} + t\overrightarrow{b}, \qquad s + t = 1$$

로 쓸 수도 있습니다.

구체적으로 좌표를 써서 방정식을 풀어 쓸 수도 있습니다. 즉, 점 A, B의 좌표를 각각 (x_0, y_0, z_0), (x_1, y_1, z_1)로 하면,

$$\overrightarrow{AB} = (x_1 - x_0, y_1 - y_0, z_1 - z_0)$$

이므로 직선 AB의 방정식은

$$\frac{x - x_0}{x_1 - x_0} = \frac{y - y_0}{y_1 - y_0} = \frac{z - z_0}{z_1 - z_0}$$

이 됩니다.

물론, 예를 들어 $x_1 \neq x_0$, $y_1 \neq y_0$, $z_1 = z_0$일 때, 이것은

$$\frac{x - x_0}{x_1 - x_0} = \frac{y - y_0}{y_1 - y_0}, \qquad z = z_0$$

을 나타냅니다.

문제 22 다음 두 점을 지나는 직선의 방정식을 구하시오.

(1) $(1, -2, 3)$, $(4, -5, 6)$ (2) $(-2, 0, 3)$, $(4, 5, 2)$

(3) $(3, -2, 4)$, $(5, -2, 3)$ (4) $(2, -3, -4)$, $(2, 6, -4)$

(5) $(0, 0, 0)$, (x_0, y_0, z_0) [단, $x_0 \neq 0$, $y_0 \neq 0$, $z_0 \neq 0$]

[3] 한 점을 지나고, 두 벡터에 수직인 직선

한 점과 두 개의 평행이 아닌 벡터가 주어지면, 주어진 점을 지나고, 주어진 두 개의 벡터에 수직인 직선이 오직 하나 정해집니다. 다음 예제를 보십시오.

예제 점 $(1, 2, -1)$을 지나고, 두 개의 벡터 $\vec{p}=(1, 2, 1)$, $\vec{q}=(-3, 2, 3)$에 수직인 직선의 방정식을 구하시오.

풀이 구하는 직선의 방향벡터를 $\vec{d}=(a, b, c)$라 하면, 문제의 요청에 따라

$$\vec{p} \cdot \vec{d}=0, \quad \vec{q} \cdot \vec{d}=0$$

즉,

$$\begin{cases} a+2b+c = 0 \\ -3a+2b+3c = 0 \end{cases}$$

이어야만 합니다. 이 연립방정식에서 b, c를 a로 나타내면,

$$b = -\frac{3}{2}a, \qquad c = 2a$$

그러므로

$$a : b : c = 2 : -3 : 4$$

따라서 구하는 직선의 방정식은

$$\frac{x-1}{2} = \frac{y-2}{-3} = \frac{z+1}{4}$$

일반적으로 $\vec{p}$, $\vec{q}$를 공간내의 평행이 아닌 두 벡터라고 하면, 양자 중 어느 쪽에도 수직인 벡터 $\vec{d} (\neq 0)$가, 0이 아닌 정수배의 차이를 제외하고 오직 하나 결정됩니다. (즉, $\vec{d}$의 x성분, y성분, z성분의 연비가 한 가지 뜻에 의해 정해집니다.) 따라서 주어진 점을 지나고, 벡터 $\vec{p}$, $\vec{q}$에 수직인 직선이 오직 하나 정해집니다.

문제 23 점 $(-2, 3, 4)$를 지나고, 다음의 두 벡터에 수직인 직선의 방정식을 구하시오.

(1) $(2, 4, 3), (1, -1, 6)$ (2) $(1, 1, -1), (-2, -1, 3)$

문제 24 일반적으로 $\vec{p}=(p_1, p_2, p_3), \vec{q}=(q_1, q_2, q_3)$를 공간내의 평행이 아닌 두 벡터라고 할 때, 벡터

$$(p_2 q_3 - p_3 q_2, \quad p_3 q_1 - p_1 q_3, \quad p_1 q_2 - p_2 q_1)$$

은 $\overrightarrow{p}, \overrightarrow{q}$ 의 양쪽에 수직임을 증명하시오.

◆ 두 직선의 교점, 두 직선에 직교하는 직선

공간에서 평행이 아닌 두 직선은 일반적으로 "꼬인 위치"에 있어 교점을 갖지 않습니다. 그러나 이들이 만나는 일도 있습니다. 두 직선의 방정식이 주어졌을 때, 그들이 만나는지 어떤지를 알아보려면 어떻게 생각하는 것이 좋을까요? 다음 예제가 그 방법을 보여 줍니다.

예제 다음 두 직선은 만날까요? 만난다면 교점의 좌표를 구하시오.

$$l : \frac{x-5}{2} = \frac{y-2}{2} = \frac{z+3}{-1}$$

$$m : \frac{x}{3} = \frac{y+5}{5} = \frac{z+6}{4}$$

풀이
$$\frac{x-5}{2} = \frac{y-2}{2} = \frac{z+3}{-1} = s$$

$$\frac{x}{3} = \frac{y+5}{5} = \frac{z+6}{4} = t$$

로 놓으면, l, m 은 각각 매개변수 s, t 에 의해서

$$l : \begin{cases} x = 5+2s \\ y = 2+2s \\ z = -3-s \end{cases} \qquad m : \begin{cases} x = 3t \\ y = -5+5t \\ z = -6+4t \end{cases}$$

로 나타낼 수 있습니다. 두 직선 l, m 이 만난다는 것은 세 개의 등식

$$\begin{cases} 5+2s = 3t & ① \\ 2+2s = -5+5t & ② \\ -3-s = -6+4t & ③ \end{cases}$$

를 동시에 만족시키는 실수 s, t 가 존재한다는 것과 동치입니다.

그럼, 위의 ①, ②를 s, t 에 관해서 풀면

$$s = -1, \qquad t = 1$$

을 얻습니다. 이 값은 ③도 만족할까요? 실제로 대입해

보면──── 만족합니다. 그러므로 **두 직선 *l*, *m*은 만납니다.**

그리고 $s=-1$, $t=1$일 때, ①, ②, ③의 양변의 값은 3, 0, -2가 되므로 교점의 좌표는 $(3, 0, -2)$입니다.

문제 25 다음 두 직선이 만나는 것을 증명하고, 교점의 좌표를 구하시오.

(1) $l : \dfrac{x-5}{2} = \dfrac{y-2}{2} = \dfrac{z+3}{-1}$

$\quad m : \dfrac{x+3}{4} = \dfrac{y+7}{5} = \dfrac{z+4}{3}$

(2) $l : \dfrac{x-3}{5} = \dfrac{2-y}{2} = z$

$\quad m : \dfrac{x-2}{3} = \dfrac{y}{-2} = \dfrac{z+8}{-2}$

다음에, 꼬인 위치에 있는 두 직선을 생각합시다. 그 양쪽에 직교하는 직선이 존재할까요? 이것은 흥미있는 문제입니다. 우리는 직감에 의해서 이와 같은 직선이 오직 하나 존재한다는 것을 추측할 수가 있습니다. 가장 단순한 경우로서, 예를 들면 지구의 표면에서 (좀 다른 높이에서) 수평이고 직선 형태로 뻗어 있는 두 개의 도로의 입체 교차로를 상상해 봅시다. 헬리콥터를 타고 관찰하면, 상공에서 보아 두 도로가 정확히 교차하는 지점 바로 위로 헬리콥터를 이동시킬 수가 있습니다. 이때 헬리콥터에서 지구 표면에 내린 수선은 두 도로의 양쪽에 수직으로 교차합니다.

다음 예제는 일반적으로 "꼬인 위치"에 있는 두 직선에 대하여, 양자에 직교하는 직선을 구하는 방법을 보여 줍니다.

예제 두 직선

$$l : \ x-1 = y-2 = z$$
$$m : \ x-2 = \frac{y+5}{2} = 3-z$$

의 양쪽에 직교하는 직선의 방정식을 구하시오. 또, 그 직선과 l, m과의 교점의 좌표를 구하시오.

풀이 구하는 직선과 l과의 교점을 A, m과의 교점을 B라 합니다. 매개변수 s, t를 사용하면, A, B의 좌표를 각각

$$A(1+s,\ 2+s,\ s)$$
$$B(2+t,\ -5+2t,\ 3-t)$$

로 나타낼 수가 있습니다. 그러면

$$\overrightarrow{AB} = (1-s+t,\quad -7-s+2t,\quad 3-s-t)$$

이 벡터 $\overrightarrow{AB}$가 l, m의 방향벡터 $(1, 1, 1)$, $(1, 2, -1)$의 양쪽에 수직이 되므로 s, t의 값을 정하면 됩니다. 그럼 $\overrightarrow{AB}$와 $(1, 1, 1)$, $(1, 2, -1)$과의 내적을 계산하면

$$(1-s+t)\cdot 1 + (-7-s+2t)\cdot 1 + (3-s-t)\cdot 1$$
$$= -3-3s+2t$$
$$(1-s+t)\cdot 1 + (-7-s+2t)\cdot 2 + (3-s-t)\cdot(-1)$$
$$= 2(-8-s+3t)$$

이것들의 값을 0으로 놓으면

$$\begin{cases} -3-3s+2t = 0 \\ -8-s+3t = 0 \end{cases}$$

이 연립방정식을 풀면

$$s = 1, \qquad t = 3$$

따라서

$$A(2, 3, 1), \quad B(5, 1, 0), \quad \overrightarrow{AB} = (3, -2, -1)$$

또, 직선 AB의 방정식은

$$\frac{x-2}{3} = \frac{y-3}{-2} = \frac{z-1}{-1}$$

이상으로 요구한 것을 모두 구했습니다.

문제 26 직선 AB가 다음의 두 직선 l, m과 각각 점 A, B에서 직교하도록 A, B의 좌표를 정하시오. 또, 직선 AB의 방정식을 구하시오.

(1)　$l : \dfrac{x-4}{3} = \dfrac{y-3}{2} = z$

　　　$m : x+6 = 7-y = z$

(2)　$l : \dfrac{x-1}{2} = \dfrac{y+1}{3} = z-9$

　　　$m : x-2 = \dfrac{y-2}{4} = \dfrac{14-z}{2}$

문제 27 두 직선 l, m이 꼬인 위치에 있고, A는 l상의 점, B는 m상의 점이며, 직선 AB는 l이나 m과 직교한다고 합니다. 이때 선분 AB의 길이는, l상의 점과 m상의 점과의 거리의 최소값을 주는 일, 즉 l상의 임의의 점 P, m상의 임의의 점 Q에 대하여

$$AB \leqq PQ$$

가 성립하는 것을 증명하시오. [힌트 : $A(\vec{a})$, $B(\vec{b})$, $P(\vec{p})$, $Q(\vec{q})$로 하고, l, m의 방향벡터를 $\vec{d}$, $\vec{e}$로 합니다. 이때 $\vec{p}$, $\vec{q}$는 어떤 실수 s, t에 의하여

$$\vec{p} = \vec{a} + s\vec{d}, \qquad \vec{q} = \vec{b} + t\vec{e}$$

로 나타나고, $\vec{q} - \vec{p} = (\vec{b} - \vec{a}) + (t\vec{e} + s\vec{d})$가 됩니다. 그리하여 $\vec{b} - \vec{a}$가 $\vec{d}$, $\vec{e}$에 수직이라는 것을 이용하여 $PQ = |\vec{q} - \vec{p}|$와 $AB = |\vec{b} - \vec{a}|$의 크기를 비교하십시오.]

◆ **평면의 방정식**

평면상에서는 한 점 P_0과 $\vec{0}$가 아닌 하나의 벡터 $\vec{n}$을 주면, P_0을 지나고 벡터 $\vec{n}$에 수직인 직선이 정해졌습니다.

공간에서는 한 점 $P_0(\vec{p_0})$과 $\vec{0}$가 아닌 하나의 벡터 $\vec{n}$을 주면, P_0을 지나고 $\vec{n}$에 수직인 평면이 정해집니다. 왼쪽 그림은 이것을 보여 줍니다.

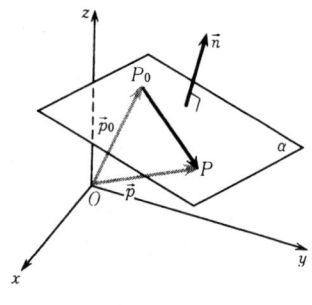

이 평면을 α라 하고, α상의 임의의 점을 $P(\vec{p})$라 하면, $\overrightarrow{P_0P} = \vec{p} - \vec{p_0}$이 $\vec{n}$에 수직이므로

$$\vec{n} \cdot (\vec{p} - \vec{p_0}) = 0 \qquad\qquad ①$$

이 됩니다. 이것이 평면 α의 **벡터방정식**입니다.

다시 앞서와 마찬가지로

$$\overrightarrow{p} = (x,\ y,\ z),\quad \overrightarrow{p_0} = (x_0,\ y_0,\ z_0),\quad \overrightarrow{n} = (a,\ b,\ c)$$

로 놓으면

$$\overrightarrow{n} \cdot (\overrightarrow{p} - \overrightarrow{p_0}) = a(x - x_0) + b(y - y_0) + c(z - z_0)$$

이므로 ①은 다음과 같이 됩니다.

$$a(x - x_0) + b(y - y_0) + c(z - z_0) = 0 \qquad ②$$

벡터 $\overrightarrow{n} = (a,\ b,\ c)$는 이 평면의 **법선벡터**라 불립니다. $\overrightarrow{n} \neq \overrightarrow{0}$ 이므로 a, b, c 중 적어도 하나는 0이 아닙니다.

점 $P_0(x_0,\ y_0,\ z_0)$을 지나고, $\overrightarrow{n} = (a,\ b,\ c)$를 법선 벡터로 하는 평면의 방정식은

$$a(x - x_0) + b(y - y_0) + c(z - z_0) = 0$$

---

②에서 $d = -ax_0 - by_0 - cz_0$으로 놓으면, 이것은

$$ax + by + cz + d = 0 \qquad ③$$

이라는 x, y, z에 관한 일차방정식이 됩니다.

반대로, $\overrightarrow{n} = (a,\ b,\ c)$가 영벡터가 아니면 방정식 ③은 공간내의 하나의 평면을 나타냅니다. 왜냐하면, ③을 만족하는 $(x,\ y,\ z)$의 한 쌍을 $(x_0,\ y_0,\ z_0)$으로 하면 —— 예를 들어 $a \neq 0$이면, $x_0 = -\dfrac{d}{a}$, $y_0 = 0$, $z_0 = 0$으로 하면 됩니다. $d = -ax_0 - by_0 - cz_0$이 되어, ③은

$$a(x - x_0) + b(y - y_0) + c(z - z_0) = 0$$

으로 고쳐 쓸 수 있습니다. 그러므로 이것은 점 $(x_0,\ y_0,\ z_0)$을 지나고, $\overrightarrow{n}$를 법선벡터로 하는 평면을 나타냅니다.

위에서 말한 것은 기본적인 사항입니다. 즉 평면상에서 "x, y에 관한 일차방정식 등호 직선"이었던 것과 같이, 공간에 있어서는 "x, y, z에 관한 일차방정식 등호 평면"이 됩니다. 강조하기 위해 반복해서 간추려 보겠습니다.

공간에서의 평면의 방정식

공간에서 일차방정식

$$ax + by + cz = 0$$

> 은 $\vec{n} = (a,\ b,\ c)$를 법선벡터로 하는 평면을 나타낸다.

연습을 위해 몇 가지 예를 들겠습니다.

예 점 $(2,\ 3,\ 4)$를 지나고, $\vec{n} = (3,\ -1,\ -2)$를 법선벡터로 하는 평면의 방정식을 구하시오.

풀이 구하는 평면의 방정식은

$$3(x-2) + (-1)(y-3) + (-2)(z-4) = 0$$

정리하여

$$3x - y - 2z + 5 = 0$$

예 다음의 두 평면이 이루는 각 θ의 코사인을 구하시오.

$$x + 2y - 2z - 8 = 0, \qquad 3x + 4z + 2 = 0$$

풀이 이 코사인은 법선벡터

$$\vec{n_1} = (1,\ 2,\ -2), \qquad \vec{n_2} = (3,\ 0,\ 4)$$

가 이루는 각의 코사인입니다. 따라서

$$\cos\theta = \frac{\vec{n_1} \cdot \vec{n_2}}{|\vec{n_1}|\,|\vec{n_2}|} = \frac{-5}{3 \cdot 5} = -\frac{1}{3}$$

[주의 : 이 코사인 값은 음이 됩니다. 만일 θ로서 두 평면이 이루는 각의 예각 쪽을 취하면 $\cos\theta = \dfrac{1}{3}$이 됩니다.]

예 다음의 세 점을 지나는 평면의 방정식을 구하시오.

$$A(6,\ 0,\ 0), \quad B(3,\ -2,\ 0), \quad C(1,\ 2,\ 4)$$

풀이 구하는 평면의 방정식을

$$ax + by + cz + d = 0$$

으로 놓습니다. 이 방정식에 $A,\ B,\ C$의 좌표를 대입하면,

$$\begin{cases} 6a \qquad\quad + d = 0 \\ 3a - 2b \quad\ + d = 0 \\ a + 2b + 4c + d = 0 \end{cases}$$

이 세 식에서 $a,\ b,\ c$를 d로 나타내면,

$$a = -\frac{d}{6}, \quad b = \frac{d}{4}, \quad c = -\frac{d}{3}$$

따라서 평면의 방정식은

$$-\frac{d}{6}x+\frac{d}{4}y-\frac{d}{3}z+d=0$$

a, b, c 중 적어도 하나는 0이 아니므로 d는 0이 아닙니다. 그리하여 위의 식을 d로 나누고 -12배 하면

$$2x-3y+4z-12=0$$

이것이 구하는 평면의 방정식입니다.

별해 구하는 평면의 법선벡터를 $\vec{n}=(a,\,b,\,c)$라 하면 $\vec{n}$는

$$\overrightarrow{AB}=(-3,\,-2,\,0),\qquad \overrightarrow{AC}=(-5,\,2,\,4)$$

의 양쪽에 수직입니다. 따라서

$$\begin{cases} -3a-2b=0 \\ -5a+2b+4c=0 \end{cases}$$

이 두 식을 만족하는 (모두 0은 아니다) a, b, c의 한 쌍을 구하면

$$a=2,\qquad b=-3,\qquad c=4$$

를 얻습니다. 그러므로 이 평면은 $A(6,\,0,\,0)$을 지나고 $\vec{n}=(2,\,-3,\,4)$에 수직인 평면이며, 그 방정식은

$$2(x-6)-3y+4z=0$$

즉 $2x-3y+4z-12=0$이 됩니다.

예 점$(2,\,-2,\,1)$을 지나고 벡터 $(1,\,3,\,-4)$에 평행인 직선과, 평면

$$2x+2y+z=9$$

와의 교점 P의 좌표를 구하시오.

풀이 직선의 방정식은, t를 매개변수로 하여

$$\begin{cases} x=2+t \\ y=-2+3t \\ z=1-4t \end{cases} \qquad ①$$

로 나타납니다. 이 x, y, z에서 평면의 방정식을 만족하는 것이 교점 P의 좌표입니다. ①을 평면의 방정식에 대입하면,

$$2(2+t)+2(-2+3t)+(1-4t)=9$$

이것에서 t를 구하면 $t = 2$. 따라서,
$$x = 4, \quad y = 4, \quad z = -7$$
그러므로 교점 P의 좌표는 $(4, 4, -7)$입니다.

(예) 두 평면 $x - 2y - 2z = 2$, $2x + 3y - z = 6$의 교선의 방정식을 구하시오. 또, 교선의 방향벡터를 구하시오.

풀이 점 (x, y, z)가 두 평면의 교선상에 있다는 것은 x, y, z가 연립방정식
$$x - 2y - 2z = 2 \qquad \text{①}$$
$$2x + 3y - z = 6 \qquad \text{②}$$
을 만족시키는 것과 동치입니다.

따라서 이 연립방정식을 x, y에 관해서 풀고, x, y를 z로 나타내어 봅시다. 그러기 위하여

①$\times 3 +$②$\times 2$를 만들면
$$7x - 8z = 18 \quad \text{그러므로} \quad x = \frac{18}{7} + \frac{8}{7}z$$

②$-$①$\times 2$를 만들면
$$7y + 3z = 2 \quad \text{그러므로} \quad y = \frac{2}{7} - \frac{3}{7}z$$

따라서 $z = t$를 매개변수로 선정하면
$$x = \frac{18}{7} + \frac{8}{7}t, \quad y = \frac{2}{7} - \frac{3}{7}t, \quad z = t$$
이것이 구하는 직선의 매개변수 표시입니다.

또, 이 직선의 방향벡터는
$$\left(\frac{8}{7}, -\frac{3}{7}, 1\right) \quad \text{또는} \quad (8, -3, 7)$$
로 주어집니다.

[주의 : 이 예의 교선의 방정식은, 예를 들면
$$\frac{x+2}{8} = \frac{y-2}{-3} = \frac{z+4}{7}$$
와 같이 쓸 수도 있습니다. 여러분은 이것을 확인해 보십시오.]

문제 28 다음 평면의 방정식을 구하시오.

(1) 점 $(-3, 1, 2)$를 지나고, 벡터 $(2, 4, -5)$에 수직인 평면

(2) 점 $(5, 3, 4)$를 지나고, yz평면에 평행인 평면

(3) 점 $(5, 3, 4)$를 지나고, zx평면에 평행인 평면

(4) 점 $(5, 3, -1)$을 지나고, 평면 $2x - 3y + z = 7$에 평행인 평면

(5) 점 $(2, -1, -3)$을 지나고, 두 평면 $x - y + z = 0$, $2x + 3y - z = 4$의 양쪽에 수직인 평면

(6) 원점과 점 $(1, 0, -1)$, $(0, 2, 3)$을 지나는 평면

(7) 세 점 $(3, 4, -1)$, $(1, 4, 5)$, $(3, 0, 5)$를 지나는 평면

(8) 직선
$$x - 1 = \frac{y+2}{2} = \frac{z+1}{3}$$
과 원점으로 정해지는 평면. 즉, 이 직선을 포함하고, 원점을 지나는 평면. [힌트 : 직선상에 두 점을 적당히 잡으십시오.]

(9) (8)의 직선과 점 $(1, -1, 2)$로 정해지는 평면

(10) 점 $(1, 3, -2)$를 지나는 두 직선
$$\frac{x-1}{2} = \frac{y-3}{5} = \frac{z+2}{3},$$
$$\frac{x-1}{3} = \frac{y-3}{6} = \frac{z+2}{4}$$

으로 정해지는 평면. [힌트 : 이 평면은 점 $(1, 3, -2)$를 지나고, 법선벡터는 두 직선의 방향벡터 $(2, 5, 3)$, $(3, 6, 4)$에 수직입니다.]

(11) 평행인 두 직선
$$\frac{x}{2} = \frac{y-2}{3} = z+4,$$
$$\frac{x-1}{2} = \frac{y}{3} = z$$

로 정해지는 평면 [힌트 : 이 평면은 두 점 $(0, 2, -4)$, $(1, 0, 0)$을 지나고, 법선벡터는 벡터 $(2, 3, 1)$에 수직입니다.]

문제 29 $a \neq 0$, $b \neq 0$, $c \neq 0$일 때, 세 점 $(a, 0, 0)$, $(0, b, 0)$, $(0, 0, c)$를 지나는 평면의 방정식은
$$\frac{x}{a} + \frac{y}{b} + \frac{z}{c} = 1$$
로 주어지는 것을 증명하시오. (여러분은 이 결과를 301페이지의 예에서 설명된 직선의 방정식과 비교해 보십시오.)

문제 30 다음 직선과 평면의 교점의 좌표를 구하시오.

(1)　두 점 $(1, 2, 3)$, $(3, 1, -5)$를 지나는 직선과 xy평면

(2)　(1)의 직선과 zx평면

(3)　점 $(-1, 2, 3)$을 지나고, 방향벡터가 $(4, 0, 7)$인 직선과 평면 $x - 4y + 4z = 19$

(4)　직선 $x - 1 = \dfrac{y+1}{4} = -z - 2$와 평면 $2x + 2y + z = 7$

문제 31　두 평면

$$2x - y + z = 3, \quad x + 2y - 4z = 0$$

이 이루는 각(예각)의 코사인을 구하시오.

문제 32　위 문제의 두 평면의 교선의 방정식과 그 방향벡터를 구하시오.

문제 33　공간에서, 두 점 $(1, 2, -3)$, $(-1, -2, 1)$로부터 같은 거리에 있는 점의 자취는 어떤 도형이 될까요? 그 도형과 방정식을 구하시오.

문제 34　공간에서, 세 점 $(1, 0, 0)$, $(0, 2, 0)$, $(0, 0, 3)$으로부터 같은 거리에 있는 점의 자취는 어떤 도형이 될까요? 그 도형과 방정식을 구하시오.

◆　점과 평면사이의 거리

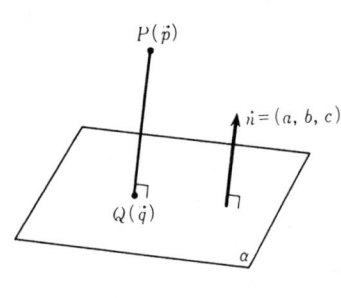

평면 $ax + by + cz + d = 0$을 α라 하고, $P(x_0, y_0, z_0)$을 α상에 있지 않은 한 점이라 합니다. 점 P와 평면 α의 거리, 즉 P에서 α로 내린 수선 PQ의 길이를 구해 봅시다.

점 P의 위치벡터를 $\vec{p} = (x_0, y_0, z_0)$, 평면 α의 법선벡터를 $\vec{n} = (a, b, c)$로 하고, 또 P에서 α로 내린 수선의 발 Q의 위치벡터를 $\vec{q}$로 합니다. 이때 벡터 $\overrightarrow{PQ} = \vec{q} - \vec{p}$는 $\vec{n}$에 평행이므로, 어떤 실수 s에 의해서 $\vec{q} - \vec{p} = s\vec{n}$, 즉

$$\vec{q} = \vec{p} + s\vec{n} \qquad \qquad ①$$

로 나타낼 수 있습니다. 이 s의 값을 구하기 위해, 점 Q ($\vec{q}$)는 평면 α상에 있고, 따라서

$$\vec{n} \cdot \vec{q} + d = 0 \qquad \qquad ②$$

이 성립하는 것에 주목합니다. ①을 ②에 대입하면

$$\vec{n} \cdot (\vec{p} + s\vec{n}) + d = 0$$

이것을 s에 관해서 풀면

$$s = -\frac{\vec{n} \cdot \vec{p} + d}{|\vec{n}|^2}$$

그러므로 수선 PQ의 길이는

$$PQ = |\vec{q} - \vec{p}| = |s\vec{n}| = \frac{|\vec{n} \cdot \vec{p} + d|}{|\vec{n}|}$$

$$= \frac{|ax_0 + by_0 + cz_0 + d|}{\sqrt{a^2 + b^2 + c^2}}$$

이것으로 점 P와 평면 α의 거리가 구해졌습니다.

공간에서 점 (x_0, y_0, z_0)과 평면 $ax + by + cz = 0$사이의 거리는

$$\frac{|ax_0 + by_0 + cz_0 + d|}{\sqrt{a^2 + b^2 + c^2}}$$

로 주어진다.

이것은 기억해 두어야 할 공식입니다. 여러분은 아마도 이 공식을 보면서, 전에도 이것과 비슷한 식을 보았다고 생각할 것입니다. 이것은 306페이지에 있는 "평면상의 점과 직선의 거리 공식"과 아주 비슷합니다. 위에서 나는 벡터를 사용해서 이 공식을 깨끗이 이끌어냈습니다. 여러분은 위의 설명이 그대로 이전의 문제——평면상의 점과 직선의 거리를 구하는 문제——에도 적용될 수 있다는 것에 주목하십시오. 즉 위의 설명은, 그것을 이차원의 세계에서 생각하면 평면상의 점과 직선의 거리에 관한 306페이지의 공식을 다시 증명하는 것도 가능하게 해줍니다.

$\boxed{\text{문제 35}}$ 다음의 점과 평면의 거리를 구하시오.

(1) 원점과 평면 $2x - 4y + 3z - 5 = 0$

(2) 점 $(3, 1, 4)$와 평면 $x - 2y + 2z + 3 = 0$

$\boxed{\text{문제 36}}$ 점 $(10, -5, 4)$를 P, 평면 $6x - y - z - 4 = 0$을 α로 합니다.

(1) 점 P에서 평면 α로 내린 수선의 발 Q의 좌표를 구하시오.

(2) PQ의 길이를 구하시오.

(3) 평면 α에 대해서 점 P와 대칭인 점 R의 좌표를 구하시오.

$\boxed{\text{문제 37}}$ $A(3, 0, 0)$, $B(0, 3, 0)$, $C(0, 0, 3)$, $D(4, 4, 4)$로 합니다.

(1) 점 D에서 평면 ABC로 내린 수선의 길이를 구하시오.

(2) 사면체 $ABCD$의 부피를 구하시오. [이미 알고 있겠지만, 사면체의 부피 공식은 "밑넓이$\times$높이$\times\dfrac{1}{3}$"입니다.]

$\boxed{\text{문제 38}}$ 두 직선

$$l : \frac{x-3}{2} = \frac{y-3}{3} = z$$

$$m : \frac{x-1}{2} = y+3 = 2-z$$

가 있습니다.

(1) l을 포함하는 평면 α와 m을 포함하는 평면 β에서, 서로 평행인 평면 α, β의 방정식을 구하시오. [힌트 : α, β에 공통인 법선벡터는 l, m의 방향벡터에 수직입니다.]

(2) (1)의 결과를 이용하여, 직선 l상을 움직이는 점 P와 직선 m상을 움직이는 점 Q의 거리 PQ의 최소값을 구하시오.

◆ 구 또는 구면의 방정식

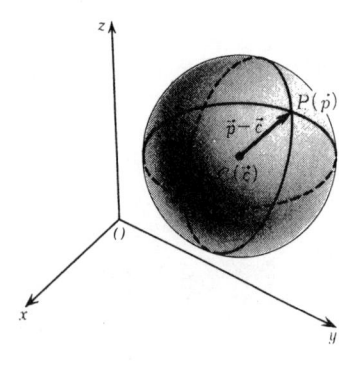

구——정확히는 **구면**——는 공간의 한 점 C로부터 일정한 거리 r에 있는 점 P의 자취입니다. C를 이 구의 **중심**, r을 **반지름**이라 합니다. 물론 r은 어떤 양의 실수입니다.

중심 C의 위치벡터를 $\vec{c}$, 구 위의 동점 P의 위치벡터를 $\vec{p}$라 하면, 등식 $CP = r$은

$$|\vec{p} - \vec{c}| = r \quad \text{또는} \quad |\vec{p} - \vec{c}|^2 = r^2$$

으로 나타낼 수 있습니다. 이것이 구의 벡터방정식입니다.

위 식에서
$$\vec{p}=(x,\ y,\ z),\qquad \vec{c}=(a,b,c)$$
로 놓으면, 이것은
$$(x-a)^2+(y-b)^2+(z-c)^2=r^2$$
이 됩니다. 이것으로 구의 방정식이 얻어졌습니다.

> 점 (a,b,c)를 중심으로 하고 반지름의 길이가 r인 구의 방정식은
> $$(x-a)^2+(y-b)^2+(z-c)^2=r^2$$

공간에서의 구의 방정식은 여러 가지 의미에서 평면에서의 원의 방정식과 비슷한 성질을 가지고 있습니다. 예를 들어 위 방정식의 좌변을 전개하고, 우변을 좌변으로 이항하여 정리하면, 이것은
$$x^2+y^2+z^2+Ax+By+Cz+D=0 \qquad ①$$
의 꼴이 됩니다. 여기서 A,B,C,D는 어떤 상수입니다. 즉, 구는 x^2,y^2,z^2의 계수가 같고, xy,yz,zx의 항이 없는 x,y,z에 관한 이차방정식으로 나타납니다.

반대로 ①의 꼴인 방정식이 주어진다면, 쉽사리 알 수 있듯이, 이것을
$$(x-a)^2+(y-b)^2+(z-c)^2=k \qquad ②$$
의 꼴로 변형할 수가 있습니다. 이때 만일 $k>0$이면 이것은 구를 나타냅니다. (만일 $k=0$이면 ②는 한 점 (a,b,c)를 나타내고, $k<0$이면 ②가 나타내는 도형은 없습니다.)

예 방정식 $x^2+y^2+z^2-6y+8z=0$은 어떤 도형을 나타낼까요?

풀이 이 방정식은
$$x^2+(y^2-6y+9)+(z^2+8z+16)=9+16$$
$$x^2+(y-3)^2+(z+4)^2=5^2$$
로 변형됩니다. 따라서 이것은 점 $(0,3,-4)$를 중심으로 하고, 반지름의 길이가 5인 구를 나타냅니다.

(예) 원점 및 세 점 $P(0, 3, 0)$, $Q(0, 1, -2)$, $R(2, 3, -2)$

를 지나는 구의 방정식을 구하시오.

풀이 구하는 구의 방정식을

$$x^2 + y^2 + z^2 + Ax + By + Cz + D = 0$$

으로 놓습니다. 이 방정식의 x, y, z에 원점 O 및 점 P,

Q, R의 좌표를 대입하면

$$\begin{cases} D = 0 \\ 9 + 3B + D = 0 \\ 5 + B - 2C + D = 0 \\ 17 + 2A + 3B - 2C + D = 0 \end{cases}$$

이로부터

$$A = -3, \quad B = -3, \quad C = 1, \quad D = 0$$

따라서 구하는 구의 방정식은

$$x^2 + y^2 + z^2 - 3x - 3y + z = 0$$

즉

$$\left(x - \frac{3}{2}\right)^2 + \left(y - \frac{3}{2}\right)^2 + \left(z + \frac{1}{2}\right)^2 = \left(\frac{\sqrt{19}}{2}\right)^2$$

이것은 점 $\left(\frac{3}{2}, \frac{3}{2}, -\frac{1}{2}\right)$을 중심, $\dfrac{\sqrt{19}}{2}$를 반지름으로

하는 구입니다.

[주의 : 일반적으로 공간내에 동일 평면상에 있지 않는

네 점을 주면, 이들 네 점을 지나는 구가 오직 하나 정

해집니다.]

문제 39 다음 방정식은 어떤 도형을 나타낼까요?

(1) $x^2 + y^2 + z^2 - 4x + 6y - 2z = 11$

(2) $x^2 + y^2 + z^2 + 4x + 4y - 10z = 16$

문제 40 다음과 같은 구의 방정식을 구하시오.

(1) 점 $(3, 0, -2)$를 중심으로 하고 반지름의 길이가 6인 구

(2) 점 $(-4, 3, 5)$를 중심으로 하고 yz평면에 접하는 구

(3) 두 점 $(2, 0, 0)$, $(0, -4, -6)$을 연결하는 선분을 지름

의 양끝으로 하는 구

(4) 점 $(1, 4, 5)$를 지나고, 세 개의 좌표평면 (즉 xy평면, yz평면, zx평면)에 접하는 구

(5) 네 점 $(1, 0, 0)$, $(0, 2, 0)$, $(0, 0, 3)$, $(1, 2, 3)$을 지나는 구

문제 41 공간에서, 두 점 $A(-2, 0, 0)$, $B(1, 0, 0)$으로부터의 거리의 비가 $2 : 1$인 점 P의 자취는 어떤 도형이 될까요? 그 도형 및 방정식을 구하시오.

문제 42 일반적으로 $A(\vec{a})$, $B(\vec{b})$를 공간이 다른 두 정점이라 할 때, $AP : BP = 2 : 1$, 즉
$$|\vec{p} - \vec{a}| = 2|\vec{p} - \vec{b}|$$
를 만족하는 공간의 점 $P(\vec{p})$의 자취는 점 $C(\vec{c})$를 중심, r을 반지름으로 하는 구로 되는 것을 증명하시오. 단, $\vec{c}, r$은 각각
$$3\vec{c} = 4\vec{b} - \vec{a}, \quad 3r = 2|\vec{b} - \vec{a}|$$
로 정해지는 벡터 및 양의 실수입니다.

[이것은 상당히 어려운 문제입니다. 자신 있는 사람에게 제공합니다. 계산은 등식
$$|\vec{p} - \vec{a}|^2 = 4|\vec{p} - \vec{b}|^2$$
의 요령 있는 변형입니다. 좌표를 사용해서 계산해도 되고, 벡터 기호 그대로 계산할 수도 있습니다. 만일 이 문제를 무사히 해결했다면, 이것은 축복할 일입니다! 그것은 뛰어난 계산 능력을 지니고 있다는 것을 증명하기 때문입니다. 그러나 그렇지 못하더라도, 해답을 보고 그 계산을 이해한다면 그것으로도 충분합니다. 그리고 현명한 사람은 이 문제가 평면의 경우의 "아폴로니우스의 원"을 공간으로 확장한 것(의 한 예)임을 쉽사리 깨달을 것입니다.]

그럼 본문으로 돌아갑시다. 위에서 말한 바와 같이 점 $C(a, b, c)$를 중심으로 하는 구는, 방정식
$$(x - a)^2 + (y - b)^2 + (z - c)^2 = r^2 \qquad ①$$
으로 나타낼 수 있습니다. 이 구의 내부, 즉 $CP < r$을 만족하는 공간의 점 P 전체의 집합은 어떤 식으로 나타낼

수 있을까요?

$$(x-a)^2+(y-b)^2+(z-c)^2 < r^2 \qquad ②$$

으로 나타낼 수 있습니다. 마찬가지로 구의 외부, 즉 $CP > r$을 만족하는 공간의 점 P 전체의 집합은 부등식

$$(x-a)^2+(y-b)^2+(z-c)^2 > r^2$$

으로 나타낼 수 있습니다. 이런 것들도 평면에서의 원의 내부, 외부 때와 같습니다.

여기서 "구"라는 낱말에 대하여 몇 마디 해설을 덧붙이겠습니다. 나는 위에서 방정식 ①이 나타내는 도형을 구라고 하였습니다. 그러나 정확히는, 이 항의 머리에서도 말했듯이, 이것은 구면이라고 해야 할 것입니다. 구라는 낱말은 구면의 뜻으로도, 또 구면과 구의 내부를 합한 집합, 즉 부등식

$$(x-a)^2+(y-b)^2+(z-c)^2 \leq r^2 \qquad ③$$

이 나타내는 도형의 뜻으로도 쓰입니다. 그것은 원이라는 말이 "원둘레", "원반"의 두 가지 뜻으로 사용되는 것과 비슷합니다. 때로는 부등식 ②가 나타내는 도형을 구라고 하는 일도 있습니다. 수학자들은 엄밀하게 구분해서, 부등식 ②가 나타내는 도형을 **개구**, 부등식 ③이 나타내는 도형을 **폐구**라 부릅니다.

이와 같이 구라는 낱말에는 여러 가지 뜻이 있지만, 그것은 보통 우리에게 혼란을 초래하지 않습니다. 왜냐 하면, 이러한 낱말의 뜻에 대해서 우리는 거의 무의식적으로 정확한 해석을 하는 능력을 지니고 있기 때문입니다. 그러나 철저하게 명확함을 필요로 하는 경우에는, 방정식

$$(x-a)^2+(y-b)^2+(z-c)^2 = r^2$$

이 나타내는 도형은 역시 구면이라고 하는 편이 좋을 것입니다.

◆ **구면과 평면**

이 절의 마지막으로 구면에 접하는 평면, 구면과 평면의 만남 등에 대해서 몇 가지 문제를 다루어 보기로 하겠습니다.

먼저, 다음에 주목해 주십시오. (여기서는 우리의 공간적 직관을 자유로이 구사합시다.)

지금, 공간내에 한 평면 α와 한 구면 S가 있다고 하고, S의 반지름의 길이를 r, S의 중심 C에서 평면 α에 내린 수선의 길이를 d라 합니다. 이때 명백히 다음이 성립합니다.

1 $d > r$이면, α와 S는 만나지 않는다.

2 $d = r$이면, α와 S는 오직 한 점을 공유한다.

3 $d < r$이면, α와 S는 하나의 원을 공유한다.

위의 **2**의 경우 α와 S는 **접한다** 하고, 그 공유점 P를 **접점**이라고 합니다. 또, α를 점 P에서의 S의 **접평면**이라 부릅니다. 이때 S의 중심 C에서 접점 P로 향하는 벡터 $\overrightarrow{CP}$는 접평면 α의 법선벡터가 됩니다.

또 **3**의 경우, α와 S가 만나서 생긴 원의 중심은 S의 중심 C에서 α에 내린 수선의 발과 일치합니다. 또, 원의 반지름의 길이는 $\sqrt{r^2 - d^2}$입니다. 다음은 이 경우의 그림입니다.

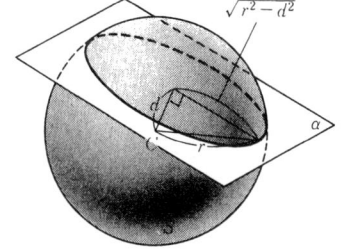

예제　구면 $x^2 + y^2 + z^2 = r^2$위의 한 점을 $P_0(x_0, y_0, z_0)$이라 합니다. 이 점 P_0을 지나고 구면에 접하는 평면——점 P_0에서의 접평면——의 방정식은

$$x_0 x + y_0 y + z_0 z = r^2$$

으로 주어지는 것을 증명하시오. [이것은 318페이지에 있는 "원의 접선의 방정식"을 삼차원으로 확장한 것입

니다.]

증명 구하는 접평면은 점 $P_0(x_0, y_0, z_0)$을 지나고, 벡터 $\vec{p_0} = (x_0, y_0, z_0)$에 수직입니다. 그러므로 그 방정식은, 공식에 의해

$$x_0(x-x_0) + y_0(y-y_0) + z_0(z-z_0) = 0$$

으로 주어집니다. 이것을 변형하면

$$x_0 x + y_0 y + z_0 z = x_0{}^2 + y_0{}^2 + z_0{}^2$$

여기서 점 $P_0(x_0, y_0, z_0)$은 구면 위에 있으므로, 이 우변은 r^2이 됩니다.

따라서

$$x_0 x + y_0 y + z_0 z = r^2$$

이것으로 문제가 증명되었습니다.

예제 다음의 구면 S와 평면 α가 있습니다.

$$S : x^2 + y^2 + z^2 = 120$$
$$\alpha : x + 2y + 3z = k$$

단, k는 양의 상수입니다.

(1) S와 α가 만나서 원이 되기 위한 k의 값의 범위를 구하시오.

(2) $k=28$일 때, S와 α가 만나서 생기는 원의 중심 및 반지름의 길이를 구하시오.

풀이 (1) S의 중심은 원점 O이고, O와 평면 α의 거리는

$$\frac{k}{\sqrt{1^2 + 2^2 + 3^2}} = \frac{k}{\sqrt{14}}$$

입니다. S와 α가 만나 원이 되기 위해서는 이 거리가 S의 반지름 $\sqrt{120}$보다 작아야만 합니다. 따라서

$$0 < \frac{k}{\sqrt{14}} < \sqrt{120}$$

즉

$$0 < k < 4\sqrt{105}$$

이것이 구하는 k값의 범위입니다.

(2)　S의 중심 O에서 평면
$$\alpha : x + 2y + 3z = 28 \qquad \text{①}$$
에 내린 수선을 l이라 하고, l과 α와의 교점을 P라 합니다. 이 점 P가 구하는 원의 중심입니다.

　　P의 좌표를 구하기 위해 l의 매개변수 표시를 생각합니다. 이것은 쉽사리 얻어집니다. 실제로 l은 원점을 지나고, 평면 α의 법선벡터 $(1, 2, 3)$에 평행이므로, 이것은 매개변수 t에 의해서
$$x = t, \quad y = 2t, \quad z = 3t \qquad \text{②}$$
로 나타납니다. 이 x, y, z 중에서 α의 방정식을 만족하는 것이 점 P의 좌표입니다.

　　②를 ①에 대입하면
$$t + 2(2t) + 3(3t) = 28 \qquad \text{그러므로} \quad t = 2$$
따라서
$$x = 2, \quad y = 4, \quad z = 6$$
이것으로 점 P의 좌표는 $(2, 4, 6)$임을 알았습니다.

　　또, 위의 결과로부터 OP의 길이는
$$OP = \sqrt{2^2 + 4^2 + 6^2} = \sqrt{56}$$
이 됩니다. 따라서, 원의 반지름을 a라 하면
$$a = \sqrt{120 - OP^2} = \sqrt{120 - 56} = 8$$
그러므로 원의 반지름의 길이는 8입니다. (오른쪽 그림을 참고 하십시오.)

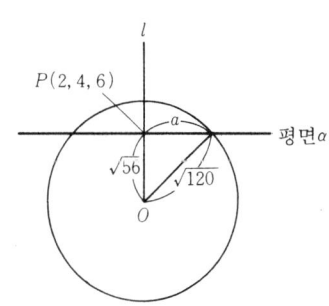

문제 43 구면 $x^2 + y^2 + z^2 = 50$에 대하여 다음 접평면의 방정식을 구하시오.

(1) 구면 위의 점 $(3, -4, -5)$에서의 접평면

(2) 법선벡터가 $(1, 2, 2)$인 접평면

문제 44 직선 $x = -3 + 2t$, $y = 2 - t$, $z = -5 + 2t$와 구면 $x^2 + y^2 + z^2 = 38$의 교점의 좌표를 구하시오. 또, 그 교점을 지나서 구면에 접하는 평면의 방정식을 구하시오.

문제 45 원점을 중심으로 하는 구면 S와 평면 $x + y + z = 6$

이 만나서 생기는 원의 반지름의 길이가 6이라 합니다.

(1) S의 반지름은 무엇입니까?

(2) S와 평면 $x+y+z=9$가 만나서 생기는 원의 반지름은 무엇입니까?

(3) S와 평면 $x+y+z=k$가 접할 때의 상수 k의 값은 얼마입니까?

문제 46 다음과 같은 구면 S와 평면 α가 있습니다.

$$S : (x-3)^2 + (y+1)^2 + (z-7)^2 = 16$$

$$\alpha : 2x - 3y + 6z - 2 = 0$$

(1) S의 중심 C에서 평면 α로 내린 수선의 발을 D로 합니다. D의 좌표를 구하시오.

(2) S와 α는 만나지 않는다는 것을 증명하시오.

(3) 점 P가 구면 S 위를 움직일 때, P와 평면 α의 거리의 최소값을 구하시오. 또, 거리가 최소로 될 때의 점 P의 좌표를 구하시오.

논리에 의해서 증명하고, 직관에 의해서 생각
해낸다.

푸앵카레

12 포물선 · 타원 · 쌍곡선
—— 이차곡선

12.1 포물선·타원·쌍곡선

이 장은 비교적 짧은 장입니다. (그렇게 예상하지만, 예상대로 될지는 모르겠습니다.) 이 장에서는 다시 평면도형으로 돌아가서, 이차곡선이라고 하는 평면 곡선에 대해서 고찰해 보겠습니다. 평면상에서 x, y에 관한 일차방정식으로 나타낼 수 있는 도형은 직선이었습니다. 그러면 x, y에 관한 이차방정식이 나타내는 도형은 어떤 것일까요? 이것은 자연히 일어나는 의문입니다. 이차곡선이란 이러한 x, y의 이차방정식이 나타내는 곡선을 말합니다. 이것은 직선처럼 단일한 형태가 아니라 여러 가지 형태로 나타납니다. 하지만 크게 나누어 보면, 그것은 **포물선·타원·쌍곡선**이라는 세 종류의 곡선으로 분류됩니다.

이 장에서는 이들 곡선을 기하학적으로 정의하고, 이 것들의 기본적인 성질을 배우기로 합시다. "이차곡선론" 은 한때 해석기하학에서 상당히 큰 부분을 차지하고 있 었습니다. 그러나 나는 이 장에서 지나치게 일반론으로 들어갈 생각도, 성질을 상세히 탐구할 생각도 없습니다. 다만, 보통의 수학을 하기 위한 지식 정도의 "이차곡선 론"을 간결하게 풀이하겠습니다.

◆ 포물선

먼저, 포물선에 대해서 이 곡선의 기하학적 특징을 밝 히는 것부터 이야기를 시작하기로 합시다.

이차함수

$$y = ax^2 + bx + c$$

의 그래프가 포물선이라는 곡선임을 우리는 이미 배웠습 니다. 이 포물선이라는 곡선은 기하학적으로 어떤 특징 을 지니고 있을까요? 예를 들면, 원은 "한 정점으로부터 의 거리가 일정한 점의 자취"로서 정의할 수 있었는데, 포물선에도 이와 비슷한 기하학적 정의를 부여할 수는 없을까요?

단도직입적으로 그 답을 보여 주면 다음과 같습니다. 즉, **포물선**이란

하나의 정점 F와, F를 지나지 않는 하나의 정직선 l

로부터 같은 거리에 있는 점의 자취

입니다. 이것이 포물선의 기하학적 정의입니다.

이 정의에 나온 정점 F를 포물선의 **초점**, 정직선 l을 포물선의 **준선**이라고 합니다.

이 기하학적 정의에 입각해서 포물선의 방정식을 구하 면 어떻게 될까요? 그것을 지금부터 풀어보겠습니다.

그러기 위해서 우리는 초점 F에서 준선 l에 내린 수선 FH의 중점 O를 원점, 선분 FH의 수직이등분선을 x축, 직선 FH를 y축으로 하는 좌표축을 잡습니다. 이때 왼쪽

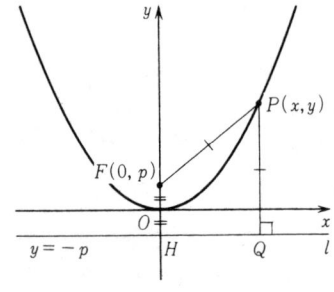

그림과 같이, 어떤 0이 아닌 상수 p에 의해서

　　F의 좌표는 $(0, p)$, l의 방정식은 $y = -p$

로 나타낼 수 있습니다.

　그럼, $P(x, y)$를 평면상의 임의의 점으로 하고, P에서 직선 l에 내린 수선을 PQ라 하면,

$$PF = \sqrt{x^2 + (y-p)^2}$$

$$PQ = |y+p|$$

입니다. 따라서 P가 점 F와 직선 l로부터 같은거리에 있는 일, 즉 $PF = PQ$라는 것은

$$\sqrt{x^2 + (y-p)^2} = |y+p|$$

로 나타낼 수 있습니다. 이 양변을 제곱하면

$$x^2 + (y-p)^2 = (y+p)^2$$

이 되고, 이것을 정리하면

$$\boldsymbol{x^2 = 4py} \qquad 또는 \qquad \boldsymbol{y = \frac{1}{4p}x^2} \qquad\qquad ①$$

이 됩니다.

　이것으로 구하는 자취의 방정식을 얻었습니다. 즉, 위에서 얻은 ①이

　　초점 $(0, p)$, 준선 $\boldsymbol{y = -p}$인 포물선의 방정식

입니다. 원점 O를 이 포물선의 **꼭지점**, y축을 그 **축**이라고 합니다.

　여기서 잠시, 이차함수

$$y = ax^2$$

의 그래프로 돌아가 봅시다. 방정식 $y = ax^2$은

$$a = \frac{1}{4p} \qquad 즉 \qquad p = \frac{1}{4a}$$

로 놓으면 ①의 꼴로 고쳐 쓸 수 있습니다. 따라서 이차함수 $y = ax^2$의 그래프는

점 $\left(0, \dfrac{1}{4a}\right)$을 초점, 직선 $y = -\dfrac{1}{4a}$을 준선으로 하는 포물선입니다.

　일반적인 이차함수 $y = ax^2 + bx + c$의 그래프는 $y = ax^2$의 그래프를 평행이동시킨 것이므로, 이것 역시——물

론 초점의 좌표와 준식의 방정식은 달라지지만——우리가 위에서 정의한 뜻에서의 포물선입니다.

　다시 방정식 ①이 나타내는 포물선으로 돌아가서, 이번에는 그것을 직선 $y = x$에 대해서 대칭으로 이동시켜 봅시다. 이와 같이 해서 얻어지는 포물선의 방정식은, 위 방정식의 x와 y를 서로 바꾼 것이므로,

$$y^2 = 4px \qquad ②$$

가 됩니다. 이것은

점 $(p, 0)$을 초점, 직선 $x = -p$를 준선으로 하는 포물선

이며, 꼭지점은 원점 O, 축은 x축입니다. 다음은 $p > 0$인 경우와 $p < 0$인 경우의 두 그림입니다.

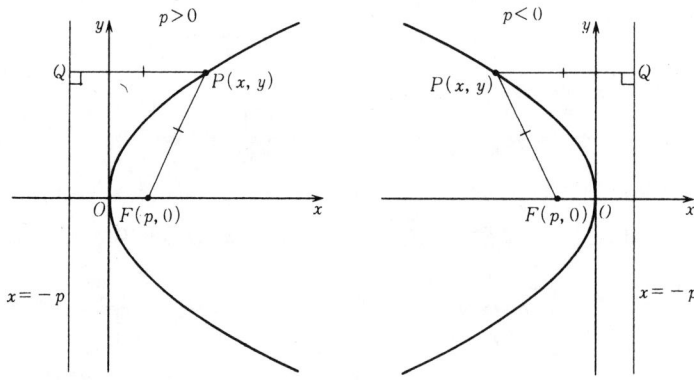

　습관에 의해서, 우리는 보통 위의 ②를 포물선의 방정식의 **표준형**이라고 합니다. 다짐을 위해 다시 한 번 정리해 두겠습니다.

　초점 $(p, 0)$, 준선 $x = -p$인 포물선의 방정식은
$$y^2 = 4px$$
이다.

문제 1 다음 포물선의 방정식을 구하시오.

(1) 초점 $(0, 2)$, 준선 $y = -2$

(2) 초점 $\left(0, -\dfrac{1}{8}\right)$, 준선 $y = \dfrac{1}{8}$

(3) 초점 $(1, 0)$, 준선 $x = -1$

(4) 초점 $\left(-\dfrac{1}{2}, 0\right)$, 꼭지점 $(0, 0)$

문제 2 다음 포물선의 초점 및 준선을 구하시오.

(1) $y = x^2$ (2) $y = \dfrac{1}{12}x^2$ (3) $y = -\dfrac{1}{2}x^2$

(4) $y^2 = 4x$ (5) $y^2 = -x$ (6) $y^2 = 8x$

◆ 타원

다음에는 타원에 대해서 설명하겠습니다.

포물선은 "하나의 정점과 하나의 정직선으로부터 같은 거리에 있는 점의 자취"였습니다. 그럼 **타원**이란 어떤 자취일까요? 그것은

두 정점 F, F'로부터의 거리의 합이 일정한 점의 자취

입니다. 이 두 정점 F, F'를 타원의 **초점**이라고 합니다.

두 초점 F, F' 사이의 거리를 $FF' = 2c$, 거리의 합이 일정한 길이를 $2a$로 하고, 타원의 방정식을 구해 봅시다. 다만, 여기서 $c > 0$, $a > 0$이지만, 나아가서 $\underline{a > c}$로 가정합니다. 왜냐하면, $PF + PF' = 2a$가 되는 $\triangle PFF'$를 그릴 수 있으려면 $PF + PF' = 2a$가, 밑변 $FF' = 2c$보다 커야 하기 때문입니다.

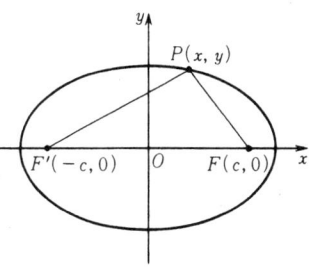

그럼, 타원의 방정식을 구하기 위해 FF'의 중점 O를 원점, 직선 FF'를 x축, 선분 FF'의 수직이등분선을 y축으로 하는 좌표축을 잡습니다. 이때 (F가 F'보다 오른쪽에 있다고 하면) F, F'의 좌표는 각각 $F(c, 0)$, $F'(-c, 0)$으로 나타납니다. 따라서 평면상의 점 $P(x, y)$와 F, F'와의 거리는 각각

$$PF = \sqrt{(x-c)^2 + y^2}$$
$$PF' = \sqrt{(x+c)^2 + y^2}$$

이 되고, 점 P가 자취 위에 있기 위한 조건 $PF + PF' = 2a$는

$$\sqrt{(x-c)^2 + y^2} + \sqrt{(x+c)^2 + y^2} = 2a \qquad ①$$

로 나타낼 수 있습니다. 이것이 자취를 나타내는 방정식입니다.

    그러나 ①은 단순히 $P(x, y)$가 자취 위에 있다고 하는
조건을 불완전한 형태로 쓴 데 지나지 않습니다. 이 식에
는 매력이 없습니다. 그러므로 ①을 좀더 간단한 형태로
만들기 위해서 좀 귀찮기는 하지만 다음에 계산을 해보
겠습니다.

    먼저 ①의 좌변의 한 항을 우변으로 이항하여
$$\sqrt{(x+c)^2+y^2} = 2a - \sqrt{(x-c)^2+y^2}$$
으로 하고, 이 양변을 제곱합니다. 그러면
$$(x+c)^2+y^2 = 4a^2 - 4a\sqrt{(x-c)^2+y^2} + (x-c)^2+y^2$$
이것의 좌변을 우변으로 이항하고, 근호가 붙은 항을 좌
변으로 이항하여 정리하면
$$a\sqrt{(x-c)^2+y^2} = a^2 - cx$$
다시 양변을 제곱하면
$$a^2(x-c)^2 + a^2y^2 = a^4 - 2a^2cx + c^2x^2$$
x, y를 포함하는 항을 좌변에, 상수항을 우변에 모아서
정리하면
$$(a^2-c^2)x^2 + a^2y^2 = a^2(a^2-c^2)$$
이것의 양변을 $a^2(a^2-c^2)$으로 나누면
$$\frac{x^2}{a^2} + \frac{y^2}{a^2-c^2} = 1 \qquad\qquad (*)$$
이것으로 간단한 형태에 도달했습니다.

    끝으로 위에서 얻은 식을 더욱 간결하게 만들기 위해
우리는 $a > c$였음을 상기합니다. 그러면 어떤 양수 b에
의해서 $a^2 - c^2 = b^2$으로 쓸 수가 있으므로, 위 식은
$$\frac{x^2}{a^2} + \frac{y^2}{b^2} = 1 \qquad\qquad ②$$
이 됩니다. 이것은 틀림없이 간결하고 기억하기 쉬운 형
태입니다.

    이 방정식 ②를 타원의 방정식의 **표준형**이라 합니다.
왼쪽 그림은 세 개의 수 a, b, c의 관계를 보여 주고 있습
니다.

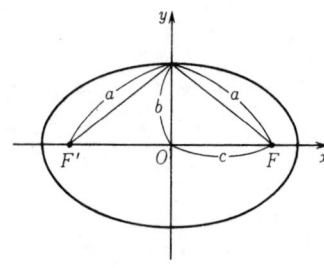

위에서 얻은 결과를 다시 한 번 반복하겠습니다.

두 초점 $(c, 0)$, $(-c, 0)$으로부터의 거리의 합이 $2a$
인 점의 자취인 타원의 방정식은

$$\frac{x^2}{a^2} + \frac{y^2}{b^2} = 1$$

로 주어진다. 단, $a > c > 0$, $b = \sqrt{a^2 - c^2}$ 이다.

예 두 점 $(4, 0)$ $(-4, 0)$을 초점으로 하고, 거리의 합의
일정한 길이가 10인 타원의 방정식은 $c = 4$이고

$$a = \frac{10}{2} = 5$$
$$b^2 = a^2 - c^2 = 9$$

이므로

$$\frac{x^2}{25} + \frac{y^2}{9} = 1$$

이 됩니다.

문제 3 두 점 $(3, 0)$, $(-3, 0)$으로부터의 거리의 합이 10
인 점의 자취의 방정식을 구하시오.

방정식 ②의 형태로부터 알 수 있듯이, 점 (x, y)가 이
타원상에 있으면, 점 $(x, -y)$, $(-x, y)$, $(-x, -y)$도
타원상에 있습니다. 즉, 이 타원은 x축 (두 초점을 연결
하는 직선), y축(두 초점을 연결하는 선분의 수직이등분
선)의 어느 것에 대해서도 대칭입니다. 따라서 원점 (두
초점을 연결하는 선분의 중점)에 대해서도 대칭입니다.
타원의 두 초점을 연결하는 선분의 중점——표준형 ②
가 나타내는 타원인 경우에는 원점——을 타원의 **중심**
이라고 합니다.
또, 방정식 ②에서

$$y = 0으로 \ 놓으면 \ x = \pm a$$
$$x = 0으로 \ 놓으면 \ y = \pm b$$

가 되므로, 이 타원은

$$x축과 점 \ A(a, 0), \ A'(-a, 0)$$
$$y축과 점 \ B(0, b), \ B'(0, -b)$$

에서 만납니다. 이 네 점을 타원의 **꼭지점**이라고 합니다.

한편, ②를 성립시키는 x, y는 $\dfrac{x^2}{a^2} \leq 1$, $\dfrac{y^2}{b^2} \leq 1$, 즉

$$-a \leq x \leq a,$$
$$-b \leq y \leq b$$

를 만족해야 합니다. 따라서 네 직선 $x=a$, $x=-a$, $y=b$, $y=-b$로 둘러싸인 직사각형밖에는 타원의 점은 나타나지 않습니다.

위에서는 $a^2 - c^2 = b^2$이었으므로 $a > b$입니다. 여기서 선분 AA'를 이 타원의 **장축**, 선분 BB'를 **단축**이라고 합니다. 그리고 이것들의 길이는 각각 $2a$, $2b$입니다.

또, $a^2 - c^2 = b^2$을 c에 관해서 풀면 $c = \sqrt{a^2 - b^2}$이 되므로, 표준형 ②가 나타내는 타원의 두 초점의 좌표는

$$F(\sqrt{a^2 - b^2}, 0), \quad F'(-\sqrt{a^2 - b^2}, 0)$$

이 됩니다.

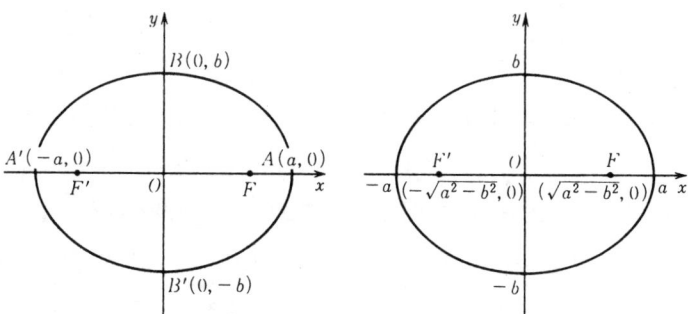

방정식

$$\frac{x^2}{a^2} + \frac{y^2}{b^2} = 1$$

에서, $b > a > 0$의 경우에는 단지 지금까지의 x축과 y축, 또 a와 b의 관계를 바꾸어서 생각하면 됩니다. 즉, $b > a$

>0일 때는, 이 방정식은 y축상의 두 점

$$F(0, \sqrt{b^2-a^2}), \quad F'(0, -\sqrt{b^2-a^2})$$

을 초점으로 하는 타원을 나타냅니다. 이 경우에는 타원 위의 점으로부터 두 초점까지의 거리의 합은 $2b$이고, 오른쪽 그림의 AA'가 단축, BB'가 장축이 됩니다.

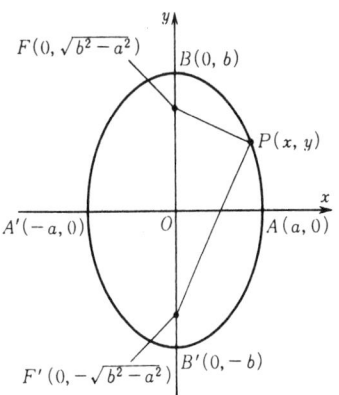

덧붙여 말하면, 방정식

$$\frac{x^2}{a^2}+\frac{y^2}{b^2}=1$$

에서 $a=b$인 경우에는, 이것은 원의 방정식

$$x^2+y^2=a^2$$

이 됩니다. 이것은 두 초점 F, F'가 모두 원점 O와 일치하는 경우로 생각할 수 있습니다. 즉, 원은 <u>두 초점이 일치하는 특별한 타원</u>으로 생각할 수 있는 것입니다.

[문제 4] 다음 타원의 꼭지점, 초점을 구하고, 도형의 개형을 그리시오.

(1) $\dfrac{x^2}{9}+\dfrac{y^2}{4}=1$ (2) $x^2+\dfrac{y^2}{4}=1$

(3) $x^2+4y^2=25$ (4) $\dfrac{x^2}{4}+\dfrac{y^2}{5}=1$

[문제 5] 다음과 같은 타원의 방정식을 구하시오.

(1) 꼭지점이 $(1, 0)$, $(-1, 0)$, $(0, \sqrt{2})$, $(0, -\sqrt{2})$인 타원

(2) 초점 사이의 거리가 $2\sqrt{3}$, 장축의 길이가 4이고, 장축은 x축, 단축은 y축상에 있는 타원

(3) 초점 사이의 거리가 4, 장축의 길이가 단축의 길이의 $\sqrt{2}$배이고, 장축은 x축, 단축은 y축상에 있는 타원

(4) 초점이 $(0, \sqrt{3})$, $(0, -\sqrt{3})$이고 점 $(1, -2)$를 지나는 타원 [힌트: 점 $(1, -2)$로부터 두 초점까지의 거리의 합은 무엇이 됩니까?]

[문제 6] 선분 PQ의 길이가 6이고, R은 PQ를 $1:2$로 내분하는 점입니다. 이 선분 PQ의 한쪽 끝 P가 x축상을, 다른

쪽 끝이 y축상을 움직일 때, 점 R이 그리는 자취를 구하시
오. [힌트: P, Q, R의 좌표를 $(u, 0)$, $(0, v)$, (x, y)로 하면,
$x = \dfrac{2}{3} u$, $y = \dfrac{1}{3} v$ 입니다. 이것에서 u, v를 x, y로 나타내어
$u^2 + v^2 = 6^2$에 대입하십시오.]

◆ 원과 타원

또다시 $a > b > 0$으로 하여, 타원

$$\dfrac{x^2}{a^2} + \dfrac{y^2}{b^2} = 1 \qquad\qquad ①$$

과, 그 장축을 지름으로 하는 원

$$x^2 + y^2 = a^2 \qquad\qquad ②$$

을 생각합니다.

원주상의 임의의 점 $Q(u, v)$에 대하여 Q의 y좌표만을
$\dfrac{b}{a}$배한 점을 $P(x, y)$라 하면, $x = u$, $y = \dfrac{b}{a} v$, 따라서

$$u = x, \qquad v = \dfrac{a}{b} y$$

입니다. 그리고 u, v는 $u^2 + v^2 = a^2$을 만족하므로

$$x^2 + \left(\dfrac{a}{b} y\right)^2 = a^2$$

즉,

$$\dfrac{x^2}{a^2} + \dfrac{y^2}{b^2} = 1$$

이 됩니다. 이것은 점 $P(x, y)$가 타원 ① 위에 있는 것을
보여줍니다.

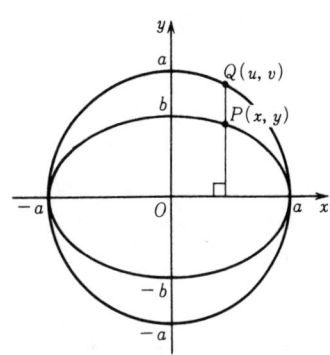

그러므로 타원 ①은
원 ②를 y축(단축)의 방향으로 $\dfrac{b}{a}$의 비로 축소한 것
으로 생각할 수 있습니다. 마찬가지로 타원 ①은 또한
원 $x^2 + y^2 = b^2$을 x축(단축)의 방향으로 $\dfrac{b}{a}$의 비로 확
대한 것
으로 생각할 수도 있습니다.

[**주의**: $b > a > 0$인 경우에는 위의 축소, 확대의 관계는
반대가 됩니다.]

위의 사실은 타원에 제2의 정의를 부여합니다. 즉, 타원이란 "원을 하나의 지름의 방향으로 일정한 비로 축소 또는 확대한 것"입니다.

◆ 쌍곡선

쌍곡선이란

<u>두 정점 F, F'로부터의 거리의 차가 일정한 점의 자취</u>입니다. 이 두 정점 F, F'를 쌍곡선의 **초점**이라고 합니다.

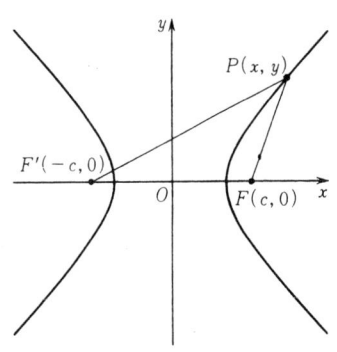

두 초점 사이의 거리를 $FF' = 2c$, 거리의 차가 일정한 길이를 $2a$로 하여, 쌍곡선의 방정식을 구해 봅시다. 단, 이번에는 $c > a > 0$으로 가정합니다. 왜냐하면, PF와 PF'의 차가 $2a$가 되는 $\triangle PFF'$를 그릴 수 있으려면 $2a$가 $FF' = 2c$보다 작아야 하기 때문입니다. [삼각형의 두 변의 길이의 차는 다른 한 변의 길이보다 작은 일에 주목하십시오.]

그런데, 타원 때와 마찬가지로, 초점을 연결하는 직선 FF'를 x축, 선분 FF'의 수직이등분선을 y축으로 하는 좌표축을 잡고, F, F'의 좌표를 각각 $(c, 0)$, $(-c, 0)$으로 합니다. 그러면 평면상의 점 $P(x, y)$가 자취 위에 있기 위한 조건 $PF' - PF = \pm 2a$는

$$\sqrt{(x+c)^2 + y^2} - \sqrt{(x-c)^2 + y^2} = \pm 2a \quad ①$$

로 나타낼 수 있습니다.

이 식을 간단히 하기 위해 다시 타원 때와 같은 계산을 합니다. (다음에 그 계산의 골자를 쓰겠는데, 여러분은 실제로 종이에 써서 계산해 보십시오.) 즉, 먼저 ①을

$$\sqrt{(x+c)^2 + y^2} = \sqrt{(x-c)^2 + y^2} \pm 2a$$

로 변형하여 양변을 제곱하면,

$$(x+c)^2 + y^2 = (x-c)^2 + y^2 \pm 4a\sqrt{(x-c)^2 + y^2} + 4a^2$$

근호를 포함하는 항 이외의 항을 한 변에 모아서 정리하면

$$\pm a\sqrt{(x-c)^2 + y^2} = cx - a^2$$

여기서 다시 이 양변을 제곱하고, x, y를 포함하는 항을 좌변에, 다른 항을 우변에 모아서 정리하면

$$(c^2 - a^2)x^2 - a^2 y^2 = a^2(c^2 - a^2)$$

이 양변을 $a^2(c^2 - a^2)$으로 나누면

$$\frac{x^2}{a^2} - \frac{y^2}{c^2 - a^2} = 1 \qquad\qquad (*)'$$

이것으로 간단한 형태에 도달했습니다. (나는 여러분이 위 계산의 세부를 실행한 것으로 가정합니다!)

그럼, 여기서 한숨 돌리고, 위에서 얻은 식 $(*)'$를 602 페이지의 식$(*)$과 비교해 보십시오. $(*)'$가──겉보기에는 약간 차이가 나지만──$(*)$과 사실은 같다는 것을 알 수 있을 것입니다. 즉 쌍곡선의 방정식이 타원의 방정식과 같아진 것입니다. 이건 좀 이상하다고 생각할 것입니다. 어디서 계산을 잘못한 것은 아닐까요? 그러나 계산을 잘못하지는 않았습니다. 별로 이상한 것은 없습니다. 다만 이제부터가 다릅니다. 왜냐하면, 쌍곡선의 경우에는 $c > a$이기 때문입니다. 마지막으로 중요한 한걸음인 여기가 중요합니다! $c > a$이므로, 이번에는 어떤 양수 b에 의해서 $c^2 - a^2 = b^2$으로 쓸 수가 있습니다. 그러므로 $(*)'$는

$$\frac{x^2}{a^2} - \frac{y^2}{b^2} = 1 \qquad\qquad ②$$

의 꼴이 됩니다. 이것이 쌍곡선의 방정식입니다. (마지막 한 걸음에 의해서 타원의 방정식과 결정적인 차이가 생겼습니다!)

방정식 ②는 쌍곡선의 방정식의 **표준형**이라 합니다. 이 결과를 다시 정리해 보겠습니다.

두 초점 $(c, 0)$, $(-c, 0)$으로부터의 거리의 차가 $2a$인 점의 자취인 쌍곡선의 방정식은

$$\frac{x^2}{a^2} - \frac{y^2}{b^2} = 1$$

로 주어진다. 단, $c > a > 0$, $b = \sqrt{c^2 - a^2}$이다.

쌍곡선 ②는 앞 페이지의 그림과 같이 무한히 퍼지는 두 부분으로 이루어집니다. 여기서,

초점 F쪽의 부분은

$$PF' - PF = 2a$$인 점 P의 자취,

초점 F'쪽의 부분은

$$PF - PF' = 2a$$인 점 P의 자취

입니다.

$\boxed{\text{문제 7}}$ 두 점 $(3, 0)$, $(-3, 0)$으로부터의 거리의 차가 4인 점의 자취의 방정식을 구하시오.

쌍곡선 ②도 x축, y축 및 원점 O에 대하여 대칭입니다. 원점 O를 이 쌍곡선의 **중심**이라고 합니다.

또, 이 쌍곡선을 x축과 두 점

$$A(a, 0), \qquad A'(-a, 0)$$

에서 만나고, y축과는 만나지 않습니다. AA'를 이 쌍곡선의 **꼭지점**이라고 합니다.

또한 방정식 ②의 형태에서 명백하듯이, 이 쌍곡선 위의 점 $P(x, y)$에 대해서는 $\dfrac{x^2}{a^2} \geqq 1$, 즉

$$x \geqq a \qquad \text{또는} \qquad x \leqq -a$$

가 성립합니다. 따라서 두 직선 $x = a$, $x = -a$ 사이에는 쌍곡선의 점은 나타나지 않습니다. 그리고 쌍곡선 위의 $x \geqq a$의 부분에서는, P는

$$PF' - PF = 2a$$

를 만족하고, $x \leqq -a$의 부분에서는

$$PF - PF' = 2a$$

를 만족합니다.

또, $b^2 = c^2 - a^2$에 관해서 풀면 $c = \sqrt{a^2 + b^2}$이 되므로, 표준형 ②가 나타내는 쌍곡선의 두 초점의 좌표는

$$F(\sqrt{a^2 + b^2}, 0), \quad F'(-\sqrt{a^2 + b^2}, 0)$$

이 됩니다.

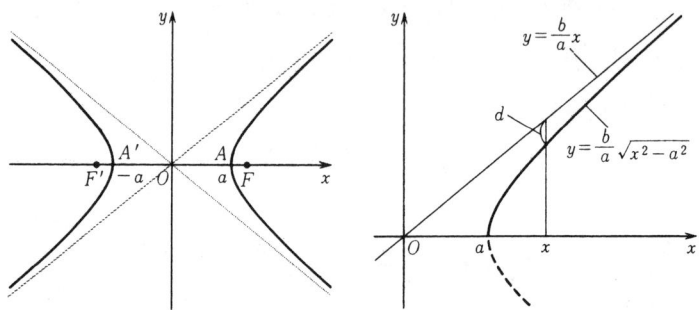

쌍곡선 ②의 모양을 좀더 자세히 알기 위해서는 더욱 분석할 필요가 있습니다. 그러기 위해서 제1사분면의 부분을 생각합니다. (대칭성에 의해서 그 부분의 모양을 알면 전체를 알 수 있기 때문입니다.)

제1사분면에서는 $x \geqq a$로, 방정식

$$\frac{x^2}{a^2} - \frac{y^2}{b^2} = 1$$

을 y에 관해서 풀면, y는

$$y = \frac{b}{a}\sqrt{x^2 - a^2}$$

으로 나타납니다. x가 a에서 차츰 증가하면, $x^2 - a^2$은 0에서 차츰 증가하고, x가 무한히 커지면 $x^2 - a^2$도 무한히 커집니다. 따라서 y도 0에서 차츰 증가하여 무한히 커집니다. 한편, 명백히

$$\frac{b}{a}x > \frac{b}{a}\sqrt{x^2 - a^2}$$

이므로, 곡선은 직선 $y = \dfrac{b}{a}x$ 보다 아래에 있습니다. 그리고, 위 부등식의 좌변에서 우변을 뺀 차를 d로 하면——위의 오른쪽 그림을 보십시오——, d은

$$d = \frac{b}{a}(x - \sqrt{x^2 - a^2}) = \frac{ab}{x + \sqrt{x^2 - a^2}}$$

로 나타나서, x가 무한히 커지면 이 분모도 무한히 커집니다. 따라서 d는 무한히 작아집니다. 이것은, 제1사분면에서의 쌍곡선 위의 점 (x, y)는 원점에서 멀어질수록 직선 $y = \dfrac{b}{a}x$에 무한히 가까워진다는 것을 의미합니다.

마찬가지로, 이 쌍곡선 위의 점 $(x,\ y)$는 $|x|$가 무한히 커질 때, 제3사분면에서도 직선 $y=\dfrac{b}{a}x$에 무한히 가까워지고, 제2, 제4사분면에서는 직선 $y=-\dfrac{b}{a}x$에 무한히 가까워집니다. 그리하여 이들 두 직선

$$y=\frac{b}{a}x, \qquad y=-\frac{b}{a}x$$

를 쌍곡선

$$\frac{x^2}{a^2}-\frac{y^2}{b^2}=1$$

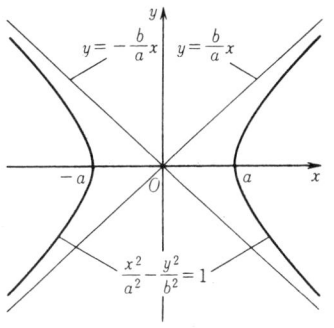

의 **점근선**이라고 합니다.

실제로 효과가 있는 방법으로서, 쌍곡선을 그릴 때에는 먼저 그 점근선을 그리는 것이 현명한 방법입니다.

위에서 생각한 것은 쌍곡선

$$\frac{x^2}{a^2}-\frac{y^2}{b^2}=1$$

이었습니다. 이 방정식의 우변을 -1로 바꾸면, 방정식

$$\frac{x^2}{a^2}-\frac{y^2}{b^2}=-1 \quad \left(\text{즉 } \frac{y^2}{b^2}-\frac{x^2}{a^2}=1\right)$$

을 얻는데, 이 방정식이 나타내는 곡선 역시 쌍곡선입니다. 이 쌍곡선을 앞의 쌍곡선의 **켤레쌍곡선**이라고 합니다. 이것은 y축상의 두 점

$$F(0,\ \sqrt{a^2+b^2}), \quad F'(0,\ -\sqrt{a^2+b^2})$$

을 초점으로 하는 쌍곡선으로, 꼭지점은 $B(0,\ b)$, $B'(0,\ -b)$, 또 두 초점으로부터 쌍곡선 위의 점까지의 거리의 차는 $2b$입니다. 그리고 이 쌍곡선도 또한 직선

$$y=\frac{b}{a}x, \qquad y=-\frac{b}{a}x$$

를 점근선으로 갖고 있습니다.

다음 페이지 오른쪽에는 두 쌍곡선을 함께 그렸습니다. 이 그림의 중앙에 그려진 작은 직사각형의 대각선의 길이는 두 쌍곡선에 공통인 두 초점 사이의 거리와 같다는 것을 유념해 두십시오.

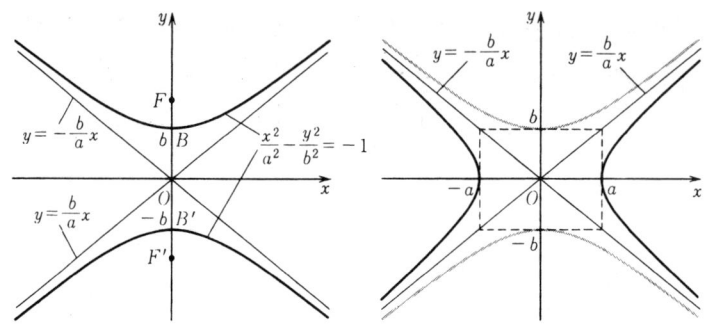

특히, 쌍곡선 $\dfrac{x^2}{a^2} - \dfrac{y^2}{a^2} = \pm 1$, 즉 쌍곡선

$$x^2 - y^2 = a^2 \qquad \text{또는} \qquad x^2 - y^2 = -a^2$$

에서는, 두 점근선은 $y=x$와 $y=-x$이며, 이것들은 직교합니다. 이와 같이 두 점근선이 직교하는 쌍곡선을 **직각쌍곡선**이라고 합니다. 우리는 앞에서 방정식 $xy=k$가 나타내는 도형이 직각쌍곡선이라는 것을 배웠습니다.

사실은 위에서 말한 직각쌍곡선 $x^2 - y^2 = \pm a^2$도 회전시키면 $xy=k$의 꼴이 되지만, 여기에 대해서는 뒤의 제3절에서 언급하기로 하겠습니다.

$\boxed{\text{문제 8}}$ 다음 쌍곡선의 점근선, 꼭지점, 초점을 구하고, 그 도형의 개형을 그리시오.

(1) $\dfrac{x^2}{16} - \dfrac{y^2}{9} = 1$ (2) $9x^2 - 4y^2 = 36$

(3) $x^2 - y^2 = 1$ (4) $4x^2 - 25y^2 = 100$

(5) $\dfrac{x^2}{3} - \dfrac{y^2}{6} = -1$ (6) $4x^2 - 9y^2 = -1$

$\boxed{\text{문제 9}}$ 다음과 같은 쌍곡선의 방정식을 구하시오.

(1) 꼭지점이 $(0, 2)$, $(0, -2)$ 초점이 $(0, 3)$, $(0, -3)$인 쌍곡선

(2) 꼭지점이 $(1, 0)$, $(-1, 0)$, 점근선이 $y=2x$, $y=-2x$인 쌍곡선

(3) 초점이 $(1, 0)$, $(-1, 0)$, 점근선이 $y=\dfrac{1}{2}x$, $y=-\dfrac{1}{2}x$인 쌍곡선

(4) 꼭지점 $(2, 0)$, $(-2, 0)$인 직각쌍곡선

(5) 초점 $(0, 3)$, $(0, -3)$인 직각쌍곡선

(6) 초점이 $(0, 2)$, $(0, -2)$이고, 점 $(3, 2)$를 지나는 쌍곡선. [힌트 : 점 $(3, 2)$와 두 초점 사이의 거리의 차를 구하십시오.]

문제 10 평면상에 선분 AB가 있고, M은 그 중점입니다. 이 평면상의 점 P에서 $PM^2 = PA \cdot PB$를 만족하는 점 P의 자취는 A, B를 초점으로 하는 직각쌍곡선임을 증명하시오. [힌트 : $A(-c, 0)$, $B(c, 0)$으로 하여 점 $P(x, y)$가 자취 위에 있기 위한 조건을 등식으로 나타내고, 그 등식의 양변을 제곱하십시오. 계산은 다소 번거로울 것입니다.]

$12._2$ 이차곡선과 직선

앞 절에서는 포물선, 타원, 쌍곡선의 표준형에 대해서 배웠습니다. 그것들은 각각

$$y^2 = 4px, \quad \frac{x^2}{a^2} + \frac{y^2}{b^2} = 1, \quad \frac{x^2}{a^2} - \frac{y^2}{b^2} = 1$$

의 형태이고, 어느 것이나 x, y에 관한 이차방정식입니다. 그래서 이들 곡선을 **이차곡선**이라고 부릅니다. (**이차곡선**의 좀더 일반적인 설명은 제3절에서 하겠습니다.)

이 절에서는 이차곡선과 직선의 위치 관계 등에 대해서 몇 가지 기본적인 것을 예제로서 다루어 보겠습니다. (이차곡선은 자연 현상에서도 수많이 볼 수 있고, 여러 가지 흥미 있는 성질을 가지고 있는데, 여기서 보는 것은 그 일부분입니다.)

◆ 포물선과 직선

동일 평면상에 있는 포물선 $y^2 = 4px$와 직선 l은, l이 포물선의 축에 평행이면 항상 오직 한 점에서 만나고, l이 포물선의 축에 평행이 아닐 때는 l은 포물선과 두 점에서 만나든가, 오직 한 점을 공유하든가, 만나지 않든가

합니다. 다음 그림을 보십시오.

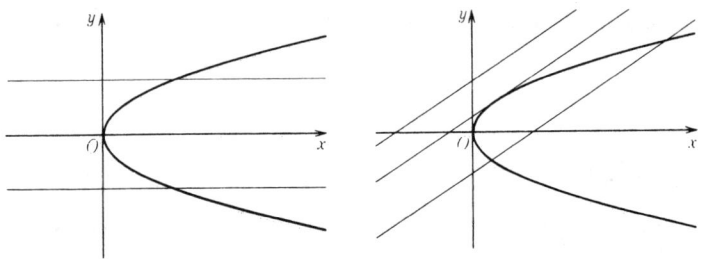

포물선의 축에 평행이 아닌 직선이 포물선과 오직 한 점을 공유할 때 포물선과 직선은 **접한다** 하고, 그 공유점을 **접점**이라고 합니다.

예제   포물선 $y^2=4x$와 직선 $y=x+k$와의 공유점의 개수에 대하여 알아보시오. 특히 직선이 포물선과 접할 때의 k의 값과 접점의 좌표를 구하시오.

[풀이] 구하고자 하는 것은 연립방정식

$$\begin{cases} y^2=4x & ① \\ y=x+k & ② \end{cases}$$

의 실근의 개수입니다.

①, ②로부터 x를 소거하면 $y^2=4(y-k)$, 즉

$$y^2-4y+4k=0 \qquad ③$$

이 y에 관한 이차방정식의 실근이 공유점의 y좌표입니다. 그리하여 이차방정식 ③의 판별식을 D라 하면

$$\frac{D}{4}=4-4k=4(1-k)$$

따라서 공유점의 개수는

$$D>0 \quad 즉 \quad k<1일 \ 때, \quad 2개$$
$$D=0 \quad 즉 \quad k=1일 \ 때, \quad 1개$$
$$D<0 \quad 즉 \quad k>1일 \ 때, \quad 0개$$

가 됩니다.

특히 직선이 포물선과 접하는 것은 $k=1$일 때이고, 이때 이차방정식 ③의 이중근은 $y=2$이므로 접점의 좌표는 $(1, 2)$가 됩니다.

예제   포물선 $y^2=4x$와 직선 $y=x+k$가 두 점 P, Q 에서 만나도록 상수 k가 움직일 때, 선분 PQ의 중점 R 의 자취를 구하시오.

풀이 앞 예제의 풀이에서 본 바와 같이, 포물선과 직 선이 다른 두 점 P, Q를 공유하는 것은 $k<1$일 때이며, P, Q의 좌표 y_1, y_2는 이차방정식

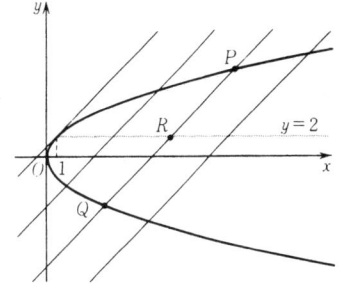

$$y^2-4y+4k=0$$

의 두 개의 근이므로, 근과 계수와의 관계에서

$$y_1+y_2=4$$

그러므로 선분 PQ의 중점 R의 y좌표는

$$y=\frac{y_1+y_2}{2}=2$$

가 됩니다. 그리고 R의 x좌표는

$$2=x+k, \qquad k<1$$

에서 $x>1$이어야 합니다. 따라서 PQ의 중점 R의 자 취는

<u>직선 $y=2$ 위의 $x>1$인 부분</u>

입니다.

예제   포물선 $y^2=4x$의 기울기가 $\dfrac{1}{2}$인 접선의 방정 식을 구하시오.

풀이 구하는 접선의 방정식은

$$y=\frac{1}{2}x+k$$

라 합니다. 이것을 포물선의 방정식의 y에 대입하여 y 를 소거하고, x에 관해서 정리하면

$$x^2+4(k-4)x+4k^2=0$$

이 이차방정식이 이중근을 갖도록 k의 값을 정하면 됩 니다. 이 판별식을 D로 하면

$$\frac{D}{4}=4(k-4)^2-4k^2=32(2-k)$$

여기서 $D=0$으로 놓으면 $k=2$. 따라서 구하는 접선의 방정식은

$$y = \frac{1}{2}x + 2$$

입니다.

예제 P를 포물선 $y^2 = 4x$ 위의 꼭지점 이외의 점이라 하고, P에서의 접선 l이 x축과 만나는 점을 Q, 포물선의 초점을 F로 합니다. 이때 다음을 증명하시오.

(1) $PF = QF$이다.

(2) P를 지나고 x축에 평행인 직선을 왼쪽 그림과 같이 PR로 하면, PR과 PF가 직선 l과 이루는 각은 같다.

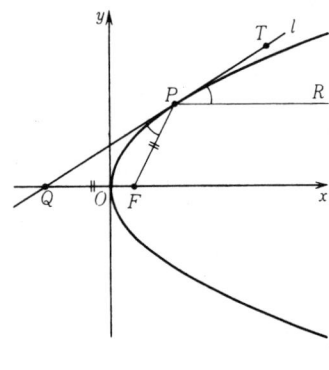

증명 (1) 접선 l의 방정식을
$$y = mx + k$$
라 하고, 이것을 $y^2 = 4x$의 좌변에 대입하면
$$(mx + k)^2 = 4x$$
정리하면
$$m^2 x^2 + 2(mk - 2)x + k^2 = 0 \qquad ①$$
이 이차방정식이 이중근을 가지므로
$$\frac{D}{4} = (mk - 2)^2 - m^2 k^2 = 0$$
이것에서 $mk = 1$을 얻습니다. 그리고 이때의 ①의 이중근
$$x = -\frac{mk - 2}{m^2} = \frac{1}{m^2} = k^2$$
이 P의 x좌표입니다. 그리고 또 P의 y좌표는 $mk = 1$로부터
$$y = mx + k = mk^2 + k = 2k$$
가 됩니다. 이것으로 P의 좌표는 $(k^2, 2k)$임을 알았습니다.

한편, $y = mx + k$에서 $y = 0$으로 놓으면
$$x = -\frac{k}{m} = -k^2$$
이 되므로, Q의 좌표는 $(-k^2, 0)$입니다.

그런데, 포물선 $y^2 = 4x$ 의 초점 F의 좌표는 $(1, 0)$입니다. 따라서

$$PF^2 = (k^2-1)^2 + (2k)^2 = (k^2+1)^2$$

그러므로

$$PF = k^2 + 1$$

또, $Q(-k^2, 0)$이므로

$$QF = k^2 + 1$$

이것으로 $PF = QF$가 증명되었습니다.

(2) 접선 l상에 접점 P에 대해서 Q와 반대쪽에 점 T를 잡습니다. (1)에 따라 $\triangle PQF$는 $PF = QF$인 이등변삼각형이므로

$$\angle QPF = \angle PQF$$

한편, $PR /\!/ QF$이므로

$$\angle PQF = \angle TPR$$

따라서

$$\angle QPF = \angle TPR$$

이것은 PF, PR이 접선 l과 이루는 각이 같다는 것을 뜻합니다.

[**주의**: 위 예제의 (2)에 따라, 포물선을 그 축의 주위에 1회전시킨 오목거울을 만들면, 초점에서 나온 광선 또는 전파는 모두 축에 평행인 방향으로 반사하고, 반대로 축에 평행으로 들어온 광선 또는 전파는 모두 초점에 모인다는 것을 알 수 있습니다. 이 사실은 여러 가지 것에 이용됩니다.]

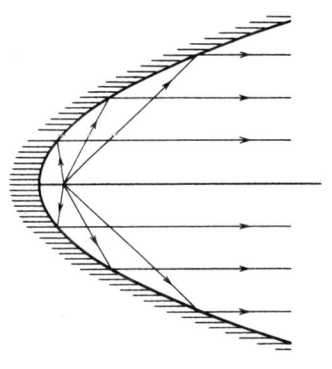

예제 포물선 $y^2 = 4px$ 위의 점 $P(x_0, y_0)$에서의 접선의 방정식은

$$y_0 y = 2p(x + x_0)$$

으로 주어지는 것을 증명하시오.

증명 P가 원점 O인 경우에는 접선의 방정식은 $x = 0$인데, 이것은 증명해야 하는 방정식에서 $x_0 = 0$, $y_0 = 0$인

경우에 지나지 않습니다. 따라서 다음에서, P는 원점이 아닌, 즉 $y_0 \neq 0$으로 합니다.

구하는 접선의 방정식은

$$y - y_0 = m(x - x_0) \qquad ①$$

으로 하고, 이것과 포물선의 방정식에서 x를 소거하여 ——앞의 두 예제에서는 y를 소거했지만, 여기서는 x를 소거하는 편이 계산이 간단합니다——, y에 관한 이차방정식을 만듭니다. 즉, ①을

$$x = \frac{1}{m}(y - y_0) + x_0$$

으로 고쳐 쓰고, 이것을 $y^2 = 4px$의 우변의 x에 대입하여 y에 관해서 정리합니다. 그러면

$$my^2 - 4py + 4p(y_0 - mx_0) = 0$$

을 얻습니다. 접선과 포물선은 한 점 $(x_0,\ y_0)$만을 공유하므로, 위의 y에 관한 이차방정식은 이중근을 가지며, 그 이중근이 y_0이어야 합니다. 그러므로 근과 계수의 관계에 따라

$$y_0 = \frac{2p}{m}$$

즉,

$$m = \frac{2p}{y_0} \qquad ②$$

입니다. 이것으로 m이 구해졌습니다.

②를 ①에 대입하고 양변을 y_0배 하면

$$y_0 y - y_0^2 = 2p(x - x_0)$$

y_0^2을 우변에 이항하고, $y_0^2 = 4px_0$인 것에 주목하면,

$$y_0 y = 2p(x + x_0)$$

이 됩니다. 이것으로 증명해야 할 방정식이 얻어졌습니다.

문제 11 포물선 $y^2 = -8x$와 다음 직선과의 공유점의 개수를 알아보시오.

(1) $y = 2x + k$ (2) $y = m(x - 1)$

문제 12 점 $(-1, 1)$을 지나고, 포물선 $y^2=8x$에 접하는 직선의 방정식을 구하시오.

문제 13 포물선 $y^2=4px$의 준선 $x=-p$상의 임의의 점 P에서 포물선에 그은 두 개의 접선은 직교하는 것을 증명하시오. [힌트 : $P(-p, b)$로 하고, P를 지나는 기울기 m인 직선의 방정식을 만듭니다. 이것과 포물선의 방정식에서 y를 소거하여 x에 관한 이차방정식을 만들고, 그것이 이중근을 가지는 조건을 구하십시오. 그 조건은 m에 관한 어떤 이차방정식이 됩니다. 그 두 개의 근의 곱은 무엇이 될까요?]

문제 14 포물선 $y^2=4x$상에 있는 다른 두 점 P, Q에서의 접선의 교점 R은, PQ의 중점을 지나 x축에 평행인 직선상에 있는 것을 증명하시오.

[힌트 : $P(x_1, y_1)$, $Q(x_2, y_2)$로 놓고, 617페이지에 있는 예제의 공식을 이용합니다.]

◆ 타원·쌍곡선과 직선

동일 평면상에 있는 타원과 직선은 두 점에서 만나든가, 오직 한 점을 공유하든가, 또는 만나지 않든가 합니다.

쌍곡선과 직선은, 그 직선이 점근선이면 만나지 않고,

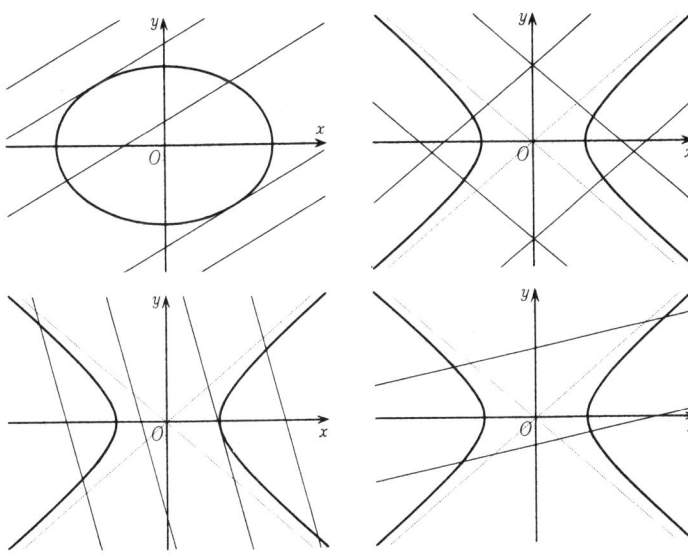

두 점근선의 어느 하나와 평행이면 오직 한 점에서 만납니다. 또, 쌍곡선과 두 점근선 중 어느 것과도 평행이 아닌 직선은 두 점에서 만나든가, 오직 한 점을 공유하든가, 또는 만나지 않든가 합니다.

앞에 이런 상황을 나타내는 몇 개의 그림이 있습니다.

타원과 직선, 또는 쌍곡선과 그 점근선에 평행이 아닌 직선이 오직 한 점을 공유할 때, 이차곡선과 직선은 **접한다**고 하고, 그 공유점을 **접점**이라고 합니다.

예제   타원 $\dfrac{x^2}{4}+y^2=1$과 직선 $y=\dfrac{1}{2}x+k$에 대하여,

(1)   공유점의 개수를 조사하시오.

(2)   타원과 직선이 두 점 $P,\ Q$에서 만나도록 상수 k가 움직일 때, 선분 PQ의 중점 R의 자취를 구하시오.

풀이 (1)   타원과 직선의 방정식에서 y를 소거하면

$$\frac{x^2}{4}+\left(\frac{1}{2}x+k\right)^2=1$$

정리하면

$$x^2+2kx+(2k^2-2)=0 \qquad ①$$

이 이차방정식의 실근이 공유점의 x좌표입니다. ①의 판별식을 D로 하면,

$$\frac{D}{4}=k^2-(2k^2-2)=2-k^2$$

따라서, 공유점의 개수는

$$|k|<\sqrt{2}\text{일 때}\quad 2\text{개}$$
$$|k|=\sqrt{2}\text{일 때}\quad 1\text{개}$$
$$|k|>\sqrt{2}\text{일 때}\quad 0\text{개}$$

(2)   (1)로부터, 타원과 직선이 두 점 $P,\ Q$를 공유하는 것은 $|k|<\sqrt{2}$일 때이며, $P,\ Q$의 x좌표 $x_1,\ x_2$는 이차방정식 ①의 두 근입니다. 따라서 근과 계수의 관계에 따라

$$x_1+x_2=-2k$$

그러므로 중점 R의 좌표를 (x, y)라 하면

$$x = \frac{x_1 + x_2}{2} = -k \qquad ②$$

$$y = \frac{1}{2}x + k = -\frac{1}{2}k + k = \frac{1}{2}k \qquad ③$$

②, ③에서 k를 소거하면

$$y = -\frac{1}{2}x$$

그리고 $|k| < \sqrt{2}$이므로 $|x| < \sqrt{2}$입니다. 그러므로 구하는 자취는, <u>직선 $y = -\frac{1}{2}x$의 $|x| < \sqrt{2}$의 부분이</u> 됩니다.

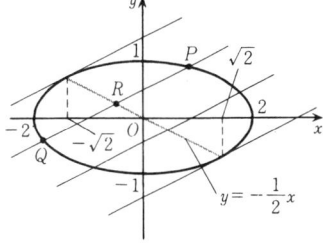

예제 부등식

$$4x^2 + 9y^2 \leqq 36$$

이 나타내는 영역을 D라 합니다.

(1) D를 그림으로 나타내시오.

(2) 점 $(x \ y)$가 영역 D를 움직일 때, $x - 2y$의 최대 값, 최소값을 구하시오.

풀이 (1) $4x^2 + 9y^2 \leqq 36$을 변형하면

$$\frac{x^2}{9} + \frac{y^2}{4} \leqq 1$$

이 부등식이 나타내는 도형은 명백히 타원

$$\frac{x^2}{9} + \frac{y^2}{4} = 1 \qquad ①$$

과 그 내부입니다. 즉 D는 타원 ①에 둘러싸인 영역입니다.

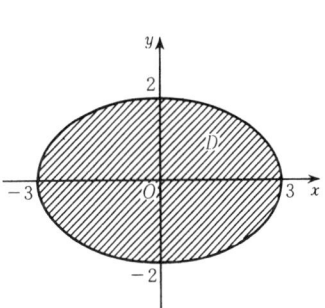

(2) $x - 2y = k$로 놓으면, 이것은 기울기가 $\frac{1}{2}$인 직선을 나타내며, k가 증가함에 따라 이 직선은 위쪽에서 아래쪽으로 이동합니다.

따라서 점 (x, y)가 영역 D를 움직일 때, $x - 2y = k$가 최대 또는 최소가 되는 것은 직선

$$x - 2y = k \qquad ②$$

가 타원 ①과 접할 때이며, 직선이 오른쪽 그림의 접선

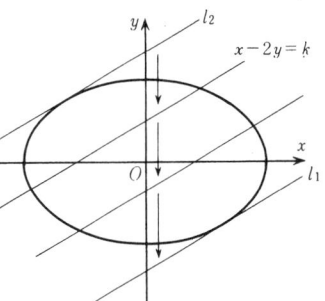

l_1이 될 때 k는 최대, 접선 l_2가 될 때 k는 최소입니다.

그리하여 다음에 직선 ②가 타원 ①과 접하도록 k의 값을 정합니다. 그러기 위해서 $x=2y+k$를 ①에 대입하고, 분모를 없애고 정리하면

$$25y^2+16ky+4(k^2-9)=0$$

판별식을 D로 하면

$$\frac{D}{4}=(8k)^2-25 \cdot 4(k^2-9)=36(25-k^2)$$

$D=0$으로 놓으면 $k=\pm 5$.   그러므로 $x-2y$의

최대값은 5,   최소값은 -5

입니다.

[**주의** : $x-2y=5$, $x-2y=-5$는 각각 그림의 접선 l_1, l_2의 방정식입니다. 또, 이것들과 타원과의 접점── 즉, $x-2y$의 최대값, 최소값을 주는 D의 점──의 좌표는 각각

$$\left(\frac{9}{5}, -\frac{8}{5}\right), \quad \left(-\frac{9}{5}, \frac{8}{5}\right)$$

입니다. 이것을 확인해 보십시오.

그리고 실제로는──위의 해로부터도 알 수 있듯이 ──점 (x, y)가 영역 D를 움직일 때의 $x-2y$의 최대값, 최소값은, (x, y)가 D의 "경계"인 타원위을 움직일 때의 $x-2y$의 최대값, 최소값과 같습니다.]

예제   타원 $\dfrac{x^2}{a^2}+\dfrac{y^2}{b^2}=1$ 위의 점 $P(x_0, y_0)$에서의 접선의 방정식은

$$\frac{x_0 x}{a^2}+\frac{y_0 y}{b^2}=1$$

로 주어지는 것을 증명하시오.

증명   타원과 x축의 교점 $(a, 0)$, $(-a, 0)$에서의 접선의 방정식은 명백히 각각

$$x=a, \quad x=-a$$

이고, 이것들은 분명히 각각 증명해야 하는 방정식에

서 $x_0 = a, y_0 = 0$ 또는 $x_0 = -a, y_0 = 0$으로 놓은 경우가
됩니다.

따라서, 다음에서는 점 $P(x_0, y_0)$은 x축상에 있지 않
는 점, 즉 $y_0 \neq 0$으로 합니다.

구하는 접선의 방정식을

$$y = m(x - x_0) + y_0 \qquad\qquad ①$$

으로 하고, 이것을 타원의 방정식

$$\frac{x^2}{a^2} + \frac{y^2}{b^2} = 1 \qquad\qquad ②$$

의 y에 대입하고 ── $y = mx - (mx_0 - y_0)$으로 고쳐 쓰
고 대입하는 것이 현명합니다 ── 분모를 없애고 정리
하면 x에 관한 다음의 이차방정식이 얻어집니다.

$$(a^2m^2 + b^2)x^2 - 2a^2m(mx_0 - y_0)x + c = 0 \qquad ③$$

단, 상수항 c는 $c = a^2(mx_0 - y_0)^2 - a^2b^2$입니다. (위의
③을 얻는 계산은 좀 번거롭지만, 본질적으로 어려운
것은 하나도 없습니다.)

그런데, 접선 ①과 타원 ②는 오직 한 점 (x_0, y_0)만을
공유하고 있습니다. 이 말은 이차방정식 ③이 이중근
을 가지며, 또한 그 이중근이 x_0임을 뜻합니다. 그러므
로 근과 계수의 관계에 따라

$$x_0 = \frac{a^2m(mx_0 - y_0)}{a^2m^2 + b^2}$$

이것에서 m을 구하면

$$m = -\frac{b^2x_0}{a^2y_0}$$

이것을 ①에 대입하고, 분모를 없애고 정리하면

$$b^2x_0x + a^2y_0y = b^2x_0^2 + a^2y_0^2$$

이 양변을 a^2b^2으로 나누면

$$\frac{x_0x}{a^2} + \frac{y_0y}{b^2} = \frac{x_0^2}{a^2} + \frac{y_0^2}{b^2}$$

점 $P(x_0, y_0)$은 타원 ② 위에 있으므로, 이 우변의 값은
1이 됩니다.

이것으로 증명해야 하는 방정식이 유도되었습니다.

위의 예제와 같은 방법으로 해서 쌍곡선 $\dfrac{x^2}{a^2}-\dfrac{y^2}{b^2}=1$ 위의 점 $P(x_0, y_0)$에서의 접선의 방정식은

$$\frac{x_0x}{a^2}-\frac{y_0y}{b^2}=1$$

로 주어지는 것을 알 수 있습니다. 이 증명은 위와 똑같으며, 단지 식의 몇몇 곳에서 항의 부호를 알맞게 바꾸기만 하면 됩니다. 연습을 위해 이 증명은 여러분에게 맡기겠습니다.

문제 15 │ 위의 사실을 증명하시오.

문제 16 │ 타원 $x^2+2y^2=4$와 다음 직선과의 공유점의 개수를 알아보시오.

(1) $y=-x+k$ (2) $y=mx+2$

문제 17 │ 쌍곡선 $x^2-y^2=1$과 다음 직선과의 공유점의 개수를 알아보시오.

(1) $y=2x+k$ (2) $y=x+k$ (3) $y=\dfrac{1}{2}x+k$

문제 18 │ 쌍곡선 $\dfrac{x^2}{2}-y^2=1$과 직선 $y=mx+1$과의 공유점의 개수를 알아보시오. 특히 양자가 접할 때의 m의 값과 접점의 좌표를 구하시오.

문제 19 │ 점 (x, y)가 영역 $2x^2+y^2\leq9$를 움직일 때, $4x+y$의 최대값, 최소값을 구하시오. 또, $4x+y$가 최대값을 취하는 점, 최소값을 취하는 점을 구하시오.

다음의 네 문제는 계산적으로 상당히 어려운 문제입니다. 자신과 끈기가 있는 사람에게 제공합니다.

문제 20 │ 점 $P(x_0, y_0)$이 타원 $\dfrac{x^2}{a^2}+\dfrac{y^2}{b^2}=1$의 외부에 있다 (즉 $\dfrac{x_0{}^2}{a^2}+\dfrac{y_0{}^2}{b^2}>1$이다)고 합시다. 이때 P에서 타원으로 그은 두 접선의 접점 Q_1, Q_2를 연결하는 직선 l의 방정식은

$$\frac{x_0x}{a^2}+\frac{y_0y}{b^2}=1$$

로 주어지는 것을 증명하시오. 이 직선 l을 이 타원에 관한 점 P의 **극선**이라 하고, 또 점 P를 직선 l의 **극**이라고 합니다.

[힌트 : $Q_1(x_1, y_1), Q_2(x_2, y_2)$라 하면, 직선

$$\frac{x_1 x}{a^2} + \frac{y_1 y}{b^2} = 1, \qquad \frac{x_2 x}{a^2} + \frac{y_2 y}{b^2} = 1$$

은 모두 점 P를 지납니다.]

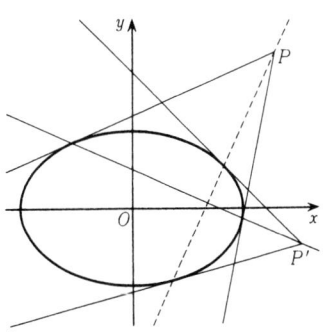

문제 21 점 $P(x_0, y_0), P'(x_0', y_0')$가 모두 타원 $\dfrac{x^2}{a^2} + \dfrac{y^2}{b^2} = 1$ 의 외부에 있을 때, 이 타원에 관한 P의 극선위에 P'가 있다면, P는 P'의 극선위에 있다는 것을 증명하시오.

[**주의** : 포물선이나 쌍곡선은 타원과 같은 "폐곡선"이 아니므로 내부, 외부를 생각하는 것은 좀 곤란합니다. 그러나, 포물선이나 쌍곡선에 대해서도, 그들 곡선에 의해서 나누어진 평면의 부분 중 초점을 포함하는 쪽을 곡선의 "내부", 초점을 포함하지 않는 쪽을 곡선의 "외부"로 부르기로 한다면, 외부의 점에서는——쌍곡선의 경우는 점근선상의 점도 제외해야만 하지만——곡선에 두 개의 접선을 그을 수가 있습니다. 따라서 타원 때와 마찬가지로, 외부의 점에 대해서는 그 극선을 정의할 수가 있으며, 그것에 대해서 문제 20, 21의 비슷한 명제가 성립하는 것입니다.]

문제 22 $P(x_0, y_0)$을 타원

$$\frac{x^2}{a^2} + \frac{y^2}{b^2} = 1$$

의 외부에 있는 점이라 합니다.

(1) $x_0 \neq \pm a$이면, 점 P에서 타원에 그은 두 접선의 기울기는 m에 관한 이차방정식

$$(a^2 - x_0^2)m^2 + 2x_0 y_0 m + (b^2 - y_0^2) = 0$$

의 두 개의 근임을 증명하시오.

[힌트 : P를 지나는 기울기 m인 직선의 방정식과 타원의 방정식에서 y를 소거하면, x의 이차방정식

$$(a^2 m^2 + b^2)x^2 - 2a^2 m(mx_0 - y_0)x$$
$$+ a^2\{(mx_0 - y_0)^2 - b^2\} = 0$$

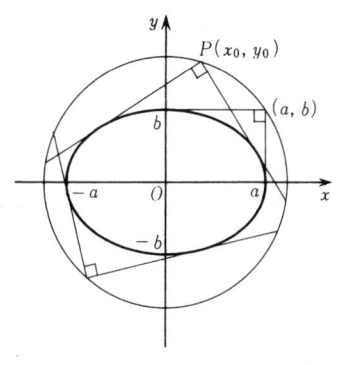

을 얻습니다. (이것은 이미 **623**페이지 예제의 증명에 식 ③ 으로 나와 있습니다.) 이 이차방정식이 이중근을 갖기 위한 조건, 즉 "판별식＝0"을 간단히 하여 위의 m에 관한 이차방정식을 이끌어내십시오. 계산은———특별한 방법은 필요하지 않지만———상당히 번잡합니다.]

(2) (1)의 결과를 이용해서, 점 $P(x_0, y_0)$이 원

$$x^2 + y^2 = a^2 + b^2$$

의 원주위에 있을 때는 P에서 타원에 그은 두 접선은 직교하는 것을 증명하시오.

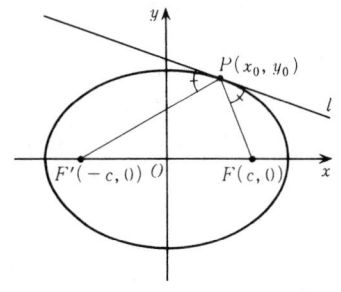

문제 23 타원 $\dfrac{x^2}{a^2} + \dfrac{y^2}{b^2} = 1$ 위의 점 $P(x_0, y_0)$과 두 초점 F, F'를 연결하는 직선 PF, PF'는 P에서의 타원의 접선 l과 같은 각을 이루는 것을 증명하시오.

[힌트 : 점 P가 좌표축상에 있을 때는 분명하므로, P는 좌표축상에 없는 것으로 합니다. 보기 쉽게 하기 위해 P는 제1사분면에 있는 것으로 가정해도 일반성을 잃지는 않습니다. $F(c, 0)$, $F'(-c, 0)$으로 하고, PF, PF'가 접선 l과 이루는 각을 각각 θ, θ'라 합니다. 단, θ, θ'는 예각으로 합니다. 또, 직선 l, PF, PF'의 기울기를 각각 m, n, n'로 합니다. 이것들은

$$m = -\frac{b^2 x_0}{a^2 y_0}, \quad n = \frac{y_0}{x_0 - c}, \quad n' = \frac{y_0}{x_0 + c}$$

입니다. 여기서 **421**페이지의 <u>두 직선이 이루는 각의 탄젠트 공식</u>을 사용합니다. (여기서 그 공식이 등장하는 기회가 온 것입니다.) 이 공식을 사용하면 $\tan\theta$는 (θ로서 예각을 취한 것에 주목하면)

$$\tan\theta = \left| \frac{n - m}{1 + nm} \right|$$

으로 나타납니다. 위에 있는 n, m의 식을 이 우변에 대입하여 계산하고, 간단히 하십시오. 여러분은 이 계산 도중에 $b^2 x_0^{\,2} + a^2 y_0^{\,2} = a^2 b^2$이라는 것, 또 $a^2 - b^2 = c^2$이라는 것을 이용하게 될 것입니다. 그리고 여러분은 최종 결과로서

$$\tan \theta = \frac{b^2}{cy_0}$$

을 얻게 될 것입니다. 이것이 답입니다. (다만, $x_0 = c$인 경우
에는 PF가 x축에 수직이 되므로, 위의 계산이 그대로는
통용되지 않습니다. 그러나 이 경우에는 직접 계산하여

$$y_0 = \frac{b^2}{a}, \quad \tan \theta = \frac{a}{c}$$

가 되는 것을 알 수 있습니다.)

같은 방법으로

$$\tan \theta' = \left| \frac{n' - m}{1 + n'm} \right|$$

에 대해서도, 이 우변을 계산하면 같은 결과

$$\tan \theta' = \frac{b^2}{cy_0}$$

에 도달합니다. 그러므로 $\theta = \theta'$가 됩니다!]

12.3 이차곡선의 평행이동과 회전

지금까지 우리는 방정식의 표준형으로 나타낸 이차곡선
만을 생각해 왔습니다. 이 절에서는 이것들을 평행이동
시키거나 회전시켜서 얻어지는 곡선에 대해서 생각해 보
기로 합니다. 여기서는 평행이동과 회전을 복합적으로
하는 복잡한 경우까지는 다루지 않습니다. 여기서는 각
각 단독의 형태로 다룹니다. 그러나 앞으로 설명하는 것
만으로도, 일반적으로 x, y의 이차방정식으로 나타나는
평면곡선이 어떤 것이 될 것인지에 대해서 많은 시사가
있을 것으로 생각합니다.

그럼 평행이동부터 시작하겠습니다.

◆ 도형의 평행이동

처음에는 일반적인 고찰을 해봅시다.

지금 $F(x, y)$를 x, y에 관한 식(여기서는 다항식으로

생각해도 무방합니다)으로 하고, 방정식

$$F(x, y) = 0$$

으로 나타나는 평면상의 곡선을 C라 합니다. 이 곡선 C를 x축 방향으로 p, y축 방향으로 q만큼 평행이동시켜 얻어지는 곡선을 C'라 하면, C'는 어떤 방정식으로 나타낼 수 있을까요? 이것을 먼저 생각해 봅시다.

평면상의 점 (u, v)를 x축의 방향으로 p, y축 방향으로 q만큼 평행이동시킨 점은 $(u+p, v+q)$입니다. 따라서 점 (u, v)가 곡선 C상에 있으면 점 $(u+p, v+q)$는 곡선 C'상에 있고, 반대로 점 $(u+p, v+q)$가 곡선 C'상에 있으면 점 (u, v)는 곡선 C상에 있습니다. $u+p$, $v+q$를 각각

$$u+p=x, \quad v+q=y$$

로 쓴다면,

$$u=x-p, \quad v=y-q$$

가 되므로, 점 (x, y)가 곡선 C'상에 있다는 것은 점 $(x-p, y-q)$가 곡선 C상에 있다는 것과 동치입니다. 그리고 점 $(x-p, y-q)$가 곡선 C상에 있다는 것은

$$F(x-p, y-q) = 0$$

이 성립된다는 것과 같은 말입니다. 즉,

점 (x, y)가 곡선 C'상에 있다

$\Longleftrightarrow$ 점 $(x-p, y-q)$가 곡선 C상에 있다

$\Longleftrightarrow F(x-p, y-q) = 0$

입니다.

이것은 곡선 C'의 방정식이

$$F(x-p, y-q) = 0$$

임을 뜻하고 있습니다.

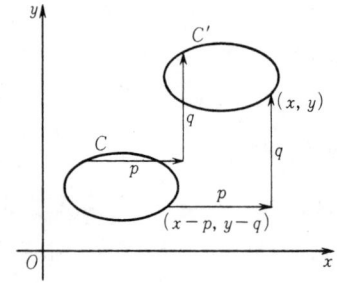

이상의 결과를 다시 한 번 정리해 봅시다.

방정식 $F(x, y) = 0$으로 나타나는 곡선 C를 x축의 방향으로 p, y축의 방향으로 q만큼 평행이동시켜 얻어지는 곡선 C'의 방정식은

$$F(x - p, y - q) = 0$$

이다.

◈ 이차곡선의 평행이동

위에서 말한 일반적인 명제를 이차곡선에 대해서 적용해 봅시다.

⑩ 방정식

$$\frac{(x-2)^2}{4} + (y-1)^2 = 1$$

을 생각합니다. 이 방정식이 나타내는 곡선은 무엇일까요? 그것은 타원

$$\frac{x^2}{4} + y^2 = 1$$

을 x축의 방향으로 2, y축의 방향으로 1만큼 평행이동시킨 타원을 나타냅니다. 아래의 왼쪽 그림이 그 타원입니다. 그 중심은 점 $(2, 1)$입니다.

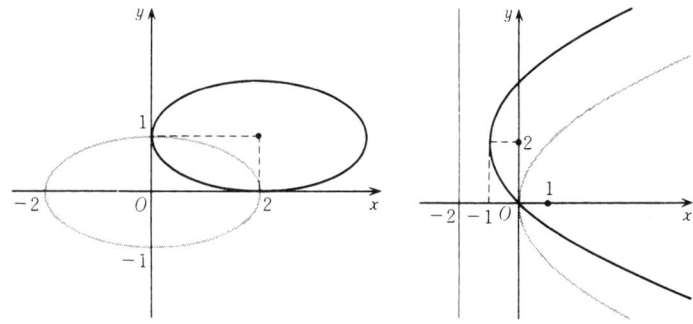

⑩ 방정식

$$y^2 - 4x - 4y = 0$$

을 생각합니다. 이 방정식은 무엇을 나타낼까요? 이 방정식은

$$y^2 - 4y + 4 = 4x + 4$$

즉

$$(y-2)^2 = 4(x+1)$$

로 변형시킬 수 있습니다. 따라서 이 방정식은 포물선

$$y^2 = 4x$$

를 x축의 방향으로 -1, y축의 방향으로 2만큼 평행이동시킨 포물선을 나타냅니다. 앞의 오른쪽 그림이 이 포물선입니다.

포물선 $y^2 = 4x$의 초점은 $(1, 0)$, 준선은 $x = -1$ 이므로, 위의 방정식이 나타내는 포물선의 초점은 $(0, 2)$, 준선은 $x = -2$입니다.

예 방정식

$$x^2 + 2y^2 + 2x - 8y + 5 = 0$$

은 어떤 도형을 나타낼까요?

이것을 알아 보기 위해 이 방정식을 다음과 같이 차례로 변형시킵니다.

$$(x^2 + 2x + 1) + 2(y^2 - 4y + 4) + 5 - 1 - 8 = 0$$
$$(x+1)^2 + 2(y-2)^2 = 4$$
$$\frac{(x+1)^2}{4} + \frac{(y-2)^2}{2} = 1$$

이 결과를 보면, 이 방정식은 타원

$$\frac{x^2}{4} + \frac{y^2}{2} = 1$$

을 x축의 방향으로 -1, y축 방향으로 2만큼 평행이동시킨 타원을 나타내는 것을 알 수 있습니다. 이것의 대체적인 형태는 왼쪽 그림과 같이 됩니다.

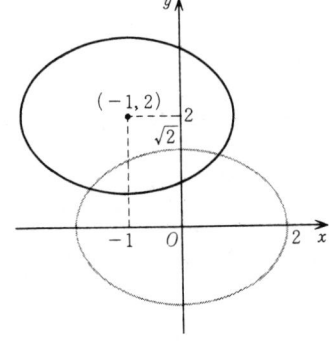

물론 이 타원의 중심은 $(-1, 2)$입니다. 또 네 꼭지점 및 두 초점은 각각 타원 $\frac{x^2}{4} + \frac{y^2}{2} = 1$의 네 꼭지점 및 두 초점을 x축의 방향으로 -1, y축 방향으로 2만큼 평행이동시킴으로써 얻어집니다. 예를 들면, 두 초점은 $(\sqrt{2}-1, 2)(-\sqrt{2}-1, 2)$가 됩니다. 이것을 검증해 보십시오.

（예） 방정식

$$x^2 - 2y^2 - 4y = 10$$

이 나타내는 도형에 대해서 생각해 봅시다.

이 방정식은

$$x^2 - 2(y^2 + 2y + 1) = 10 - 2$$

$$x^2 - 2(y+1)^2 = 8$$

즉

$$\frac{x^2}{8} - \frac{(y+1)^2}{4} = 1$$

로 변형시킬 수 있습니다. 따라서 이 방정식이 나타내는 곡선은 쌍곡선인데, 이것은 쌍곡선

$$\frac{x^2}{8} - \frac{y^2}{4} = 1$$

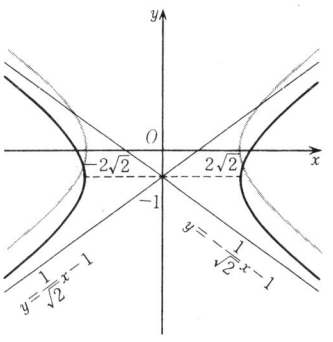

을 y축의 방향으로 -1만큼 평행이동시킨 것입니다. 이 쌍곡선의

꼭지점은 $(\pm 2\sqrt{2}, -1)$, 점근선은 $y = \pm \frac{1}{\sqrt{2}}x - 1$ 입니다. 그리고 대체적인 형태는 오른쪽 그림과 같이 됩니다.

문제 24 다음 방정식은 각각 어떤 곡선을 나타낼까요? 그 대체적인 형태를 그리시오.

(1)　$y^2 + y = x$　　　(2)　$y^2 = 2x - 4$

(3)　$2(x-1)^2 + (y+1)^2 = 2$

(4)　$\dfrac{(x+3)^2}{16} - \dfrac{(y-1)^2}{9} = 1$

(5)　$4x^2 + 9y^2 = 24x$　　　(6)　$2x^2 + y^2 = 4x - 4y - 2$

(7)　$x^2 - y^2 + 4y - 5 = 0$　　　(8)　$2x^2 - y^2 = 4x + 4y$

문제 25 a는 양의 상수, b는 상수이고, 두 개의 포물선

$$y = x^2, \ ax = y^2 + by$$

의 초점은 일치합니다. a, b의 값을 구하시오.

◆ 도형의 회전

다음에는 도형을 회전시키는 것에 대해서 생각해 봅시

다. 간단히 하기 위해 여기서는 원점 둘레의 회전을 생각
합니다.

지금 θ를 하나의 각이라 하고, 평면상에서 점 $Q(u, v)$
를 원점 둘레에서 각 θ만큼 회전시켰을 때 얻어지는 점을
$P(x, y)$라 합니다. 이때 x, y는 u, v, θ에 의해서 어떻게
나타날까요? 먼저 이 문제를 생각해 봅시다.

이 문제를 풀기 위해 왼쪽 그림과 같이 벡터 $\overrightarrow{OQ}$, $\overrightarrow{OP}$
가 x축의 양의 방향과 이루는 각을 각각 β, α로 하고, 또
이들 벡터의 크기를 r로 합니다. 그러면

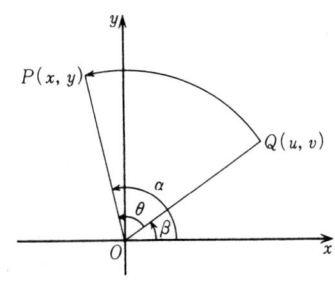

$$u = r\cos\beta, \qquad v = r\sin\beta \qquad ①$$
$$x = r\cos\alpha, \qquad y = r\sin\alpha \qquad ②$$

이고, 또 $\alpha = \beta + \theta$입니다. 여기서 ②의 α에 $\beta + \theta$를 대입
하고, 덧셈정리를 써서 우변을 전개합니다. 그리고 전개
된 식에다 ①을 사용합니다. 그러면 다음과 같이 됩니다.

$$\begin{aligned}
x &= r\cos\alpha = r\cos(\beta + \theta) \\
&= r\cos\beta \cdot \cos\theta - r\sin\beta \cdot \sin\theta \\
&= u\cos\theta - v\sin\theta \\
y &= r\sin\alpha = r\sin(\beta + \theta) \\
&= r\sin\beta \cdot \cos\theta + r\cos\beta \cdot \sin\theta \\
&= v\cos\theta + u\sin\theta
\end{aligned}$$

이상으로 다음과 같은 사실을 알 수 있습니다.

점 $Q(u, v)$를 원점 둘레에서 각 θ만큼 회전시킨
점을 $P(x, y)$라고 하면

$$\begin{cases} x = u\cos\theta - v\sin\theta \\ y = u\sin\theta + v\cos\theta \end{cases} \qquad ③$$

이다.

여기서는 위와 반대로 u, v를 x, y로 나타내면 어떻게
될지 생각해 봅시다. 그 답은 간단합니다. 왜냐하면, $Q(u,$
$v)$는 $P(x, y)$를 원점 둘레에서 $-\theta$만큼 회전시킨 점이므
로, u, v와 x, y의 역할을 바꾸었을 때는 위의 θ를 $-\theta$로
바꾸기만 하면 되기 때문입니다. 따라서

$$\begin{cases} u = x \cos(-\theta) - y \sin(-\theta) \\ v = x \sin(-\theta) + y \cos(-\theta) \end{cases}$$

즉,

$$\begin{cases} \boldsymbol{u = x \cos \theta + y \sin \theta} \\ \boldsymbol{v = -x \sin \theta + y \cos \theta} \end{cases} \qquad ④$$

가 됩니다.

[주의 : 위의 ③과 ④는 완전히 같은 내용을 나타내고 있습니다. 실제로 ③을 u, v에 관한 연립일차방정식으로 생각하고 u, v에 관해서 풀어도 ④를 얻습니다. 이것을 확인해 보십시오.]

앞과 같은 방정식

$$F(x, y) = 0$$

으로 나타나는 곡선을 C라 합니다. 그리고 C를 원점의 둘레에서 각 θ만큼 회전시켜 얻어지는 곡선을 C'라 합니다. 곡선 C'는 어떤 방정식으로 나타날까요? 이것이 우리가 생각하고자 하는 문제입니다.

위와 같이 평면상의 점 $Q(u, v)$를 원점 주위에서 각 θ만큼 회전시킨 점을 $P(x, y)$라 하면, P가 곡선 C'상에 있다는 것은 Q가 곡선 C상에 있는 것과 동치입니다. 그리고 $Q(u, v)$가 곡선 C상에 있다는 것은

$$F(u, v) = 0$$

이 성립한다는 것입니다. 위에서 본 바와 같이 u, v는 x, y에 의해서 ④와 같이 나타나므로, 이 등식을 x, y로 나타내면,

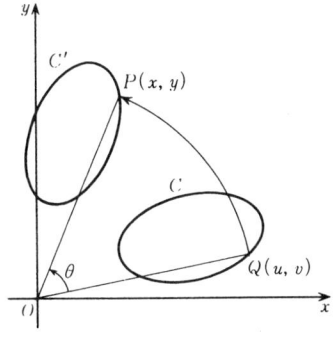

$$F(x \cos \theta + y \sin \theta, \quad -x \sin \theta + y \cos \theta) = 0$$

이 됩니다. 이것이 점 $P(x, y)$가 곡선 C'상에 있기 위한 필요충분조건입니다. 즉, 이것이 곡선 C'의 방정식입니다.

위에서 얻은 결과를 다시 한 번 정리해 봅시다.

방정식 $F(x, y) = 0$으로 나타낼 수 있는 곡선 C를, 원점 둘레에서 각 θ만큼 회전시켜 얻는 곡선 C'의 방정식은

$$F(x \cos \theta + y \sin \theta, -x \sin \theta + y \cos \theta) = 0$$

이다.

한 가지 덧붙여 말하면, 위에서 얻은 회전 곡선의 방정식은 평행이동 때에 비해서 상당히 복잡합니다. 그러나 이것을 억지로 기억할 필요는 없습니다. 여러분은 단지 다음에 나오는 몇 개의 예 및 문제를 이 방정식을 보면서 단순한 계산 연습을 한다는 기분으로 풀어 보기만 하면 됩니다.

[상당히 뒤에 나오는 일이지만, 우리는 "행렬"이나 "일차변환"에 대해서 배울 기회가 있을 것입니다. 그 때에는 "원점 둘레의 회전"이 좀더 일반적인 관점과 배경을 가지고 다루어지며, 그러한 관점과 배경은 여러분의 마음속에 지금보다도 더욱 깊은 인상을 줄 것입니다. 아마도 여러분은 그 시점에서 지금 배운 회전 곡선의 방정식을 다시 한 번 상기하게 되리라 생각합니다.]

◆ 이차곡선의 회전

위의 일반적 명제를 적용해서 이차곡선의 회전을 생각해 봅시다. ["일반적 명제"라고는 하지만, 그 구체적인 응용 대상은 첫째로 "이차곡선"입니다.]

예 직각쌍곡선 $x^2 - y^2 = 2k$를 원점 둘레로 $45°$ 회전시킨 곡선의 방정식을 구하시오. 단, k는 0이 아닌 상수

로 합니다.

풀이 $F(x, y) = x^2 - y^2 - 2k$로 놓으면, 주어진 곡선의 방정식은

$$F(x, y) = 0$$

으로 나타낼 수 있습니다. 이것을 45° 회전시킨 곡선의 방정식은

$$F(x \cos 45° + y \sin 45°, -x \sin 45° + y \cos 45°) = 0$$

즉,

$$F\left(\frac{x+y}{\sqrt{2}}, \frac{-x+y}{\sqrt{2}}\right) = 0$$

입니다. 구체적으로 쓰면

$$\left(\frac{x+y}{\sqrt{2}}\right)^2 - \left(\frac{-x+y}{\sqrt{2}}\right)^2 = 2k$$

가 되고, 이것을 간단히 하면

$$xy = k$$

가 됩니다. 즉, 직각쌍곡선 $x^2 - y^2 = 2k$를 원점 둘레로 45° 회전시킨 곡선은 $xy = k$입니다. [이것으로 앞에서 배운 직각쌍곡선의 방정식이 나왔습니다.

예 방정식 $3x^2 + 2xy + 3y^2 = 4$가 나타내는 곡선을 원점 둘레로 45° 회전시킨 곡선의 방정식을 구하시오. 또, 그 결과를 이용해서 원 방정식이 나타내는 곡선을 그리시오.

풀이 앞의 예와 마찬가지로 45°회전시킨 곡선의 방정식은 원 방정식의 x, y에 각각

$$x \cos 45° + y \sin 45° = \frac{x+y}{\sqrt{2}}$$

$$-x \sin 45° + y \cos 45° = \frac{-x+y}{\sqrt{2}}$$

를 대입함으로써 얻어집니다. 즉, 그 방정식은

$$3\left(\frac{x+y}{\sqrt{2}}\right)^2 + 2 \cdot \frac{x+y}{\sqrt{2}} \cdot \frac{-x+y}{\sqrt{2}} + 3\left(\frac{-x+y}{\sqrt{2}}\right)^2 = 4$$

입니다. 이 식을 정리하여 간단히 하면

$$x^2 + 2y^2 = 2$$

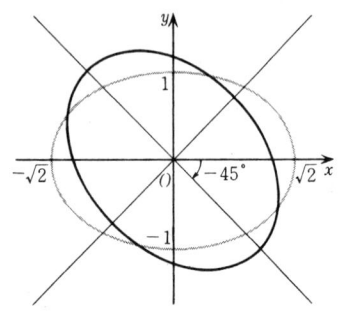

$$\frac{x^2}{2} + y^2 = 1 \qquad\qquad ①$$

이 됩니다.

　방정식 ①은 타원을 나타냅니다. 따라서 원 방정식이 나타내는 곡선도 타원이며, 그것은 타원 ①을 원점의 주위에서 $-45°$ 회전시킨 것입니다. 왼쪽에 그 대략적인 형태를 그렸습니다.

문제 26 　다음 방정식이 나타내는 곡선을, 원점 둘레에서 각각 주어진 각만큼 회전시켜 생기는 곡선의 방정식을 구하시오. 또, 그 결과로부터 주어진 방정식이 각각 어떤 곡선을 나타내는지 말하시오.

(1)　$3x^2 - 2xy + 3y^2 = 2,$　　$45°$

(2)　$2y^2 + 2\sqrt{3}\,xy = -1,$　　$30°$

(3)　$(x+y)^2 = \sqrt{2}\,(x-y),$　　$45°$

(4)　$x^2 - xy + y^2 = 3,$　　$-45°$

(5)　$(\sqrt{3}\,x + y)^2 = 4(x - \sqrt{3}\,y),$　　$60°$

(6)　$x^2 - 6xy + y^2 = -4,$　　$-45°$

◆　이원이차방정식의 그래프

　이 절에서 일반적으로 $x,\ y$의 이차방정식이 나타내는 곡선이 어떤 것인가에 대해서 적잖이 시사하고 있습니다. 실제로 우리는 어떤 종류의 직관에 이끌려서, 일반적으로 그와 같은 방정식이 나타내는 곡선은 평행이동과 회전을 "복합적으로" 시행하면──즉, 그 곡선을 적당히 평행이동시키고, 또 적당히 회전시키면──이미 알고 있는 "표준형"의 어느 형태에 도달하고, 따라서 원 방정식이 나타내는 도형도 타원, 쌍곡선, 포물선 중 어느 하나가 된다고 추측할 수가 있습니다. 그리고 실제로, 예외적인 경우를 빼면, 기본적으로 그 추측은 옳은 것입니다.

　그러나 나는 여기서 그것을 상세히 논할 생각은 없습니다. 이것의 상세한 논의는 좀 까다롭고 사람을 지치게 합니다. 또, 일반적인 수학을 공부하는 과정에서는 특히

중시할 만한 것도 아닙니다. 나는 다만 흥미를 가진 사람
을 위해 다음 몇 가지의 결론만 말하겠습니다.

x, y에 관한 일반적인 이차방정식은

$$ax^2 + 2hxy + by^2 + 2fx + 2gy + c = 0 \qquad (*)$$

이라는 꼴을 하고 있습니다. 여기서 a, h, b, f, g, c는 상
수이고, "이차방정식"이라는 가정에서 a, h, b 중 적어도
하나는 0이 아닙니다 [(*)에서 몇 개의 계수에는 2가 붙
어 있지만, 문제 삼을 필요는 없습니다. 이것은 "관습"입
니다.]

그럼, 이와 같은 이차방정식(*)이 나타내는 도형에 대
해서는 대체적으로 다음과 같이 분류할 수가 있습니다.
즉, 방정식(*)은

$$\underline{ab - h^2 > 0}이면 \qquad 타원$$
$$\underline{ab - h^2 < 0}이면 \qquad 쌍곡선$$
$$\underline{ab - h^2 = 0}이면 \qquad 포물선$$

을 나타냅니다. 이것이 가장 기본적이고 또한 대체적인
분류입니다. 이 분류에는 x, y의 이차항의 계수만이 관계
가 있고, 일차항의 계수는 관계가 없는 것에 주목하십시
오.

위에서 말한 분류의 골자를 더 알아 보면은 다음과 같
이 됩니다.

[1] $\underline{ab - h^2 > 0}$일 때

이 경우 방정식(*)이 나타내는 도형은 적당한 평행이
동과 적당한 회전으로 방정식

$$Ax^2 + By^2 = k$$

로 나타나는 도형으로 이동합니다. 여기서 A, B, k는 어
떤 상수이고, $A > 0, B > 0$입니다. 이 방정식은

$$k > 0이면 \qquad \underline{타원}$$
$$k = 0이면 \qquad \underline{1점}$$

을 나타냅니다. 또 $k < 0$일 때는, 이 방정식을 만족하는
실수 x, y는 존재하지 않으므로, 이 방정식이 나타내는

도형은 공집합입니다.

[2] $ab - h^2 < 0$일 때

이 경우 방정식(✽)이 나타내는 도형은 적당한 평행이동과 적당한 회전으로 방정식

$$Ax^2 - By^2 = k$$

로 나타나는 도형으로 이동합니다. 여기서 A, B, k는 어떤 상수이고, $A > 0$, $B > 0$입니다. 이것은

$$k \neq 0$$이면   쌍곡선

을 나타냅니다. $k = 0$일 때 이것은

$$(\sqrt{A}\,x - \sqrt{B}\,y)(\sqrt{A}\,x + \sqrt{B}\,y) = 0$$

으로 인수분해되므로 두 직선

$$\sqrt{A}\,x - \sqrt{B}\,y = 0, \quad \sqrt{A}\,x + \sqrt{B}\,y = 0$$

을 나타냅니다.

[3] $ab - h^2 = 0$일 때

이 경우 방정식(✽)에 적당한 회전과 평행이동을 시키면, 그 도형은 방정식

$$y^2 = kx \quad (k \neq 0) \quad \text{또는} \quad y^2 = c$$

로 나타나는 도형으로 이동합니다. 방정식 $y^2 = kx\,(k \neq 0)$은

포물선

을 나타냅니다. 또, 방정식 $y^2 = c$는, $c > 0$이면 두 직선 $y = \pm \sqrt{c}$를, $c = 0$이면 한 직선 $y = 0$을 나타냅니다. 또 $c < 0$일 때는 이 방정식이 나타내는 도형은 공집합입니다.

[보충 1]   이차곡선의 준선과 이심률

이 장의 본문은 이상으로 끝입니다.(나는 이 장의 첫머리에서, 이 장은 짧은 장이 될 것이라고 했는데, 그렇게 되지 않았습니다.) 나는 앞으로 두 가지 정도 참고 사항을 추가하려고 합니다. 그러나 이것들은 이른바 필독 부분은 아닙니다. 따라서, 정성들여 읽든, 대충 읽든, 아주

읽지 않든, 나중에 한가한 때에 돌이켜서 읽든, 어느 쪽을 택하든 그것은 전적으로 여러분의 자유입니다.

처음에는 제목에 보인 "이차곡선의 준선과 이심률"을 다루고자 합니다.

포물선은 "하나의 정점 F와 F를 지나지 않는 하나의 정직선 l에서 같은 거리에 있는 점"의 자취이며, F를 그 초점, l을 그 준선이라 했습니다.

타원이나 쌍곡선에 대해서는, 지금까지 초점에 대한 말은 했지만 준선이라는 개념은 다루지 않았습니다. 그러나 사실은 타원이나 쌍곡선에 대해서도 "준선"이라는 개념을 생각할 수 있습니다. 이것을 다음에 설명하겠습니다.

먼저, 타원에 대해서 생각해 봅시다.

"두 정점으로부터의 거리의 합이 일정한 점"의 자취가 타원인데, 그 두 정점(초점)을 $F(c, 0)$, $F'(-c, 0)$, 일정한 길이를 $2a$ (단 $a > c > 0$)로 하고, $a^2 - c^2 = b^2$으로 놓으면 타원의 방정식

$$\frac{x^2}{a^2} + \frac{y^2}{b^2} = 1 \qquad ①$$

을 얻었습니다. 이 방정식 ①은 다음과 같이 구했습니다. (여러분은 여기서 귀찮겠지만 602페이지의 계산을 종종 참고 하십시오.) 평면상의 점 P의 좌표를 (x, y)로 하면

$$PF = \sqrt{(x-c)^2 + y^2}$$
$$PF' = \sqrt{(x+c)^2 + y^2}$$

이므로, P가 타원상에 있기 위한 조건 $PF + PF' = 2a$는

$$\sqrt{(x-c)^2 + y^2} + \sqrt{(x+c)^2 + y^2} = 2a$$

로 나타납니다. 우리는 이 방정식에서 출발해서 능숙한 변형을 거듭하여 표준형의 방정식 ①에 도달했던 것입니다. 이 변형 도중에

$$a\sqrt{(x-c)^2 + y^2} = a^2 - cx \qquad ②$$

라는 식이 나옵니다. (여러분은 앞쪽에서 이 식을 찾아보
십시오. 602페이지에 이 식이 나와 있습니다.) 이 양변을
제곱하고 정리하여, $a^2(a^2-c^2)$으로 나누고, $a^2-c^2=b^2$으
로 놓으면 ①을 얻습니다.

　여기서 표준형 ①로 고치기 전의 방정식 ②에 주목하
여, 이것에 기하학적 해석을 부여해 봅시다. 지금, ②의
양변을 a로 나누어

$$\frac{c}{a}=e$$

로 놓습니다. 그러면

$$\sqrt{(x-c)^2+y^2}=a-ex=e\left(\frac{a}{e}-x\right) \qquad ②´$$

가 됩니다. $a>c>0$이므로, e는 <u>1보다 작은 양의 상수</u>입
니다. 그런데, ②´에 기하학적 해석을 부여하기 위해 방
정식

$$x=\frac{a}{e} \qquad \left(또는 x=\frac{a^2}{c}\right)$$

이 나타내는 직선을 생각하고, 이것을 l라 합니다. 이 직
선 l은 y축에 평행이고, $\frac{a}{e}>a$이므로 타원보다 오른쪽에
있습니다. 따라서 타원상의 점 $P(x, y)$에서 l에 내린 수
선을 PQ라 하면

$$PQ=\frac{a}{e}-x$$

입니다. 한편, ②´의 좌변은 PF를 나타냅니다. 따라서 ②´
는

$$\frac{PF}{PQ}=e$$

로 쓸 수가 있습니다.

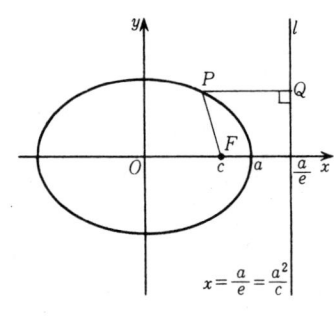

　이것은 P가 타원 위에 있기 위한 새로운 조건을 나타
내고 있습니다.

　즉, 표준형인 타원 ①은 정점 $F(c, 0)$과 정직선

$$l : x=\frac{a}{e}=\frac{a^2}{c}$$

으로부터의 거리 PF, PQ의 비 $PF : PQ$가 일정한 값 e와
같은 점 P의 자취인 것입니다.

마찬가지로, 이것은 또 정점 $F'(-c, 0)$과 정직선

$$l' : x = -\frac{a}{e} = -\frac{a^2}{c}$$

으로부터 거리 PF', PQ'의 비 $PF' : PQ'$가 일정한 값 e와 같은 점의 자취인 것입니다.

　두 직선

$$l : x = \frac{a}{e} = \frac{a^2}{c}, \qquad l' : x = -\frac{a}{e} = -\frac{a^2}{c}$$

을 타원 ①의 **준선**——정확히는 l을 초점 F에 대한 준선, l'를 초점 F'에 대한 준선——이라고 합니다. 타원의 두 준선은 두 초점을 연결하는 직선에 수직이며, 그림과 같이 타원의 바깥쪽에 있고, 또한 중심에 대하여 대칭인 위치에 있습니다.

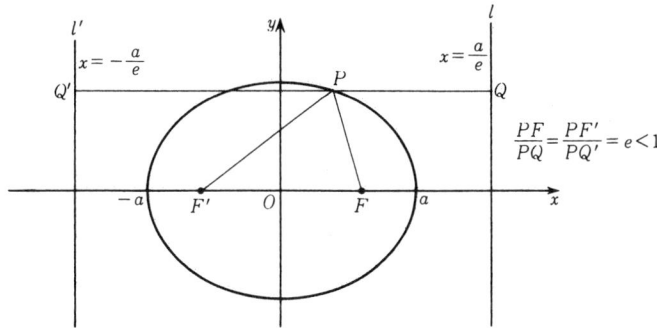

　다음에는 쌍곡선에 대해서 생각해 봅시다. 그러나 쌍곡선의 경우에도 마찬가지이므로, 상세한 것은 반복하지 않고 결론만을 말하기로 합니다.

　"두 정점으로부터의 거리의 차가 일정한 점"의 자취가 쌍곡선이며, 그 두 정점(초점)을 $F(c, 0)$, $F'(-c, 0)$, 일정한 길이를 $2a$(단, $c > a > 0$)로 하고, $c^2 - a^2 = b^2$으로 놓으면 쌍곡선의 방정식

$$\frac{x^2}{a^2} - \frac{y^2}{b^2} = 1$$

이 얻어졌던 것입니다. 여기서 위와 마찬가지로 $\dfrac{c}{a} = e$로 놓고, 또 두 직선 l, l'를

$$l : x = \frac{a}{e} = \frac{a^2}{c}, \qquad l' : x = -\frac{a}{e} = -\frac{a^2}{c}$$

에 의해서 결정합니다. 그리고 평면상의 점 P에서 l, l'에 내린 수선을 각각 PQ, PQ'라 하면, P가 쌍곡선위에 있기 위한 조건은

$$\frac{PF}{PQ}=e \quad \text{또는} \quad \frac{PF'}{PQ'}=e$$

로 나타납니다. 즉, 쌍곡선 역시 정점과 정직선으로부터의 거리의 비가 일정한 값 e와 같은 점의 자취로서 특징을 갖게 됩니다. 다만, 이번에는 $c>a>0$이므로 $e=\dfrac{c}{a}$는 1보다 큰 양의 상수입니다. 이 미세한, 그러나 결정적인 차이가 쌍곡선과 타원의 성질을 크게 가르는 것입니다.

위의 두 직선 l, l'를 쌍곡선의 **준선**(l을 F에 대한 준선, l'를 F'에 대한 준선)이라고 합니다. 쌍곡선의 두 준선은 두 초점을 연결하는 직선에 수직이며, 그림과 같이 두 꼭지점의 안쪽에 있고, 중심에 대하여 대칭이 되는 위치에 있습니다.

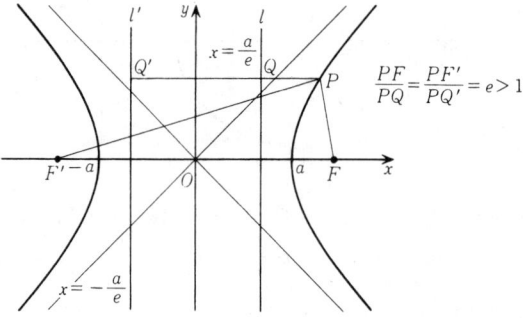

포물선은 정점과 정직선으로부터의 거리가 같은 점의 자취이므로, 그것은 정점과 정직선으로부터의 거리의 비가 1인 점의 자취라고 말할 수 있습니다.

이상의 설명에 의해서 타원, 쌍곡선, 포물선이라는 세 종류의 이차곡선은 하나의 공통된 관점에서, 공통의 말에 의해서 표현될 수 있다는 것을 알았습니다.

즉, 우리는 이들 세 종류의 이차곡선에 대해서 다음과 같은 종합적인 정의를 부여할 수가 있습니다. (다만, 원만은 이 정의에 맞지 않으므로 제외 합니다.)

원을 제외한 이차곡선은 정점 F와 F를 지나지 않는 정직선 l로부터의 거리 PF, PQ의 비

$$\frac{PF}{PQ}$$

가 일정한 점의 자취이다. 이 일정한 비를 e로 하면

$e < 1$이면   타원

$e = 1$이면   포물선

$e > 1$이면   쌍곡선

이다.

위의 비 e를 이차곡선의 **이심률**이라고 합니다.

[보충 2] 원뿔곡선

또한, 이차곡선은 평면에 의한 원뿔면의 단면으로도 나타납니다. 즉, 원뿔면을 평면으로 자르면 단면인 타원, 포물선 또는 쌍곡선이 나타납니다. 이 때문에 이차곡선을 **원뿔곡선(원추곡선)**이라고도 합니다. (원뿔면을 평면으로 자르면 타원, 포물선, 쌍곡선이 나타난다는 것은 고

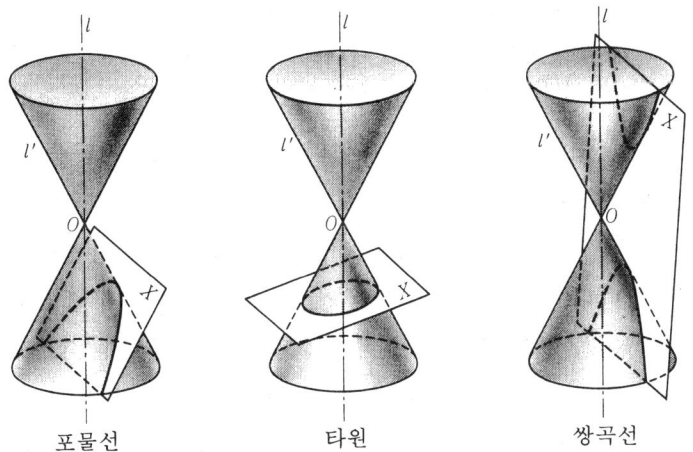

포물선   타원   쌍곡선

대 그리스 시대부터 알려졌고, 많은 연구가 이루어졌습니다. 특히 아폴로니우스(기원전 3세기)에 의한 연구가 유명한데, 그는 여덟 권의 대저작 "원뿔곡선론"을 남겼습니다.]

원뿔면이란 하나의 직선 l과 한 점 O에서 만나는 직선

l'가 l주위의 공간내에서 회전할 때 l'가 그리는 면을 말합니다. l을 이 원뿔면의 **축**, O는 그 **꼭지점**, l'를 그 **모선**이라고 합니다.

원뿔면은 꼭지점 O에 의해서 두 부분으로 나누어집니다. 꼭지점을 지나지 않는 평면 X로 원뿔면을 자를 때, X가 원뿔면의 한쪽 부분에서만 만나고, 또한 어떤 한 모선에 평행이면, X에 의한 단면은 포물선이 됩니다.

X가 원뿔면의 한쪽 부분에서만 만나고, 또한 어느 모선에도 평행이 아니면 단면은 타원(원의 경우도 포함합니다)이 됩니다. 또, X가 원뿔면의 양쪽 부분과 만나면 단면은 쌍곡선이 됩니다. 앞의 그림은 이들의 상태를 보여 주는 것입니다.

그럼, 이제부터 위에서 말한 것에 대하여 이유를 설명하겠습니다. [다음에 말하는 것은 본질적으로 그다지 어려운 것이 아니지만, 입체도형이기 때문에 시각적으로 파악하기 어려운 부분도 있을 것입니다. 만일 번거로우면 "증명"은 생략해도 됩니다. 여기서 여러분이 기억해 둘 것은 오직 위에서 말한 사실뿐입니다. 그러나 만일 "증명"을 읽고 그것을 이해했다면, 그것은 큰 기쁨을 줄 것입니다.]

지금, 평면을 X로 하고, X에 의한 원뿔면의 단면을 C로 합니다. 원뿔면과 평면 X의 양쪽에 접하는 구면 S를 생각하고, 구면 S와 평면 X와의 접점을 F로 합니다. 또, 구면 S는 원뿔면과 하나의 원을 따라 접하고 있는데, 그 원을 포함하는 평면을 X'로 하고, 평면 X와 X'와의 교선을 m으로 합니다. 왼쪽 그림은, 원뿔과 평면 X, X' 및 구면 S를, 교선 m에 수직이고 원뿔의 축을 포함하는 평면에 의해서 자른 단면도입니다.

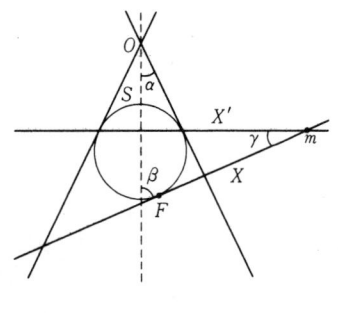

그런데, 위와 같이 점 F와 직선 m을 정했을 때, X에 의한 원뿔면의 단면 C는

F를 초점, m을 준선으로 하는 이차곡선

이 되는 것을 증명하겠습니다.

증명의 준비로서, 앞의 그림과 같이, 원뿔의 축과 원뿔의 모선이 이루는 각을 α, 두 평면 X, X'가 이루는 각을 γ로 하고,

$$\beta = \frac{\pi}{2} - \gamma$$

라 합니다.

지금, P를 C상의 임의의 한 점으로 하고, P에서 교선 m으로 내린 수선을 PQ로 합니다. 우리가 증명하고자 하는 것은 PF, PQ의 비

$$\frac{PF}{PQ}$$

가 일정하다는 것입니다. 이것을 증명하기 위해, P와 원뿔의 꼭지점 O를 연결하는 직선이 평면 X'와 만나는 점을 R로 하고, 또 P에서 평면 X'로 내린 수선을 PN으로 합니다.

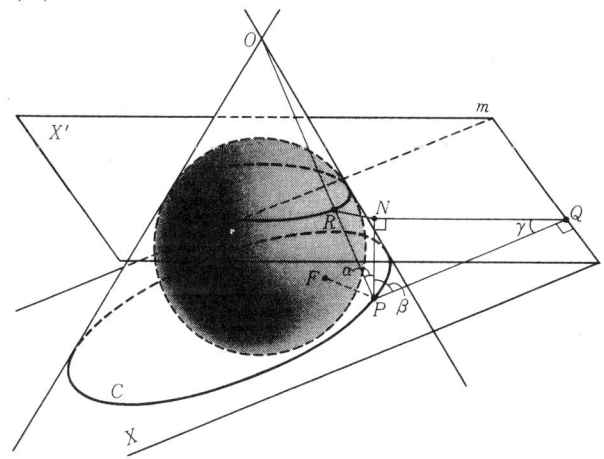

이때, F 및 R은 모두 점 P에서 구면 S에 그은 접선의 접점이므로

$$PF = PR \qquad\qquad ①$$

입니다.

또, 평면 X'는 명백히 원뿔의 축에 수직이므로 PN은 원뿔의 축에 평행이고, 따라서

$$\angle RPN = \alpha$$

입니다. 그러므로

$$PN = PR \cos \alpha \qquad\qquad ②$$

가 됩니다.

한편, 삼수선의 정리에 의해 NQ는 m에 수직이고, $\angle PQN$은 두 평면 X, X'가 이루는 각, 즉 γ와 같아집니다. 따라서

$$\angle QPN = \beta$$

입니다. 그러므로

$$PN = PQ \cos \beta \qquad\qquad ③$$

가 됩니다.

②, ③으로부터

$$PR \cos \alpha = PQ \cos \beta$$

가 얻어지고, 따라서

$$\frac{PR}{PQ} = \frac{\cos \beta}{\cos \alpha}$$

가 얻어집니다. 또 ①로부터 $PF = PR$이므로 이 결과는

$$\frac{PF}{PQ} = \frac{\cos \beta}{\cos \alpha}$$

로 쓸 수가 있습니다.

이 우변의 값은 각 α와 β만으로 정해지며, C상의 점 P를 어떻게 잡는가 하는 문제와는 관계가 없습니다. 그리하여 일정한 값을 e로 놓으면

$$\frac{PF}{PQ} = e = 일정$$

이 됩니다. 이것으로 우리의 주장이 증명되었습니다.

그리고 위의 증명과 같이 C의 이심률 e는

$$e = \frac{\cos \beta}{\cos \alpha}$$

로 주어지므로, $\alpha < \beta$, $\alpha = \beta$, $\alpha > \beta$에 따라

$$e < 1, \quad e = 1, \quad e > 1$$

이 됩니다. 즉 $\alpha < \beta$, $\alpha = \beta$, $\alpha > \beta$에 따라 단면 C는 타원, 포물선, 쌍곡선이 되는 것입니다.

끝으로, 단면 C가 타원이 되는 경우에 대해서 또 하나 다른 증명법을 제시하겠습니다. 이 증명법은 기하학적으로 훨씬 간단하고 명쾌합니다.

지금, 어느 모선에도 평행이 아닌 평면 X가 원뿔면의 한쪽 부분에서만 만난다 하고, 단면의 곡선을 C로 합니다. 이때 원뿔면의 한쪽에서 원뿔면과 평면 X에 접하는 구면은, 위에서 생각한 구면 S 외에 또 하나의 구면 S'를 갖습니다. 구면 S가 X와 접하는 점을 위와 마찬가지로 F라 하고, 구면 S'가 X와 접하는 점을 F'로 합니다. 그러면 C상의 임의의 점 P에 대하여 PF, PF'의 합이 일정하게 된다는 것을 증명하겠습니다.

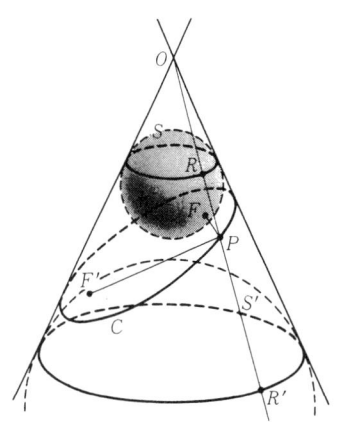

이것을 증명하기 위해, P와 원뿔의 꼭지점 O를 연결하고, 직선 OP가, 구면 S와 원뿔면이 접하여 생기는 원, 구면 S'가 원뿔면과 접하여 생기는 원과 각각 만나는 점을 R, R'로 합니다. 그러면, 위에서도 말한 바와 같이

$$PF = PR$$

이고, 또 같은 이유로 해서

$$PF' = PR'$$

가 성립합니다. 따라서

$$PF + PF' = PR + PR' = RR'$$

가 됩니다.

그런데, 선분 RR'는 무엇을 나타내는 것일까요? 그것은 원뿔의 모선이, 원뿔의 축에 수직인 두 개의 정평면 —— 즉, 위에서 말한 두 원을 각각 포함하는 평면 —— 에 의해서 잘리는 부분을 나타냅니다. 물론 그 길이는 점 P를 어떻게 잡느냐와 관계없이 일정합니다. 이것으로 $PF + PF'$가 일정하다는 것이 증명되었습니다.

그러므로 C는 F, F'를 두 초점으로 하는 타원이 됩니다.

단면 C가 쌍곡선이 되는 경우에 대해서도 똑같은 고찰을 할 수가 있지만, 그림을 생각하는 것이 좀 번거롭습니다. 흥미를 가진 사람은 스스로 증명해 보십시오.

수학에는 인간적인 환희를 불러 일으키는 그
무엇이 있다.

하우스도르프

13 '이산적'인 세계
—— 수열

13.1 수열과 그 합

　지금까지는 벡터, 공간도형, 이차곡선 등 도형적인 이
야기가 계속되었지만, 여기서는 이야기가 180° 달라집니
다. 이 장에서는 수열을 다룹니다. 이것은 "연속적"인 세
계가 아니라 "이산적"인 세계입니다. (여기서 "연속적"
이니 "이산적"이니 하는 말에 대해서 굳이 설명을 하지
않겠습니다. 즉 실수의 세계는 "연속적"이고, 자연수의
세계는 "이산적"입니다.) 수열은 옛날부터 수학의 중요
한 주제의 하나로서, 여러 가지 흥미있는 화제, 자극적인
화제를 수학에 제공해 왔습니다. 우리는 이 장에서 등차
수열, 등비수열을 비롯하여, 우리가 여러 경우에 자주 만
나게 되는 몇 개의 수열에 대해서 그것을 다루는 법과 성
질을 배웁니다. 그리고 또 수학적귀납법이라 불리는 매

우 중요한 증명법도 배웁니다. 이것은 수학에서 가장 기본적인 추론의 방법이라 생각되는데, 이것을 배움으로서 우리는 또 한 가지 중요한 수학적 무기를 얻게 됩니다. 그리고 또 한 가지, 이 수열과 수학적 귀납법의 장에서 우리는 비로소 실질적인 "무한"에 직면하게 될 것입니다.

◆ 수열

수열이란 글자 그대로, 어떤 수에서 시작하여 차례로 수를 나열하는 "수의 열"을 말합니다.

예를 들면, 다음의 ①, ②, ③과 같은 열은 모두 수열입니다.

$$1, 2, 3, 4, 5, 6, 7, 8, \cdots \qquad ①$$
$$1, -2, 4, -8, 16, -32, 64, -128, \cdots \qquad ②$$
$$1, 1, 2, 3, 5, 8, 13, 21, \cdots \qquad ③$$

①은 가장 기본적인 수열인데, 이것은 자연수를 1부터 시작해서 크기의 차례로 나열한 것입니다. ②는 1에서 시작해서 계속 -2를 곱해서 얻은 수를 나열했습니다. ③은 처음의 두 수가 1, 1이고, 다음은

$$1+1=2, \quad 1+2=3, \quad 2+3=5, \quad 3+5=8,$$
$$5+8=13, \quad 8+13=21, \quad \cdots\cdots$$

과 같이, 앞의 두 수의 합을 차례로 나열해서 생긴 수열입니다.

위에 예시한 ①, ②, ③은 모두 간단한 규칙에 따라 이루어져 있습니다. 그래서 흔히 수열이란 "어떤 규칙에 따라 수를 차례로 나열한 것"이라 정의되기도 합니다. 실제로는 이런 정의로도 지장이 없지만, 원리적으로는 "어떤 규칙에 따라"라는 것은 특별히 필요한 조건은 아닙니다. 어떤 식으로도 수가 나열되어 있으면 그것은 수열인 것입니다. 어떤 경우에 있어서는 완전히 "무규칙적인" 수의 열이 오히려 필요할 때가 있습니다. 그러나 아무런 규

칙성도 없이 나열된 수의 열은 흥미를 끄는 것도 아니고, 이론을 만들 수도 없습니다. 우리가 보통 흥미를 가지는 것은 역시 규칙성이 있는 수열입니다. 이제부터 이 장에서 다루는 것도 제각기 "어떤 간단한 규칙에 따라 만들어진 수열"입니다.

수열 속에 나타나는 각각의 수를 그 수열의 항이라 하고, 앞에서부터 **제1항, 제2항, 제3항,** …이라고 합니다. 제1항을 **첫째항**이라고도 합니다.

예를 들어 앞에 든 수열 ③은,

첫째항=1, 제3항=1, 제3항=2, 제4항=3,

제5항=5, 제6항=8, 제7항=13, 제8항=21, …

로 되어 있습니다.

일반적으로, 수열에서는 앞에서부터 n번째의 항을 **제n항**이라고 합니다. 여기서 "n"은 임의의 자연수를 나타냅니다.

수열을 일반적으로 나타내는 데는 하나의 문자, 예를 들면 a에 항의 번호를 첨가하여

$$a_1, \quad a_2, \quad a_3, \quad a_4, \quad \cdots, \quad a_n, \quad \cdots$$

과 같이 씁니다. 항의 번호를 나타내는 1, 2, 3, 4, …, n, …을 **첨자**라고 합니다. 또 이 수열을 간단히

$$\{a_n\}$$

으로도 나타냅니다.

예 일반적으로 제n항 a_n이 $a_n = 3n - 1$로 나타나는 수열에서는

첫째항은 $a_1 = 3 \times 1 - 1 = 2,$

제2항은 $a_2 = 3 \times 2 - 1 = 5,$

제3항은 $a_3 = 3 \times 3 - 1 = 8,$

제4항은 $a_4 = 3 \times 4 - 1 = 11,$

……

이 됩니다.

예 일반적으로 n항이 $a_n = \dfrac{1}{2^{n-1}}$로 나타나는 수열에서는,

$$a_1 = \frac{1}{2^{1-1}} = 1, \qquad a_2 = \frac{1}{2^{2-1}} = \frac{1}{2},$$

$$a_3 = \frac{1}{2^{3-1}} = \frac{1}{4}, \qquad a_4 = \frac{1}{2^{4-1}} = \frac{1}{8},$$

$$a_5 = \frac{1}{2^{5-1}} = \frac{1}{16}, \qquad a_6 = \frac{1}{2^{6-1}} = \frac{1}{32}, \qquad \cdots\cdots$$

이 됩니다.

위의 두 예에서 $a_n = 3n-1$ 및 $a_n = \frac{1}{2^{n-1}}$이라는 식은 각각 수열의 제n항을 일반적으로 나타냅니다. 즉, 이들 식에서 $n=1$이라 하면 첫째항 a_1, $n=2$라 하면 제2항 a_2, $n=3$이라 하면 제3항 a_3, …이 얻어집니다.

이와 같이 제n항의 "n"이 특정한 번호가 아니라 임의의 번호를 나타낸다고 생각될 때, 이것을 수열의 **일반항**이라 부릅니다.

그리고 일반항 a_n이 n의 식으로 주어지는 수열은, 그 n의 식을 { }안에 써서 나타냅니다. 예를 들면, 위의 두 예의 수열은 각각

$$\{3n-1\}, \quad \left\{\frac{1}{2^{n-1}}\right\}$$

로 나타냅니다.

또, 처음에 든 650페이지의 수열 ①은 $\{n\}$으로 나타나고, 수열 ②는 $\{(-2)^{n-1}\}$로 나타납니다. 수열 ③에 대해서는 이 방법은 좀 까다로워집니다. 그것은 이 수열의 제n항을 일반적으로 n의 식으로 나타내기가 쉽지 않기 때문입니다. 이 수열에 대해서는 나중에 다시 언급할 기회가 있을 것입니다.

여담입니다만, 일반항을 나타내는데 왜 "n"을 사용하는 것일까요? 그것은 n이 자연수를 뜻하는 영어 natural number의 머리글자이기 때문입니다. 이밖에는 n의 친척이라는 뜻에서 m, 그리고 i, j, k 등도 종종 일반항을 나타내는 문자로 사용됩니다.

문제 1 다음 수열의 첫째항부터 제5항까지를 쓰시오.

(1) $\{-7+2n\}$ (2) $\{n^2-n\}$ (3) $\{(-1)^n\}$

[**주의** : 위에서는 수열의 번호를 1에서 시작하여

$$a_1, \quad a_2, \quad a_3, \quad a_4, \quad \cdots\cdots$$

와 같이 썼습니다. 이 장에서는 앞으로도 그렇게 할 생각이지
만, 특별히 수열의 번호를 1부터 시작해야 한다는 규칙이 있
는 것은 아닙니다. 어디서 시작해도 됩니다. 예를 들면, 수열
의 번호를 0에서 시작하여

$$a_0, \quad a_1, \quad a_2, \quad a_3, \quad \cdots\cdots$$

과 같이 쓰는 것도 흔히 있는 방법입니다.]

위에서 예로 살펴본 몇 가지 수열은 모두 끝에 ……이
붙어 있습니다. 즉, 이것들은 무한히 계속되는 수열입니
다. 이와 같이 무한히 계속되는 수열을 **무한수열**이라고
합니다.

이에 대하여 유한개의 항만을 가지는 수열은 **유한수열**
이라 합니다. 유한수열에서는 항의 개수를 **항수**, 마지막
항을 **끝항**이라고 합니다.

예를 들면

3, 6, 9, 12, 15, 18, 21, 24, 27, 30

은 항수 10의 유한수열이고, 끝항은 30입니다.

다만, 유한수열이라고는 하지만 위에 든 수열은 금방
알 수 있는 간단한 규칙이 있고, 33, 36, 39, …로 무한히
나열할 수가 있습니다. 즉, 이것은 원래는 무한수열인 것
을 앞쪽의 10항만 적어 놓은 유한수열로 생각됩니다. 우
리가 생각하는 유한수열은 대개 이런 종류의 것입니다.

물론, 계속 뻗어나갈 수 없는 유한수열도 있습니다. 예
를 들면,

1988, 12, 30, 11, 57

이라는 수열은 계속해서 뻗어나갈 수 없습니다. 아무런

규칙성을 발견할 수 없기 때문입니다. 이 수열은 도대체 무엇일까요? 아무 것도 아닙니다. 이것은 다만 어떤 날의 날짜와 시간──1992년 12월 30일 11시 57분──일 뿐입니다.

◈ 등차수열과 그 일반항

수열 중에서 가장 기본적인 것은 등차수열과 등비수열입니다. 먼저 등차수열부터 설명하겠습니다.

수열 $\{a_n\}$이 첫째항 a_1부터 시작하여, 계속해서 일정한 수 d를 더함으로써 얻어질 때, 즉 임의의 번호 n에 대하여

$$a_{n+1} = a_n + d \quad \text{또는} \quad a_{n+1} - a_n = d$$

가 성립할 때, $\{a_n\}$을 **등차수열**이라 하고, d를 그 **공차**라 합니다.

예를 들면,

$$1, 4, 7, 10, 13, 16, \cdots\cdots$$

은 첫째항 1, 공차 3인 등차수열입니다.

또, 첫째항이 12이고 공차가 -5인 등차수열은

$$12, 7, 2, -3, -8, -13, \cdots\cdots$$

이 됩니다.

등차수열에서도 그 첫째항과 공차를 알면 곧 일반항을 나타낼 수가 있습니다. 실제로, $\{a_n\}$을 공차 d인 등차수열이라 하고, 그 첫째항 a_1을 a로 하면,

$$a_1 = a, \ a_2 = a + d, \ a_3 = a + 2d, \ a_4 = a + 3d,$$
$$\cdots\cdots$$

따라서 일반적으로

$$a_n = a + (n-1)d$$

가 됩니다. 이것이 첫째항 a, 공차 d인 등차수열의 일반항입니다.

예 등차수열 $1, 4, 7, 10, 13, 16, \cdots$의 일반항 a_n은

$$a_n = 1 + (n-1) \cdot 3 = 3n - 2$$

입니다.

문제 2 다음을 구하시오.

(1) 첫째항 4, 공차 3인 등차수열의 제40항

(2) 첫째항 2, 공차 −3인 등차수열의 제35항

(3) 등차수열 20, 27, 34, 41, …의 제n항

(4) 등차수열 $2, \dfrac{5}{4}, \dfrac{1}{2}, -\dfrac{1}{4}, \cdots$의 일반항

예제 $a_4 = 14,\ a_9 = 54$인 등차수열 $\{a_n\}$의 첫째항, 공차, 일반항을 구하시오.

풀이 첫째항을 a, 공차를 d라 하면
$$a_4 = a + 3d, \qquad a_9 = a + 8d$$
이므로, 가정에 따라 연립방정식
$$\begin{cases} a + 3d = 14 \\ a + 8d = 54 \end{cases}$$
을 얻습니다. 이것을 a, d에 관해서 풀면
$$a = -10, \qquad d = 8$$
이것이 첫째항과 공차입니다. 또, 일반항은
$$a_n = -10 + 8(n-1) = 8n - 18$$
이 됩니다.

예제 일반항 a_n이
$$a_n = An + B$$
로 나타나는 수열이 등차수열임을 증명하시오. 단, A, B는 상수로 합니다.

증명 가정에 따라, 임의의 번호 n에 대하여
$$a_n = An + B$$
$$a_{n+1} = A(n+1) + B$$
가 성립합니다. 따라서
$$a_{n+1} - a_n = \{A(n+1) + B\} - (An + B) = A$$
가 되고, 이것은 일정합니다. 그러므로 $\{a_n\}$은 공차 A인

등차수열입니다.

문제 3   다음 등차수열의 첫째항 a, 공차 d, 일반항 a_n을 구하시오.

(1) $a_3 = 12, a_{10} = -23$인 등차수열

(2) $a_7 = 8, a_{20} = 60$인 등차수열

문제 4   첫째항 -10, 끝항 26, 항수 7인 등차수열을 만드시오.

문제 5 $\{a_n\}, \{b_n\}$이 각각 공차 d, d'인 등차수열일 때, 다음 수열도 등차수열임을 증명하고, 그 공차를 구하시오.

(1)   수열 $\{5a_n\}$: 즉 수열
$$5a_1, 5a_2, 5a_3, 5a_4, \cdots\cdots$$

(2)   수열 $\{a_n + b_n\}$: 즉 수열
$$a_1 + b_1, a_2 + b_2, a_3 + b_3, a_4 + b_4, \cdots\cdots$$

◆ 등차수열의 합

일반적으로 유한수열에서는 그 모든 항의 합을 구하는 것이 하나의 흥미 진진한 문제가 됩니다.

유한 등차수열의 합을 구하는 문제는 이러한 문제 중에서 가장 기본적인 것입니다.

지금 $a_1, a_2, a_3, a_4, \cdots$ 가 첫째항 a, 공차 d인 등차수열이라 하고, 그 첫째항부터 제 n항까지의 합
$$a_1 + a_2 + a_3 + a_4 + \cdots + a_n$$
을 구해 봅시다.

이 합을 S_n으로 하고, 끝항 a_n을 l로 하면, S_n은
$$S_n = a + (a+d) + (a+2d) + \cdots + (l-d) + l \quad ①$$
로 나타낼 수 있습니다. 이것을 구하기 위해 다음과 같은 매우 교묘한 계산을 합니다. 즉, ①의 우변의 항을 역순으로 나열하는 것입니다. 그러면
$$S_n = l + (l-d) + (l-2d) + \cdots + (a+d) + a \quad ②$$
가 되고, ①, ②를 변끼리 더하면

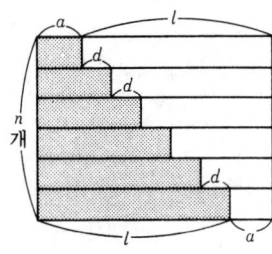

$$2S_n = (a+l) + (a+l) + (a+l) + \cdots + (a+l) + (a+l)$$

이 됩니다.

이 우변은 $a+l$을 n개 더한 것이므로

$$2S_n = n(a+l)$$

따라서

$$S_n = \frac{n(a+l)}{2} \qquad ③$$

이 됩니다. 이것으로 첫째항과 끝항 및 항수가 주어졌을 때의 (유한) 등차수열의 합의 공식을 얻었습니다.

위의 공식 ③에서, $l = a_n$에

$$l = a + (n-1)d$$

를 대입하면, S_n은 또 다음과 같이 나타낼 수 있습니다.

$$S_n = \frac{n}{2} \{2a + (n-1)d\} \qquad ④$$

이것은 첫째항과 공차 및 항수가 주어졌을 때의 등차수열의 합의 공식입니다.

위에서 얻은 공식 ③, ④를 정리해 봅시다:

첫째항 a, 끝항 l, 항수 n인 등차수열의 합 S_n은

$$S_n = \frac{n(a+l)}{2}$$

로 주어진다.

첫째항 a, 공차 d인 등차수열의 첫째항에서 제n항까지의 합 S_n은

$$S_n = \frac{n}{2} \{2a + (n-1)d\}$$

로 주어진다.

⟨예⟩ 1에서 n까지의 자연수 1, 2, 3, $\cdots$, n의 합은 첫째항 1, 끝항 n, 항수 n인 등차수열의 합이며,

$$첫째항 + 끝항 = 1 + n = n + 1$$

이므로 공식 ③에 의하여

$$1 + 2 + 3 + \cdots + n = \frac{1}{2} n(n+1)$$

이 됩니다. 이것은 가장 기본적인 공식이며, 반드시 기

억해 두어야 하는 것입니다.

예 1에서 시작되는 연속적인 n개의 홀수 1, 3, 5, 7, $\cdots$, $2n-1$은 첫째항 1, 끝항 $2n-1$, 항수 n인 등차수열이며,

$$첫째항+끝항=1+(2n-1)=2n$$

이므로, 이들 홀수의 합은, 공식 ③에 의해서

$$\frac{n}{2}\cdot 2n=n^2$$

이 됩니다. 즉,

$$\mathbf{1+3+5+\cdots+(2n-1)=n^2}$$

입니다. 이 간단한 결과도 기억해 둘 가치가 있습니다.

예 등차수열 3, 7, 11, 15, $\cdots$의 처음 20항의 합은 공식 ④에 의해서

$$\frac{20}{2}\times\{2\cdot3+(20-1)\cdot4\}=820$$

입니다.

문제 6 다음의 합을 구하시오.

(1) 1에서 100까지의 자연수의 합

(2) 첫째항 20, 끝항 60, 항수 10인 등차수열의 합

(3) 첫째항 -12, 공차 5, 항수 20인 등차수열의 합

(4) 등차수열 1, 4, 7, 10, 13, $\cdots$의 처음 n항의 합

(5) 등차수열 44, 31, 18, 5, $\cdots$, -86의 합

예제 1에서 n까지의 자연수의 합이 처음으로 1000을 넘는 것은 n이 얼마일 때입니까?

풀이 1에서 n까지의 자연수의 총합은 $\dfrac{n(n+1)}{2}$ 이므로

$$\frac{n(n+1)}{2}>1000$$

즉,

$$n^2+n-2000>0$$

이 되는 최소의 자연수를 구하면 됩니다. $n>0$에 주목하여, 이 이차부등식을 풀면

$$n>\frac{-1+\sqrt{8001}}{2}=44.2\cdots$$

그러므로 합이 처음으로 1000을 넘는 것은 $n=45$일 때입니다.

예제 세 자리의 자연수 중에서 5로 나누면 2가 남는 수의 합을 구하시오.

풀이 5로 나누면 2가 남는 수는 k를 정수로 하여

$$5k+2$$

의 꼴로 나타납니다. 그리고, 이것이 세 자리의 자연수이기 위해서는 k는

$$100 \leq 5k+2 < 1000$$

을 만족해야 합니다. 이로부터

$$19.6 \leq k < 199.6$$

그러므로 k가 취할 수 있는 값은

$$k = 20, 21, 22, 23, \cdots, 199$$

입니다. 따라서 이들 수는

$$첫째항 = 5 \times 20 + 2 = 102$$
$$끝항 = 5 \times 199 + 2 = 997$$
$$항수 = 199 - 20 + 1 = 180$$

인 등차수열을 만듭니다. 따라서 이들 수의 합은

$$\frac{180}{2} \times (102 + 997) = 98910$$

입니다.

예제 오른쪽 그림은 좌표의 원점 $(0, 0)$에서 출발하여 점 $(1, 0)$, $(1, 1)$, $(0, 1)$, $(-1, 1)$, $(-1, 0)$, $(-1, -1)$, $(0, -1)$, $\cdots$의 차례로, 두 좌표가 모두 정수인 점을 계속해서 지나가는 꺾은선입니다.

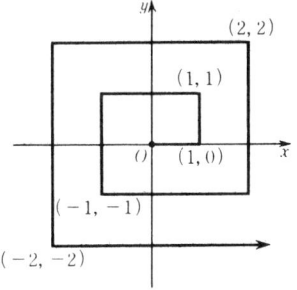

m을 주어진 0이 아닌 정수라 할 때, 원점에서 이 꺾은선을 따라 점 (m, m)에 이르는 거리를 구하시오.

풀이 그림에서 쉽사리 알 수 있듯이, 이 꺾은선을 따라 원점에서 점 $(1, 1)$에 이르는 거리는 1×2,
점 $(1, 1)$에서 점 $(-1, -1)$에 이르는 거리는 2×2,

점 $(-1, -1)$에서 점 $(2, 2)$에 이르는 거리는 3×2,

점 $(2, 2)$에서 점 $(-2, -2)$에 이르는 거리는 4×2,

·········

로 되어 있습니다. 따라서 이 꺾은선을 따라 원점에서 점 (m, m)에 이르는 거리를 D_m으로 하면

$$D_1 = 2$$
$$D_{-1} = 2(1+2)$$
$$D_2 = 2(1+2+3)$$
$$D_{-2} = 2(1+2+3+4)$$
$$D_3 = 2(1+2+3+4+5)$$
$$D_{-3} = 2(1+2+3+4+5+6)$$

·········

이 됩니다. 그러므로

<u>$m > 0$</u>일 때는, D_m은 1에서 $2m-1$까지의 자연수의 합의 2배입니다. 따라서

$$D_m = 2\{1+2+3+\cdots+(2m-1)\}$$
$$= 2 \times \frac{2m-1}{2}\{1+(2m-1)\} = 2m(2m-1)$$

또,

<u>$m < 0$</u>일 때는, $-m = m'$로 놓으면 $m' > 0$이고, D_m은 1에서 $2m'$까지의 자연수의 합의 2배입니다. 따라서

$$D_m = 2(1+2+3+\cdots+2m')$$
$$= 2 \times \frac{2m'}{2}(1+2m') = 2m'(2m'+1)$$

여기서 $m' = -m$이므로

$$D_m = -2m(-2m+1) = 2m(2m-1)$$

결국 m의 양·음에 관계없이 항상

$$D_m = 2m(2m-1)$$

이 됩니다.

문제 7 등차수열 24, 21, 18, 15, …가 있습니다.

(1) 첫째항부터 몇째 항까지의 합이 105가 됩니까?

(2) 첫째항부터 몇째 항까지의 합이 최대가 됩니까?

문제 8 세 자리의 자연수 중에서 다음과 같은 수의 합을 구하시오.

(1) 5로 나누어떨어지는 수

(2) 5로 나누면 3이 남는 수

문제 9 1에서 1000까지의 자연수 중 2나 5로 나누어떨어지지 않는 수의 개수와, 그것들의 합을 구하시오.

문제 10 모든 양의 홀수를 다음과 같은 짝으로 나눌 때, 제 n짝에 속하는 수의 총합을 구하시오.

$$[1], [3, 5], [7, 9, 11], [13, 15, 17, 19], \cdots\cdots$$

문제 11 모든 자연수를 다음 표와 같이 나열합니다.

열 ↓

1	2	4	7	11		
3	5	8	12			
6	9	13				
10	14					
15						

행 →

(1) 가장 왼쪽 열의 위에서 제 m번째의 수를 구하시오.

(2) 가장 위 행의 왼쪽부터 제 n번째의 수를 구하시오.

(3) 위에서 제 m행째와 왼쪽에서 제 n열째가 교차하는 위치에 있는 수를 구하시오.

(4) 100은 몇 행, 몇 열째에 있습니까?

[힌트 : (3)을 생각하기 위해서는 오른쪽 그림의 ○표에 있는 수가 무엇인가를 생각하십시오.]

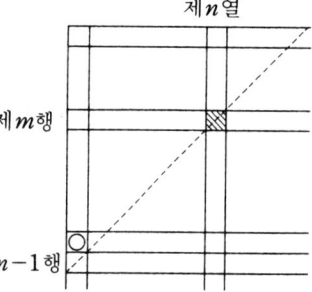

제 n 열

제 m 행

제 $m+n-1$ 행

◆ 등비수열과 그 일반항

등차수열 다음에는 등비수열을 생각해 봅시다.

수열 $\{a_n\}$이 첫째항 a_1부터 시작해서 차례차례로 일정한 수 r을 곱해서 얻어질 때, 즉 임의의 번호 n에 대하여

$$a_{n+1} = a_n r$$

이 성립할 때 $\{a_n\}$을 **등비수열**이라 하고, r을 그 **공비**라 합니다.

예를 들면,

$$3, 6, 12, 24, 48, \cdots\cdots$$

은 첫째항 3, 공비 2의 등비수열입니다.

또, 첫째항이 9이고 공비가 $-\dfrac{1}{3}$인 등비수열은

$$9, -3, 1, -\frac{1}{3}, \frac{1}{9}, \cdots\cdots$$

이 됩니다.

등비수열 $\{a_n\}$의 일반항도 그 첫째항과 공비에 의해서 직접적으로 나타낼 수 있습니다. 실제로, 첫째항을 a, 공비를 r로 하면

$$a_1 = a, \quad a_2 = ar, \quad a_3 = ar^2, \quad a_4 = ar^3,$$
$$\cdots\cdots$$

따라서 일반적으로

$$a_n = ar^{n-1}$$

이 됩니다. 이것이 첫째항 a, 공비 r인 등비수열의 일반항입니다.

예를 들면, 등비수열 3, 6, 12, 24, $\cdots$의 일반항은

$$a_n = 3 \cdot 2^{n-1}$$

로 주어집니다.

[**주의** : 등비수열에서 만일 첫째항이 0이면 그 수열은 0, 0, 0, 0, $\cdots$; 또 만일 공비가 0이면 그 수열은 a, 0, 0, 0, $\cdots$이 되지만, 이것들은 "쓸모없는" 것들입니다. 따라서 보통 등비수열이라고 하면 첫째항이나 공비가 모두 0이 아닌 것으로 생각합니다.]

문제 12 다음을 구하시오.

(1) 첫째항 1, 공비 2인 등비수열의 제7항

(2) 첫째항 4, 공비 $-\dfrac{1}{2}$인 등비수열의 제6항

(3) 등비수열 $\sqrt{2}, 2, 2\sqrt{2}, 4, \cdots$의 일반항

(4) 등비수열 2, -6, 18, -54, $\cdots$의 일반항

예제 제2항이 3, 제6항이 48인 등비수열의 첫째항과 공비 및 일반항을 구하시오. 단, 항은 실수로 합니다.

풀이 첫째항을 a, 공비를 r로 하면, 주어진 조건은

$$ar = 3, \qquad ar^5 = 48,$$

로 나타납니다. 이 두 식에서 $r^4 = 16$이 얻어지고, 가정에 따라 r은 실수이므로, 이로부터 $r^2 = 4$, 따라서

$$r = \pm 2$$

가 얻어집니다. 이것을 $ar = 3$에 대입하면

$$a = \pm \frac{3}{2}$$

즉, 첫째항과 공비를

$$a = \pm \frac{3}{2}, \qquad r = \pm 2 \ (\text{복부호동순})$$

입니다. 또, 일반항은

$$a = \frac{3}{2}, \ r = 2 \ \text{일 때}$$

$$a_n = \frac{3}{2} \cdot 2^{n-1} = 3 \cdot 2^{n-2}$$

$$a = -\frac{3}{2}, \ r = -2 \ \text{일 때}$$

$$a_n = \left(-\frac{3}{2} \right) \cdot (-2)^{n-1} = 3 \cdot (-2)^{n-2}$$

이 됩니다.

[주의 : 위의 예제에서 "항은 실수로 한다"는 단서가 붙어 있지만, 만일 항이 허수라도 좋다면 $r^4 = 16$에서, 위의 해 이외에 $r^2 = -4$, 즉

$$r = \pm 2i \qquad (i\text{는 허수단위})$$

라는 해도 얻어집니다. 따라서 첫째항 a, 일반항 a_n에 대해서도 다른 가능성이 생깁니다. 물론 등비수열에서 항이 허수라는 것을 제외할 이유는 아무 것도 없습니다. 다만, 여기서는 그다지 본질적인 것이 아닌 번잡을 피하기 위해 "항은 실수이다"라는 제한을 둔 것입니다.]

문제 13   다음 등비수열의 첫째항 a, 공비 r, 일반항 a_n을 구하시오. 단, 항은 실수로 합니다.

(1) $a_3=4$, $a_5=36$인 등비수열

(2) $a_3=9$, $a_6=-\dfrac{8}{3}$인 등비수열

문제 14 a, b, c를 0이 아닌 수라 합니다.

(1) a, b, c가 이 순서로 등비수열을 이루기 위한 필요충분조건은 $b^2=ac$임을 증명하시오.

(2) a, b, c가 이 순서로 등비수열을 이루고, 합이 13, 곱이 27일 때, a, b, c를 구하시오. 단, a, b, c는 실수로 합니다.

문제 15 $\{a_n\}$, $\{b_n\}$이 모두 등비수열이면 $\{a_n b_n\}$도 등비수열임을 증명하시오.

문제 16   (1) $a_1, a_2, a_3, \cdots$이 등차수열이면 수열 10^{a_1}, 10^{a_2}, $10^{a_3}, \cdots$은 등비수열이 되는 것을 증명하시오.

(2) $b_1, b_2, b_3 \cdots$이 등비수열이고 모든 항이 양이면, 수열 $\log_{10} b_1$, $\log_{10} b_2$, $\log_{10} b_3$, $\cdots$은 등차수열이 되는 것을 증명하시오.

◆   **등비수열의 합**

첫째항 a, 공비 r인 등비수열의 첫째항부터 제n항까지의 합을 구해 봅시다.

이 합을 S_n이라 하면

$$S_n = a + ar + ar^2 + \cdots + ar^{n-2} + ar^{n-1} \qquad ①$$

입니다.

$r=1$이면 명백히 $S_n = na$입니다.

$r \neq 1$일 때, ①의 양변에 r을 곱하면

$$rS_n = ar + ar^2 + \cdots + ar^{n-2} + ar^{n-1} + ar^n \qquad ②$$

①에서 ②를 변끼리 빼면 양끝 이외의 항은 모두 없어져서

$$(1-r)S_n = a - ar^n = a(1-r^n)$$

따라서

$$S_n = \frac{a(1-r^n)}{1-r} = \frac{a(r^n-1)}{r-1}$$

이 됩니다.

이것에서 다음을 알 수 있습니다.

첫째항 a, 공비 r인 등비수열의 첫째항부터 제 n 항까지의 합을 S_n이라 하면

$r \neq 1$ 이면 $S_n = \dfrac{a(1-r^n)}{1-r} = \dfrac{a(r^n-1)}{r-1}$

$r = 1$ 이면 $S_n = na$

예 첫째항 1, 공비 2인 등비수열의 n항까지의 합은

$$1+2+2^2+\cdots+2^{n-1} = \frac{2^n-1}{2-1} = 2^n-1$$

예 첫째항 1, 공비 $\dfrac{1}{2}$인 등비수열의 n항까지의 합은

$$1+\frac{1}{2}+\frac{1}{2^2}+\cdots+\frac{1}{2^{n-1}} = \frac{1-\left(\frac{1}{2}\right)^n}{1-\frac{1}{2}} = 2\left\{1-\left(\frac{1}{2}\right)^n\right\}$$

예 첫째항 2, 공비 $-\dfrac{1}{3}$인 등비수열의 n항까지의 합은

$$\frac{2\left\{1-\left(-\frac{1}{3}\right)^n\right\}}{1-\left(-\frac{1}{3}\right)} = \frac{3}{2}\left\{1-\left(-\frac{1}{3}\right)^n\right\}$$

문제 17 다음의 합을 구하시오.

(1) 첫째항 3, 공비 2, 항수 6인 등비수열의 합

(2) 첫째항 9, 공비 $-\dfrac{1}{3}$, 항수 7인 등비수열의 합

(3) 첫째항 3, 공비 -2, 항수 8인 등비수열의 합

(4) 등비수열 1, -2, 4, -8, $\cdots$의 처음부터 n항까지의 합

(5) 등비수열 3, 1, $\dfrac{1}{3}$, $\dfrac{1}{9}$, $\cdots$의 처음부터 n항까지의 합

◆ **합의 기호 $\sum$**

위에서는 가장 기본적인 두 종류의 수열——등차수열과 등비수열에 대해서 생각하고, 특히 이들 수열의 합을 구하는 방법을 설명했습니다. 그러나 이들 수열 외에도

응용상 중요하며, 그 합을 간단히 구할 수 있는 몇 개의
수열이 있습니다.

이것을 설명하기 전에 먼저 수열의 합을 나타내는 일
반적인 방법에 대해서 설명하겠습니다.

일반적으로 유한수열 $a_1, a_2, a_3, \cdots, a_n$의 합

$$a_1 + a_2 + a_3 + \cdots + a_n$$

을 기호 $\sum$를 써서

$$\sum_{k=1}^{n} a_k$$

로 나타냅니다.

즉, $\sum_{k=1}^{n} a_k$는 k가 $1, 2, 3, \cdots, n$으로 변했을 때의 모든 항 a_k
의 합을 나타냅니다.

$\sum$는 Sum의 S에 해당하는 그리스 문자로, 시그마라고
읽습니다. 기호

$$\sum_{k=1}^{n} a_k$$

에서 n은 어떤 일정한 자연수를 나타내는 것으로 생각합
니다. 여기서는 수열

$$a_1, a_2, a_3, \cdots, a_n$$

의 일반항이 a_k로 나타나고 있습니다. 즉, k가 일반항의 번
호를 나타내는 문자입니다.

다시 반복하면, 기호 $\sum_{k=1}^{n} a_k$에서는, n은 일정한 자연수이
고, k가 $1, 2, 3, \cdots, n$으로 움직입니다. 따라서 이 경우 일
반항의 첨자를 나타내는 문자로 $\underline{n}$을 쓸 수는 없습니다.
그러나 n 이외의 문자면──물론 a도 제외해야 하지만
──(원리적으로는 어떤 문자를 써도 무방합니다. 예를
들면, $\sum_{k=1}^{n} a_k$ 대신에

$$\sum_{i=1}^{n} a_i, \qquad \sum_{j=1}^{n} a_j$$

등으로 써도 뜻은 같습니다.

몇 가지 예를 들어 봅시다.

(예) $1 + 2 + 3 + \cdots + n$은 $\sum_{k=1}^{n} a_k$로 나타낼 수 있습니다.

(예) 등차수열 $1, 4, 7, 10, \cdots$의 처음 7항의 합은 (일반항

이 $a_k = 3k - 2$이므로)

$$1 + 4 + 7 + 10 + 13 + 16 + 19 = \sum_{k=1}^{7}(3k - 2)$$

로 나타냅니다.

(예) 등비수열의 합 $a + ar + ar^2 + \cdots + ar^{n-1}$은

$$\sum_{k=1}^{n} ar^{k-1}$$

로 나타냅니다.

이와 같이 기호 $\sum_{k=1}^{n}$은 "k가 $1, 2, 3, \cdots, n$으로 움직였을 때의 합"을 나타내지만, 이 기호는 물론 다음과 같이 약간 일반화해서도 사용됩니다.

예를 들면

$$\sum_{k=2}^{6} a_k \text{는 } a_2 + a_3 + a_4 + a_5 + a_6$$

을 나타냅니다. 또

$$\sum_{i=0}^{n-1} 2^i \text{는 } 1 + 2 + 2^2 + \cdots + 2^{n-1}$$

을 나타냅니다.

문제 18 다음 합에서 $+$의 기호로 쓰인 것은 기호 $\sum$를 써서 고치고 반대로 $\sum$를 써서 쓰인 것은 $+$의 기호를 써서 각각 고쳐 쓰시오.

(1) $1^2 + 2^2 + 3^2 + \cdots + n^2$　　(2) $5 + 9 + 13 + 17 + \cdots + 41$

(3) $\displaystyle\sum_{k=1}^{6}(2k-1)$　　　　　　(4) $\displaystyle\sum_{i=0}^{4}\frac{1}{2^i}$

(5) $\displaystyle\sum_{j=1}^{n} j(j+1)$　　　　　　(6) $\displaystyle\sum_{k=3}^{7} k^3$

◆ **$\sum$의 성질**

항수 n인 두 수열 $a_1, a_2, \cdots, a_n$; $b_1, b_2, \cdots, b_n$ 및 상수 c에 대하여 수열

$$a_1 + b_1, \ a_2 + b_2, \ \cdots, \ a_n + b_n$$

및

$$ca_1, \ ca_2, \ \cdots, \ ca_n$$

의 합을 생각하면, 이것들은

$$(a_1 + b_1) + (a_2 + b_2) + \cdots + (a_n + b_n)$$
$$= (a_1 + a_2 + \cdots + a_n) + (b_1 + b_2 + \cdots + b_n)$$

$$ca_1 + ca_2 + \cdots + ca_n = c(a_1 + a_2 + \cdots + a_n)$$

이 됩니다.

이것은 $\sum$ 기호를 쓰면 다음과 같이 나타납니다.

$$\sum_{k=1}^{n} (a_k + b_k) = \sum_{k=1}^{n} a_k + \sum_{k=1}^{n} b_k$$

c가 상수일 때 $\qquad \sum_{k=1}^{n} ca_k = c \sum_{k=1}^{n} a_k$

그 정리로부터 나아가서

$$\sum_{k=1}^{n} (-a_k) = -\sum_{k=1}^{n} a_k$$

$$\sum_{k=1}^{n} (a_k - b_k) = \sum_{k=1}^{n} a_k - \sum_{k=1}^{n} b_k$$

등의 등식을 이끌어낼 수 있다는 것, 또 좀더 일반적으로

$$\sum_{k=1}^{n} (pa_k + qb_k + rc_k) = p \sum_{k=1}^{n} a_k + q \sum_{k=1}^{n} b_k + r \sum_{k=1}^{n} c_k$$

$$\text{단, } p, q, r \text{은 상수}$$

와 같은 등식을 이끌어낼 수 있다는 것은 명백합니다.

다음에 수열 $a_1, a_2, \cdots, a_n$에서, 모든 항이 상수 c와 같은 경우를 생각해 봅시다. 이때 $\sum_{k=1}^{n} a_k$는 n개의 c의 합 $c+c +\cdots+c$를 나타내는 것이 되므로, 이 합은 nc가 됩니다. 즉,

$$\sum_{k=1}^{n} c = nc$$

입니다. 특히

$$\sum_{k=1}^{n} 1 = n$$

이 됩니다.

이러한 식은 잘못을 저지르기 쉬우므로 주의하십시오. $\sum_{k=1}^{n} c = c$로 쓰면 이것은 잘못입니다.

또 하나, 수열 $a_1, a_2, a_3, \cdots$에 대하여

$$\sum_{k=1}^{n} (a_k - a_{k+1}) = a_1 - a_{n+1}$$

$$\sum_{k=1}^{n} (a_{k+1} - a_k) = a_{n+1} - a_1$$

과 같은 등식이 성립하는 것에 주목합시다.

이것들은 기호 $\sum$의 뜻을 생각하면 곧 알 수 있습니다.
예를 들면

$$\sum_{k=1}^{n} (a_k - a_{k+1})$$

은

$$(a_1 - a_2) + (a_2 - a_3) + (a_3 - a_4) + \cdots$$
$$+ (a_{n-1} - a_n) + (a_n - a_{n+1})$$

을 나타내지만, 양끝의 a_1과 $-a_{n+1}$ 이외는 모두 $+$와 $-$로
삭제되고, 결과는 $a_1 - a_{n+1}$이 됩니다.
$\sum_{k=1}^{n} (a_{k+1} - a_k)$에 대해서도 마찬가지입니다.

◆ **제곱의 합, 세제곱의 합**

자연수 $1, 2, 3, \cdots, n$의 합

$$\sum_{k=1}^{n} k = 1 + 2 + 3 + \cdots + n$$

이 $\dfrac{1}{2} n(n+1)$이 되는 것은 이미 알고 있습니다.

여기서는 자연수 $1, 2, 3, \cdots, n$의

제곱의 합 $\sum_{k=1}^{n} k^2 = 1^2 + 2^2 + 3^2 + \cdots + n^2$

세제곱의 합 $\sum_{k=1}^{n} k^3 = 1^3 + 2^3 + 3^3 + \cdots + n^3$

이 각각 n의 어떤 식으로 나타나는가를 생각해 봅시다.

먼저, 제곱의 합에 대해서는 다음 식이 성립합니다.

$$\sum_{k=1}^{n} k^2 = \frac{1}{6} n(n+1)(2n+1)$$

증명 항등식

$$(k+1)^3 = k^3 + 3k^2 + 3k + 1$$

을 이용합니다. 이것을 변형하면

$$3k^2 + 3k + 1 = (k+1)^3 - k^3$$

이 등식의 k에 차례로 $1, 2, 3, \cdots, n$을 대입하고, n개의
등식을 변끼리 더하면, 좌변의 합은

$$\sum_{k=1}^{n} (3k^2 + 3k + 1) = 3\sum_{k=1}^{n} k^2 + 3\sum_{k=1}^{n} k + \sum_{k=1}^{n} 1$$

이 되고, 한편 우변의 합은

$$\sum_{k=1}^{n} \{(k+1)^3 - k^3\} = (n+1)^3 - 1^3$$

이 됩니다. $[\sum_{k=1}^{n} (a_{k+1} - a_k) = a_{n+1} - a_1$이었던 것을 상기하십시오.] 그러므로

$$3\sum_{k=1}^{n} k^2 + 3\sum_{k=1}^{n} k + \sum_{k=1}^{n} 1 = (n+1)^3 - 1$$

입니다. 여기서

$$3\sum_{k=1}^{n} k = \frac{3}{2}n(n+1), \quad \sum_{k=1}^{n} 1 = n$$

이므로 이것들의 우변을 이항하면

$$3\sum_{k=1}^{n} k^2 = (n+1)^3 - \frac{3}{2}n(n+1) - (n+1)$$

이 우변을 정리하여──여러분은 스스로 이것을 종이 위에 계산해 보십시오──, 양변을 3으로 나누면

$$\sum_{k=1}^{n} k^2 = \frac{1}{6}n(n+1)(2n+1)$$

이것으로 증명이 되었습니다.

다음에는 세제곱근의 합을 생각해 봅시다. 이것에 대해서는 다음 식이 성립합니다.

$$\sum_{k=1}^{n} k^3 = \frac{1}{4}n^2(n+1)^2$$

증명 이번에는 항등식

$$(k+1)^4 = k^4 + 4k^3 + 6k^2 + 4k + 1$$

을 이용합니다. [이 $(k+1)^4$의 전개식은 $(k+1)^3$의 전개식에 $k+1$을 곱하면 쉽게 얻어집니다. 여러분 스스로가 계산해 보십시오.]

이 식을 변형하면

$$4k^3 + 6k^2 + 4k + 1 = (k+1)^4 - k^4$$

이것에 $k=1, 2, 3, \cdots, n$을 대입하고 변끼리 더하면 좌변의 합은

$$4\sum_{k=1}^{n} k^3 + 6\sum_{k=1}^{n} k^2 + 4\sum_{k=1}^{n} k + \sum_{k=1}^{n} 1$$

우변의 합은

$$\sum_{k=1}^{n}\{(k+1)^4-k^4\} = (n+1)^4-1^4$$

따라서

$$4\sum_{k=1}^{n}k^3+6\sum_{k=1}^{n}k^2+4\sum_{k=1}^{n}k+\sum_{k=1}^{n}1 = (n+1)^4-1$$

여기서 $4\sum_{k=1}^{n}k^3$ 만을 남기고, 다른 항을 우변에 이항하고, 이미 알고 있는 결과

$$6\sum_{k=1}^{n}k^2 = n(n+1)(2n+1), \qquad 4\sum_{k=1}^{n}k = 2n(n+1)$$

을 사용하면

$$4\sum_{k=1}^{n}k^3 = (n+1)^4 - n(n+1)(2n+1)$$
$$-2n(n+1)-(n+1)$$

이 우변을 정리하면

$$4\sum_{k=1}^{n}k^3 = n^2(n+1)^2$$

그러므로

$$\sum_{k=1}^{n}k^3 = \frac{1}{4}n^2(n+1)^2$$

이것으로 증명해야 할 식을 얻었습니다.

[덧붙여 말하면, 이 식은

$$\sum_{k=1}^{n}k^3 = \left\{\frac{1}{2}n(n+1)\right\}^2$$

으로도 쓸 수가 있습니다.]

$\sum_{k=1}^{n}k, \sum_{k=1}^{n}k^2, \sum_{k=1}^{n}k^3$ 의 식을 다시 간추려 보겠습니다.

$$\sum_{k=1}^{n}\boldsymbol{k} = \frac{1}{2}\boldsymbol{n}(\boldsymbol{n}+1)$$

$$\sum_{k=1}^{n}\boldsymbol{k}^2 = \frac{1}{6}\boldsymbol{n}(\boldsymbol{n}+1)(2\boldsymbol{n}+1)$$

$$\sum_{k=1}^{n}\boldsymbol{k}^3 = \frac{1}{4}\boldsymbol{n}^2(\boldsymbol{n}+1)^2 = \left\{\frac{1}{2}\boldsymbol{n}(\boldsymbol{n}+1)\right\}^2$$

이것들은 많이 이용되는, 응용 범위가 넓은 공식입니다. 이 식들을 단단히 기억해 두십시오.

문제 19 위의 공식을 써서 다음의 합을 구하시오.

(1) $1^2+2^2+3^2+\cdots+10^2$ (2) $11^2+12^2+13^2+\cdots+20^2$

(3) $1^3+2^3+3^3+\cdots+10^3$ (4) $11^3+12^3+13^3+\cdots+20^3$

여기서 다시 한 번 제곱의 합 및 세제곱의 합을 구한 방법을 돌이켜 봅시다. 이 방법은 공통리에 있습니다. 즉, 제곱의 합을 구할 때는 $(k+1)^3$의 전개식이 이용되고, 세제곱의 합을 구할 때는 $(k+1)^4$의 전개식이 이용되었습니다. [$\sum_{k=1}^{n}k$는 먼저 등차수열의 합의 공식을 써서 구하였지만, 이것도 전개식

$$(k+1)^2=k^2+2k+1$$

을 이용하여, 위와 같은 방법으로 구할 수가 있습니다. 한 번 확인해 보십시오.] 이 방법은 물론 훨씬 앞쪽까지 계속해 나갈 수가 있습니다. 즉, $(k+1)^5$, $(k+1)^6$, …의 전개식을 이용하면 잇따라 $\sum_{k=1}^{n}k^4$, $\sum_{k=1}^{n}k^5$, …를 구할 수 있습니다. 그리고 이미 알고 있는 결과로서 쉽게 미루어 짐작할 수 있도록, $\sum_{k=1}^{n}k^4$, $\sum_{k=1}^{n}k^5$, …을 나타내는 식은——네 제곱 이상의 합의 식은 복잡해서 기억할 수가 없지만—— 각각 n의 5차식, 6차식, …이 됩니다. 일반적으로 p를 양의 정수라 할 때,

$\sum_{k=1}^{n}k^p$를 나타내는 식은 n의 $(p+1)$차식

이 됩니다.

예제 $\sum_{k=1}^{n}(k^2+2k-3)$을 구하시오.

풀이 위의 공식과 $\sum$의 성질을 이용합니다.

$$\sum_{k=1}^{n}(k^2+2k-3)$$

$$=\sum_{k=1}^{n}k^2+2\sum_{k=1}^{n}k-\sum_{k=1}^{n}3$$

$$=\frac{1}{6}n(n+1)(2n+1)+n(n+1)-3n$$

$$=\frac{1}{6}n(n-1)(2n+11)$$

문제 20 다음의 합을 구하시오.

(1) $\displaystyle\sum_{k=1}^{n}(3k-2)$ (2) $\displaystyle\sum_{i=1}^{n}(i+1)(2i-1)$

(3) $\displaystyle\sum_{i=1}^{n}i(i+2)$ (4) $\displaystyle\sum_{j=1}^{n}(j^2+3j-4)$

(5) $\displaystyle\sum_{k=1}^{n}k(k+1)^2$ (6) $\displaystyle\sum_{k=1}^{n}(2k^3+3k^2+k)$

문제 21 다음 수열의 첫째항부터 제 n항까지의 합을 구하시오.

(1) $1^2,\ 3^2,\ 5^2,\ 7^2,\ \cdots\cdots$

(2) $2^2,\ 4^2,\ 6^2,\ 8^2,\ \cdots\cdots$

(3) $1^2\cdot2,\ 2^2\cdot5,\ 3^2\cdot8,\ 4^2\cdot11,\ 5^2\cdot14,\ \cdots\cdots$

(4) $1,\ 1+2,\ 1+2+3,\ 1+2+3+4,\ \cdots\cdots$

(5) $1,\ 2+3,\ 4+5+6,\ 7+8+9+10,\ \cdots\cdots$

[힌트 : 먼저 각각 제k항이 k의 어떤 식으로 나타나는지 생각해 봅시다. (5)에 대해서는 좀더 간단한 방법을 사용할 수도 있습니다.]

◆ **그밖의 수열**

이상에서 다룬 것 이외에도, 그 항의 특수한 형태에 주목함으로써 간단히 합을 구할 수 있는 몇 개의 수열이 있습니다. 아래에 그 예제를 들겠습니다.

예제 다음 수열의 합을 구하시오.

(1) $1\cdot2+2\cdot3+3\cdot4+\cdots+n(n+1)$

(2) $1\cdot2\cdot3+2\cdot3\cdot4+3\cdot4\cdot5+\cdots+n(n+1)(n+2)$

풀이 (1) 이것의 합은

$$\sum_{k=1}^{n}k(k+1)$$

로 나타납니다.

지금 $a_k=k(k+1)(k+2)$로 놓으면

$$a_k-a_{k-1}=k(k+1)(k+2)-(k-1)k(k+1)$$
$$=k(k+1)\{(k+2)-(k-1)\}$$
$$=3k(k+1)$$

그러므로

$$k(k+1) = \frac{1}{3}(a_k - a_{k-1})$$

따라서

$$\sum_{k=1}^{n} k(k+1) = \frac{1}{3} \sum_{k=1}^{n} (a_k - a_{k-1})$$

$$= \frac{1}{3}(a_n - a_0)$$

$a_0 = 0$이므로, 이로부터 다음 식을 얻습니다.

$$\sum_{k=1}^{n} k(k+1) = \frac{1}{3}n(n+1)(n+2)$$

(2)　이것의 합은

$$\sum_{k=1}^{n} k(k+1)(k+2)$$

로 나타납니다.

(1)과 마찬가지로, $a_k = k(k+1)(k+2)(k+3)$으로 놓으면

$$a_k - a_{k-1}$$
$$= k(k+1)(k+2)(k+3) - (k-1)k(k+1)(k+2)$$
$$= 4k(k+1)(k+2)$$

따라서

$$k(k+1)(k+2) = \frac{1}{4}(a_k - a_{k-1})$$

그러므로

$$\sum_{k=1}^{n} k(k+1)(k+2) = \frac{1}{4} \sum_{k=1}^{n} (a_k - a_{k-1}) = \frac{1}{4}(a_n - a_0)$$

$$= \frac{1}{4}n(n+1)(n+2)(n+3)$$

[주의 : 위 예제의 (1), (2)는 각각

$$\sum_{k=1}^{n} (k^2 + k), \qquad \sum_{k=1}^{n} (k^3 + 3k^2 + 2k)$$

로서 1승, 2승, 3승의 합의 공식을 사용해도 물론 구할 수 있습니다. 그러나 위와 같이 계산하는 편이 빠르고, 또 일반적인 예상을 할 수가 있습니다.]

예제　다음 수열의 합을 구하시오.

(1) $\dfrac{1}{1\cdot 2}+\dfrac{1}{2\cdot 3}+\dfrac{1}{3\cdot 4}+\cdots+\dfrac{1}{n(n+1)}$

(2) $\dfrac{1}{1\cdot 2\cdot 3}+\dfrac{1}{2\cdot 3\cdot 4}+\dfrac{1}{3\cdot 4\cdot 5}+\cdots+\dfrac{1}{n(n+1)(n+2)}$

풀이 (1) $\dfrac{1}{k(k+1)}$ 은

$$\frac{1}{k(k+1)}=\frac{1}{k}-\frac{1}{k+1}$$

로 "분해"할 수가 있습니다. 따라서

$$\sum_{k=1}^{n}\frac{1}{k(k+1)}=\sum_{k=1}^{n}\left(\frac{1}{k}-\frac{1}{k+1}\right)$$
$$=1-\frac{1}{n+1}=\frac{n}{n+1}$$

(2) 일반항은

$$\frac{1}{k(k+1)(k+2)}=\frac{1}{2}\left\{\frac{1}{k(k+1)}-\frac{1}{(k+1)(k+2)}\right\}$$

으로 "분해"할 수가 있습니다. 따라서

$$\sum_{k=1}^{n}\frac{1}{k(k+1)(k+2)}$$
$$=\frac{1}{2}\sum_{k=1}^{n}\left\{\frac{1}{k(k+1)}-\frac{1}{(k+1)(k+2)}\right\}$$
$$=\frac{1}{2}\left\{\frac{1}{1\cdot 2}-\frac{1}{(n+1)(n+2)}\right\}$$

[이 이상으로 식을 변형시킬 필요는 없습니다.]

좀 뜻밖의 일이라 생각할지 모르나, 위의 예제에 반하여, 수열

$$1,\ \frac{1}{2},\ \frac{1}{3},\ \frac{1}{4},\ \cdots \qquad\qquad (\ast)$$

의 첫째항부터 제n항까지의 합

$$\sum_{k=1}^{n}\frac{1}{k}$$

은 n의 간단한 식으로 나타낼 수가 없습니다. 이것은 주목할 만한 것입니다. 항이 간단한 꼴을 하고는 있어도 합을 간단한 꼴로 나타낼 수 있는 것은 아닙니다.

위의 수열 ($\ast$)은, 각 항의 역수를 취하면 등차수열 1, 2, 3, 4, …가 됩니다. 이와 같이 각 항의 역수가 등차수열이 되는 수열을 **조화수열**이라고 합니다.

예제 r을 0이나 1이 아닌 상수라 할 때, 다음의 합 S를 구하시오.

$$S = 1 + 2r + 3r^2 + \cdots + nr^{n-1}$$

풀이 등비수열의 합을 구하는 방식에 따릅니다. 즉,

$$S = 1 + 2r + 3r^2 + \cdots + nr^{n-1} \qquad ①$$

의 양변을 r배하면

$$rS = \quad r + 2r^2 + \cdots + (n-1)r^{n-1} + nr^n \qquad ②$$

①에서 ②를 변끼리 빼면

$$(1-r)S = 1 + r + r^2 + \cdots + r^{n-1} - nr^n$$

$$= \frac{1-r^n}{1-r} - nr^n$$

그러므로

$$S = \frac{1-r^n}{(1-r)^2} - \frac{nr^n}{1-r}$$

[이 이상으로 식을 변형시킬 필요는 없습니다.]

문제 22 다음의 합을 구하시오.

(1) 수열 $\dfrac{1}{1\cdot3}$, $\dfrac{1}{3\cdot5}$, $\dfrac{1}{5\cdot7}$, $\dfrac{1}{7\cdot9}$, $\cdots$의 처음부터 n항까지의 합

(2) $\displaystyle\sum_{k=1}^{n} \frac{1}{k(k+2)}$ (3) $\displaystyle\sum_{k=1}^{n} \frac{1}{1+2+\cdots+k}$

문제 23 다음 수열의 처음부터 n항까지의 합을 구하시오.

(1) 1, $2\cdot2$, $3\cdot2^2$, $4\cdot2^3$, $5\cdot2^4$, $\cdots\cdots$

(2) $1\cdot2$, $3\cdot2^2$, $5\cdot2^3$, $7\cdot2^4$, $9\cdot2^5$, $\cdots\cdots$

(3) $\dfrac{1}{3}$, $\dfrac{3}{3^2}$, $\dfrac{5}{3^3}$, $\dfrac{7}{3^4}$, $\dfrac{9}{3^5}$, $\cdots\cdots$

◆ **계차수열과 일반항**

수열 $\{a_n\}$에 대하여

$$b_n = a_{n+1} - a_n \qquad (n = 1, 2\ 3, \cdots)$$

으로서 얻어지는 수열 $\{b_n\}$을 $\{a_n\}$의 **계차수열**이라고 합니다.

$$
\begin{array}{ccccccccccc}
a_1 & & a_2 & & a_3 & & a_4 & \cdots\cdots & a_{n-1} & a_n & a_{n+1} \cdots\cdots \\
& b_1 & & b_2 & & b_3 & & b_4 \quad \cdots\cdots & b_{n-2} & b_{n-1} & b_n \qquad \cdots\cdots
\end{array}
$$

예를 들면, 수열
$$1,\ 3,\ 7,\ 13,\ 21,\ 31,\ 43,\ \cdots\cdots$$
의 계차수열은
$$2,\ 4,\ 6,\ 8,\ 10,\ 12,\ \cdots\cdots$$
입니다.

문제 24 다음 수열의 계차수열은 어떤 수열이 될까요?

(1) 등차수열

(2) 공비가 1이 아닌 등비수열

수열 $\{a_n\}$의 계차수열을 $\{b_n\}$이라 하면, $n \geq 2$일 때
$$\sum_{k=1}^{n-1} b_k = \sum_{k=1}^{n-1}(a_{k+1}-a_k)$$
$$= (a_2-a_1)+(a_3-a_2)+\cdots+(a_n-a_{n-1})$$
$$= a_n - a_1$$
이 됩니다. 그러므로
$$n \geq 2 \text{일 때} \quad \boldsymbol{a_n = a_1 + \sum_{k=1}^{n-1} b_k}$$
즉, 수열 $\{a_n\}$은, 첫째항 a_1과 계차수열 $\{b_n\}$을 알면 그 일반항을 구할 수 있습니다.

실제로, 이 식은 수열의 일반항을 구할 때 종종 이용됩니다.

예제 수열 $1, 3, 7, 13, 21, 31, 43, \cdots$의 일반항을 구하시오.

풀이 이 수열을 $\{a_n\}$, 계차수열을 $\{b_n\}$이라 하면, $\{b_n\}$은
$$2,\ 4,\ 6,\ 8,\ 10,\ 12,\ \cdots\cdots$$
이며, 이것은 첫째항 2, 공차 2인 등차수열입니다. 따라서
$$b_n = 2n$$
이 됩니다. 그러므로 $n \geq 2$일 때

$$a_n = a_1 + \sum_{k=1}^{n-1} b_k = 1 + \sum_{k=1}^{n-1} 2k$$
$$= 1 + n(n-1) = n^2 - n + 1$$

이 식 $a_n = n^2 - n + 1$은 $n=1$일 때에도 성립합니다. 따라서 답은

$$a_n = n^2 - n + 1 \qquad (n = 1, 2, 3, \cdots)$$

이 됩니다.

문제 25 다음 수열의 계차수열을 구하고, 이것을 이용하여 이 수열의 일반항을 구하시오.

(1) 2, 3, 6, 11, 18, 27, ……

(2) 3, 4, 1, 10, −17, 64, −179, ……

◈ 수열의 합과 일반항

수열 $\{a_n\}$의 첫째항부터 제n항까지의 합을 S_n으로 하면, $n \geqq 2$일 때

$$S_n = a_1 + a_2 + \cdots + a_{n-1} + a_n$$
$$S_{n-1} = a_1 + a_2 + \cdots + a_{n-1}$$

이므로

$$S_n - S_{n-1} = a_n$$

이 됩니다.

또, 물론 $S_1 = a_1$입니다.

따라서 첫째항부터 제n항까지의 합 S_n이 만드는 수열

$$S_1,\ S_2,\ S_3,\ S_4,\ \cdots\cdots$$

이 주어졌을 때, 원 수열 $\{a_n\}$은

$$\begin{cases} a_1 = S_1 \\ a_n = S_n - S_{n-1} \qquad (n = 2, 3, 4, \cdots) \end{cases}$$

에 의해서 구할 수 있습니다.

예제 첫째항부터 제n항까지의 합 S_n이

$$S_n = 3^n - 1$$

에 의해서 주어지는 수열 $\{a_n\}$의 일반항을 구하시오.

풀이 첫째항은 $a_1 = S_1 = 3^1 - 1 = 2$입니다.

또 $n \geq 2$이면

$$a_n = S_n - S_{n-1}$$
$$= (3^n - 1) - (3^{n-1} - 1)$$
$$= 3^n - 3^{n-1} = 2 \cdot 3^{n-1}$$

이 식 $a_n = 2 \cdot 3^{n-1}$은 $n = 1$일 때에도 성립합니다. 그러므로 답은

$$a_n = 2 \cdot 3^{n-1} \qquad (n = 1, 2, 3, \cdots)$$

이 됩니다.

문제 26 첫째항부터 제 n항까지의 합 S_n이 다음 식으로 주어지는 수열 $\{a_n\}$의 일반항을 구하시오.

(1) $S_n = 3^n$ (2) $S_n = n^3 - n$

[**보충**] $3^2 + 4^2 = 5^2$, $10^2 + 11^2 + 12^2 = 13^2 + 14^2$, 다음은?
…다음 절로 나가기 전에 좀 숨을 돌립시다.

기분 전환을 위해 나는 여기서 약간의 "수의 놀이"를 해보려고 합니다.

앞의 326페이지에서 피타고라스의 수를 설명한 바 있습니다. 피타고라스의 수 중에서 가장 간단한 것은 말할 나위도 없이 3, 4, 5입니다. 이것은 연속된 세 개의 양의 정수이며, 등식

$$3^2 + 4^2 = 5^2$$

을 만족합니다. 즉, 작은 쪽 두 수의 제곱의 합이 세 번째 수의 제곱과 같습니다.

이번에는 (피타고라스의 수에서는 이야기가 멀어지지만) 다음 문제를 생각해 봅시다.

연속된 다섯 개의 양의 정수에서, 작은 쪽 세 개의 제곱의 합과 큰 쪽 두 개의 제곱의 합이 같아지는 등식은 존재할까요? 그 답은 무엇일까요?

"예"입니다. 그러한 등식은 존재합니다.

$$10^2 + 11^2 + 12^2 = 13^2 + 14^2$$

이 그 답입니다. 실제로 이 양변을 계산하면

$$100 + 121 + 144 = 365, \qquad 169 + 196 = 365$$

가 됩니다. 우연의 일치이지만, 이 양변의 값은 정확히 1년의 날수와 같습니다.

　문제를 더 연장해 봅시다.

　연속된 일곱 개의 양의 정수에서, 처음 네 개의 제곱의 합과 나머지 세 개의 제곱의 합이 일치하는 등식은 존재할까요? 그것도 존재합니다. 그리고 그 답은

$$21^2 + 22^2 + 23^2 + 24^2 = 25^2 + 26^2 + 27^2$$

입니다. 이 양변의 값은 2030이 됩니다.

　그러면 일반적으로 다음 문제를 생각하게 됩니다.

　<u>$2n+1$개의 연속된 양의 정수에서, 작은 쪽의 $n+1$개의 제곱의 합과 큰 쪽의 n개의 제곱의 합이 같아지는 일이 있을까요? 있으면 그 등식을 구하시오.</u>

　답은 역시 "예"입니다. 계산에 자신이 있는 사람은 책을 덮고 이 문제에 도전해 보십시오. 이 문제는 아마도 도전자에게 상당한 보람을 맛보게 해줄 것입니다.

　그러나 답을 빨리 알고 싶은 사람을 위해 나는 바로 해답을 제시하고자 합니다.

　보통으로 생각하면, 아마도 많은 사람이 구하는 $2n+1$개 정수 중 최소의 것을 x로 놓는다──라고 나는 상상합니다. 그렇게 하면 $2n+1$개의 정수는

　$x,\ x+1,\ x+2,\ \cdots,\ x+n$;

$$x+n+1,\ x+n+2,\ \cdots,\ x+2n$$

으로 나타나므로, 우리의 문제에 대하여

$$x^2 + (x+1)^2 + (x+2)^2 + \cdots + (x+n)^2$$
$$= (x+n+1)^2 + (x+n+2)^2 + \cdots + (x+2n)^2$$

이라는 방정식이 됩니다. 양변의 각 제곱을 전개하여 생각하면, 이것은 x에 관한 이차방정식이 됩니다. 이 방정식을 풀면 되지만, 그러나 얼핏 보아도 이것은 상당히 번

잡한 방정식이라고 추측됩니다. 물론 이 방정식을 푸는 것이 절대로 불가능한 일은 아닙니다. 정확히 계산하면 풀리게 됩니다. 하지만 상당히 까다롭습니다.

그러면 좀더 쉬운 방정식을 만드는 방법은 없을까요? 물론 있습니다. 위에서는 $2n+1$개의 정수 중 최소의 것을 x로 놓았습니다. 이것이 잘못이었습니다. $2n+1$은 홀수이므로, $2n+1$개의 정수 중에 중앙의 수가 있습니다. 이것을 x로 놓으면 일이 쉽게 풀립니다. 실제로, 중앙의 수를 x로 놓으면, $2n+1$개의 정수는

$$x-n,\ x-n+1,\ \cdots,\ x-2,\ x-1,\ x(중앙)\ ;$$
$$x+1,\ x+2,\ \cdots,\ x+n-1,\ x+n$$

으로 나타납니다. 따라서 요구된 문제의 방정식은

$$x^2+(x-1)^2+(x-2)^2+\cdots+(x-n)^2$$
$$=(x+1)^2+(x+2)^2+\cdots+(x+n)^2 \qquad ①$$

과 같이 쓸 수가 있습니다. 이것은 앞의 것과 달리 매우 명쾌한 형태입니다.

방정식 ①의 윗변에 x^2만을 남기고, 다른 것은 모두 아랫변으로 옮겨서 $(x+k)^2$과 $-(x-k)^2$을 짝지우면

$$(x+1)^2-(x-1)^2 = (x^2+2x+1)-(x^2-2x+1) = 4x,$$
$$(x+2)^2-(x-2)^2 = (x^2+4x+4)-(x^2-4x+4) = 4\cdot 2x,$$
$$(x+3)^2-(x-3)^2 = (x^2+6x+9)-(x^2-6x+9) = 4\cdot 3x,$$
$$\cdots\cdots\cdots$$
$$(x+n)^2-(x-n)^2 = (x^2+2nx+n^2)-(x^2-2nx+n^2)$$
$$= 4\cdot nx$$

가 되고, 따라서

$$x^2 = 4x+4\cdot 2x+4\cdot 3x+\cdots+4\cdot nx$$
$$= 4(1+2+3+\cdots+n)x$$

가 됩니다. 여기에 눈에 익은 등차수열이 나옵니다. 양변을 x로 나누고, 등차수열의 합의 공식을 이용하면

$$x = 4\cdot\frac{n(n+1)}{2}$$

즉,

$$x = 2n(n+1)$$

을 얻습니다. 이것이 구하는 $2n+1$개의 정수 중 중앙의 수입니다. 뜻밖이라고 생각될 정도로 간단히 해가 구해졌습니다.

예를 들어 $n=4$, 즉 $2n+1=9$의 경우는, 중앙의 수는 $x=2\cdot4\cdot5=40$이고, 구하는 등식은

$$36^2+37^2+38^2+39^2+40^2=41^2+42^2+43^2+44^2$$

이 됩니다. (이 양변의 값은 7230입니다.) 또, 예를 들어 연속된 21개의 정수인 경우는 $n=10$이므로 중앙의 수는 $2\cdot10\cdot11=220$이 되고, 문제의 등식은

$$210^2+211^2+212^2+\cdots+220^2=221^2+222^2+\cdots+230^2$$

이 됩니다.

이상으로 우리의 문제는 완전히 해결되었습니다.

13.2 수학적 귀납법과 수열

이 절에서는 수학적 귀납법과 거기에 관련된 사항을 다루고자 합니다.

이 장의 첫머리에서도 말한 바와 같이, 수학적 귀납법은 수학에서 가장 기본적인 추론의 방법입니다. 이것은 자연수의 "전체"와 관계가 있습니다. 수학적 귀납법은 개개의 n이 아니라 "임의의 n"에 대하여 성립하는 명제를 단숨에 증명하는 방법을 제시해 줍니다. 이것은 본질적으로 "무한의 반복"인 추론을 간결하게 단 하나의 추론으로 요약해서 보여 줍니다. 수학적 귀납법에서 우리는 비로소 "무한"을 멋지게 다루는 방법에 접하게 될 것입니다. 그리고 또, 참으로 수학적이라고 하기에 어울리는 추론의 묘미를 맛볼 것입니다.

수학적 귀납법을 간결한 형태로 설명한 최초의 사람은 "팡세(명상록)"로 유명한 17세기 프랑스의 수학자이자 사상가인 파스칼입니다. (물론 파스칼은 "임의의 n"이라

는 기호를 쓰지 않았습니다.) 19세기 말 이탈리아의 수학
자 페아노는 수학적 귀납법을 공리 속에 끌어들여 "페아
노의 공리계"라 불리는 자연수에 관한 공리계를 제시하
고, 자연수론의 기초를 만들었습니다.

오늘날의 수학은 수학적 귀납법 없이는 상상할 수조차
없습니다. 자연수 내지 자연수론이 전체 수학의 기초라
고 한다면, 수학적 귀납법은 전체 수학의 기초를 이루는
원리라고 해도 과언이 아닐 것입니다.

◆ 수학적 귀납법

예를 들면, 임의의 자연수 n에 대하여 등식
$$1+3+5+\cdots+(2n-1)=n^2 \qquad ①$$
이 성립하는 것을 우리는 이미 알고 있습니다. 우리는 전
에 이 등식을 등차수열의 합의 공식에서 이끌어냈던 것
입니다.

이 등식을 지금 다른 방법으로 다시 증명해 보기로 합
시다.

위의 등식 ①은 자연수 n에 관한 명제입니다. 그리하여
이것을 $P(n)$으로 나타내기로 합니다.

$P(n)$이 $n=1, 2, 3$ 등에 대하여 성립하는 것은 시험해
보면 곧 알 수 있습니다. 즉,

$n=1$일 때는   좌변$=1$, 우변$=1^2=1$,

$n=2$일 때는   좌변$=1+3=4$, 우변$=2^2=4$,

$n=3$일 때는   좌변$=1+3+5=9$, 우변$=3^2=9$

가 됩니다.

이러한 예에서 $P(n)$이 <u>임의의</u> n에 대하여 성립하는
것이 예상되지만, 그러나 물론 이러한 예를 아무리 많이
나열해도, 그것만으로는 $P(n)$을 일반적으로 증명한 것이
라 할 수 없습니다.

그러나 다음의 두 가지를 증명하면 $P(n)$이 <u>임의의</u> n
에 대하여 성립하는 것이 명백히 증명되는 셈입니다.

[1] $P(1)$이 성립된다.

[2]   임의의 자연수 k에 대하여 $P(k)$가 성립하는 것을 가정하면 $P(k+1)$도 성립한다. 즉

$$P(k) \Longrightarrow P(k+1)$$

이 성립한다.

다음에 우리는 실제로 **[1]**, **[2]**를 증명해 봅시다.

증명 **[1]**   이것은 이미 말한 바와 같습니다. 즉, $P(1)$은

$$1 = 1^2$$

이라는 등식을 의미하는데, 이것이 성립하는 것은 명백합니다.

[2] $P(k)$가 성립한다, 즉

$$1+3+5+\cdots+(2k-1) = k^2$$

이 성립한다고 가정합니다. 이 양변에 $2k+1$을 더하면

$$1+3+5+\cdots+(2k-1)+(2k+1) = k^2+(2k+1)$$

따라서

$$1+3+5+\cdots+(2k-1)+(2k+1) = (k+1)^2$$

이 등식은 바로 ①에서 $n = k+1$로 한 등식입니다. 즉, 이것은 $P(k+1)$이 성립한다는 것을 뜻합니다.

이것으로 "$P(k) \Longrightarrow P(k+1)$"이 증명되었습니다.

위의 **[1]**, **[2]**로부터 명제 $P(n)$——등식 ①——은

모든 자연수 n에 대하여 성립한다.

는 것이 명백히 증명된 것입니다. 그 이유는 다음과 같습니다.

[2]로부터, 임의의 자연수 k에 대하여

$$P(k) \Longrightarrow P(k+1)$$

이 성립하므로, k에 차례로 1, 2, 3, …을 대입하면

$$P(1) \Longrightarrow P(2),$$

$$P(2) \Longrightarrow P(3),$$

$$P(3) \Longrightarrow P(4),$$

$$\cdots\cdots\cdots$$

가 모두 성립하는 것이 됩니다.

그런데 [**1**]로부터 $P(1)$이 성립되었습니다.

따라서 차례차례로

$P(1)$이 참이고 $P(1) \Longrightarrow P(2)$가 참이므로 $P(2)$는 참,

$P(2)$가 참이고 $P(2) \Longrightarrow P(3)$가 참이므로 $P(3)$는 참,

$P(3)$가 참이고 $P(3) \Longrightarrow P(4)$가 참이므로 $P(4)$는 참,

....

이 되어, 결국 명제 $P(n)$은 모든 자연수 n에 대하여 성립한다는 것을 알 수 있습니다. 그러므로 명백히 명제 $P(n)$ ──등식 ①──은 증명된 것입니다.

위에서 말한 증명법이 **수학적 귀납법**입니다.

이것을 다시 간추려 보겠습니다.

수학적 귀납법

자연수 n에 관한 명제 $P(n)$이

모든 자연수 n에 대하여 성립한다.

는 것을 증명하려면 다음의 [**1**], [**2**]를 증명하면 된다.

[**1**] $n=1$일 때 $P(n)$이 성립한다. 즉 $P(1)$이 성립한다.

[**2**] $n=k$일 때 $P(n)$이 성립한다고 가정하면, $n=k+1$일 때에도 $P(n)$이 성립한다. 즉,

$$P(k) \Longrightarrow P(k+1)$$

이 성립한다.

이 증명법의 [**2**]부분에서는 $P(k)$가 성립하는 것을 가정하고, 그 가정 아래 $P(k+1)$이 성립하는 것을 증명했습니다. 이 가정을 "귀납법의 가정"이라고 합니다.

수학적 귀납법에 의한 증명의 예를 몇 개 더 들어보겠습니다.

예제 수학적 귀납법에 의해서 다음 등식을 증명하시오.

$$1 \cdot 2 + 2 \cdot 3 + 3 \cdot 4 + \cdots + n(n+1) = \frac{1}{3} n(n+1)(n+2)$$

증명 증명해야 하는 등식을 ①이라 합니다.

[1] $n=1$일 때,

$$\text{좌변} = 1 \cdot 2 = 2, \qquad \text{우변} = \frac{1}{3} \cdot 1 \cdot 2 \cdot 3 = 2$$

이므로 ①은 성립합니다.

[2] $n=k$일 때 ①이 성립합니다. 즉

$$1 \cdot 2 + 2 \cdot 3 + 3 \cdot 4 + \cdots + k(k+1) = \frac{1}{3} k(k+1)(k+2)$$

가 성립한다고 가정합니다. 이 양변에 $(k+1)$, $(k+2)$를 더하면

$$1 \cdot 2 + 2 \cdot 3 + \cdots + k(k+1) + (k+1)(k+2)$$
$$= \frac{1}{3} k(k+1)(k+2) + (k+1)(k+2)$$
$$= \frac{1}{3} (k+1)(k+2)(k+3)$$

즉, $n=k+1$일 때에도 ①이 성립합니다.

[1], [2] 로부터 등식 ①은 모든 자연수에 대하여 성립합니다.

예제 임의의 자연수 n에 대하여

$$6^n - 5n - 1$$

은 25의 배수임을 증명하시오.

증명 $a_n = 6^n - 5n - 1$로 놓습니다.

[1] $a_1 = 6^1 - 5 \cdot 1 - 1 = 0$이며, 이것은 25로 나누어떨어집니다.

[2] $n=k$일 때,

$$a_k = 6^k - 5k - 1$$

이 25로 나누어떨어진다고 가정합니다. 이때

$$a_{k+1} = 6^{k+1} - 5(k+1) - 1$$

도 25로 나누어떨어진다는 것을 증명합니다. 이 증명을 위해 a_{k+1}에서 $6a_k$를 빼면

$$a_{k+1} - 6a_k = \{6^{k+1} - 5(k+1) - 1\} - 6(6^k - 5k - 1)$$
$$= 6^{k+1} - 5k - 6 - 6^{k+1} + 30k + 6$$
$$= 25k$$

그러므로

$$a_{k+1} = 6a_k + 25k$$

여기서 a_k는 25로 나누어떨어진다고 가정했으므로, 위 식의 우변은 25로 나누어떨어집니다. 그러므로 a_{k+1}도 25로 나누어떨어집니다.

[**1**], [**2**]에 의해서 증명이 얻어졌습니다.

예제 $h > 0$일 때, 2 이상의 임의의 자연수 n에 대하여 부등식

$$(1+h)^n > 1 + nh$$

가 성립하는 것을 증명하시오.

증명 증명해야 하는 부등식을 ①이라 합니다.

[**1**] $n = 2$일 때

$$(1+h)^2 = 1 + 2h + h^2 > 1 + 2h$$

따라서 ①이 성립합니다.

[**2**] $k \geqq 2$로 하고, $n = k$일 때 ①이 성립하는 것으로 가정합니다. 즉

$$(1+h)^k > 1 + kh$$

가 성립한다고 가정합니다. 이 부등식의 양변에 $1+h$를 곱하면 $1+h > 0$이므로

$$(1+h)^{k+1} > (1+kh)(1+h)$$

가 됩니다. 그리고

$$(1+kh)(1+h) = 1 + (k+1)h + kh^2 > 1 + (k+1)h$$

이므로

$$(1+h)^{k+1} > 1 + (k+1)h$$

이것은 $n = k+1$일 때에도 ①이 성립한다는 것을 의미합니다.

[**1**], [**2**]에 의해서 부등식 ①은 $n \geqq 2$인 모든 자연수

n에 대하여 성립한다는 것이 증명되었습니다.

위의 예제에서는, [**1**]에서 $n=2$일 때 명제가 성립하는 것을 증명하고, 이것과 [**2**]로부터 2이상의 임의의 자연수 n에 대하여 명제가 성립된다는 결론을 내렸습니다. 여기서는 "출발점"이 1에서 2로 바뀌어 있습니다. 그러나 물론 수학적 귀납법에 의한 증명이라는 데에는 변함이 없습니다. 수학적 귀납법의 "출발점"은 항상 하나로 정해진 것이 아닙니다. 예를 들면, $P(n)$이 0 이상의 정수에 관한 명제이고, 0 이상의 모든 정수 n에 대하여 $P(n)$을 증명하고 싶을 때는 출발점은 $n=0$이 됩니다.

문제 27 $0<a<b$일 때, 임의의 자연수 n에 대하여 $a^n<b^n$이 되는 것을 수학적 귀납법에 의해서 증명하시오.

문제 28 수학적 귀납법에 의해서 다음 등식을 증명하시오.

(1) $1^2+2^2+3^2+\cdots+n^2=\dfrac{1}{6}n(n+1)(2n+1)$

(2) $\dfrac{1}{1\cdot2}+\dfrac{1}{2\cdot3}+\dfrac{1}{3\cdot4}+\cdots+\dfrac{1}{n(n+1)}=\dfrac{n}{n+1}$

(3) $1\cdot2\cdot3+2\cdot3\cdot4+\cdots+n(n+1)(n+2)$
$$=\dfrac{1}{4}n(n+1)(n+2)(n+3)$$

(4) $1-\dfrac{1}{2}+\dfrac{1}{3}-\dfrac{1}{4}+\cdots+\dfrac{1}{2n-1}-\dfrac{1}{2n}$
$$=\dfrac{1}{n+1}+\dfrac{1}{n+2}+\dfrac{1}{n+3}+\cdots+\dfrac{1}{2n}$$

(5) $1^2-2^2+3^2-4^2+\cdots+(2n-1)^2-(2n)^2=-n(2n+1)$

문제 29 임의의 자연수 n에 대하여 8^n-7n-1은 49로 나누어떨어진다는 것을 증명하시오.

문제 30 (1) 5 이상의 자연수 n에 대하여 $2^n>n^2$이 성립되는 것을 증명하시오.

(2) 2 이상의 자연수 n에 대하여
$$\dfrac{1}{1^2}+\dfrac{1}{2^2}+\dfrac{1}{3^2}+\cdots+\dfrac{1}{n^2}<2-\dfrac{1}{n}$$
이 성립하는 것을 증명하시오.

문제 31 a, b를 두 개의 다른 양수라 합니다. 수학적귀납법을 써서, 2 이상의 자연수 n에 대하여

$$\frac{a^n + b^n}{2} > \left(\frac{a+b}{2}\right)^n$$

이 성립하는 것을 증명하시오.

[힌트: $n=k$일 때를 가정하고, $n=k+1$일 때를 증명하기 위해

$$\frac{a^{k+1}+b^{k+1}}{2} \quad \text{과} \quad \frac{a^k+b^k}{2} \cdot \frac{a+b}{2}$$

의 크기를 비교하는 것이 필요합니다. 왼쪽 식에서 오른쪽 식을 빼고 인수분해를 하십시오.]

◆ 약간의 추가 설명

지금까지 풀어본 예제나 문제에 의해서 수학적 귀납법의 용법에 많이 익숙해졌으리라 생각되므로, 여기서 약간의 설명을 추가하고자 합니다.

"귀납"이라는 말은 원래 몇 가지 구체적인 사실로부터 일반적인 명제 또는 법칙을 발견하는 일, 특수한 경우로부터 보편성을 이끌어내는 일을 말합니다. 사실 우리는 이런 일(또는 이와 비슷한 일)을 항상 하고 있는 셈인데, 이것은 인간 정신의 하나의 커다란 작용입니다. 하지만 우리의 지성이 불완전하기 때문에 우리가 "귀납"한 결론은 종종 애매하거나 잘못되기도 합니다. 그러나 수학적 귀납법에서는 그런 걱정이 조금도 없습니다. 이 추론에 의해서 얻는 결론은 언제나 옳습니다. 이것이 "수학적"이라는 말이 앞에 붙는 이유입니다.

실제로 수학에서 "귀납법"이라는 말은 수학적 귀납법의 뜻으로만 사용됩니다. 그래서 앞으로 이 강의에서는 수학적 귀납법을 단지 **귀납법**으로만 쓰는 일이 종종 있을 것입니다.

그런데, 귀납법——수학적 귀납법——이란 자연수 n에 관한 명제 $P(n)$이 모든 자연수 n에 대하여 성립한다는 것을, 다음 두 가지를 증명함으로써 나타내는 방법이

있습니다.

　[1]　$P(1)$이 성립한다.

　[2]　"$P(k) \Longrightarrow P(k+1)$"이 성립한다.

　여기서 다시 한 번 [2]에서의 문자 k가 무엇을 나타내는지 생각해 봅시다. 이것은 임의의 자연수를 나타냅니다. 그러나 [2]의 "$P(k)$가 성립한다"는 귀납법의 가정의 뜻을,

　　　"임의의 자연수 k에 대하여 $P(k)$가 성립한다"

는 것으로 오해를 하면 안 됩니다. 만일 그렇다면 이것은 증명하려고 하는 바로 그 명제를 가정하는 것이 되므로 아무런 의미가 없는 것입니다. 물론 그렇지는 않습니다. [2]의 k는 임의이기는 하지만 하나의 정해진 자연수를 나타내고 있는 것입니다. 그리고, 이 k에 대하여 $P(k)$가 성립한다는 것이 귀납법의 가정이며, 그 가정 아래 $P(k+1)$이 성립하는 것을 증명하는 것이 [2]인 것입니다.

　[**주의** : 앞으로도 귀납법의 [2]의 단계에서는 위와 같은 뜻에서 문자 k를 쓰는 일이 많을 것입니다. 그러나 만일 귀납법의 사용에 숙달하여 혼란의 우려가 없어진다면 [2]의 단계에서도——특히 문자를 바꾸지 않고——문자 n을 그대로 위의 k의 뜻으로 사용할 수가 있습니다. 즉,

　　　　　"$P(n) \Longrightarrow P(n+1)$"

의 형태로 [2]를 증명하는 것입니다. 대학 과정 이상의 교재에서는 보통 이와 같이 문자 n을 그대로 쓰고 있습니다.]

　——다른 설명으로 넘어가겠습니다.

　귀납법의 [2] 부분은 명백히 다음의 [2']로 대치할 수가 있습니다.

　[2']　$n=k-1$ (단, $k \geqq 2$)일 때 $P(n)$이 성립한다고 가정하면, $n=k$일 때도 $P(n)$이 성립한다. 즉

　　　　　$P(k-1) \Longrightarrow P(k)$

가 성립한다.

실제로 [**2**]′는 단지 [**2**]의 k, $k+1$을 $k-1$, k로 옮긴 것에 지나지 않습니다.

여기서 수학적 귀납법의 위와는 좀 다른 형식의 것을 소개하고자 합니다.

지금까지와 마찬가지로 $P(n)$은 자연수 n에 관한 명제로 합니다. 지금 $P(n)$에 대해서 [**1**]과 다음의 [**2**″]가 증명되었다고 합시다.

　[**2**″]　$n \leq k$인 모든 n에 대하여 $P(n)$이 성립한다 (즉, $P(1)$, $P(2)$, …, $P(k)$가 성립한다)고 가정하면 $P(k+1)$도 성립한다.

이때에도 $P(n)$은 역시 모든 자연수 n에 대하여 성립합니다.

이 설명도 용이합니다. 왜냐하면 [**2**″]는

$$P(1), P(2), \cdots, P(k) \Longrightarrow P(k+1)$$

이라는 것을 뜻하므로, k에 차례로 1, 2, 3, …을 대입하면,

$$P(1) \Longrightarrow P(2),$$
$$P(1), P(2) \Longrightarrow P(3),$$
$$P(1), P(2), P(3) \Longrightarrow P(4),$$

$$\cdots\cdots\cdots$$

이 성립합니다. 그리고 [**1**]에 의해서 $P(1)$이 성립합니다. 그러므로 **684**페이지와 같은 논의에 의해서 차례로 $P(2)$, $P(3)$, $P(4)$, …도 성립하는 것을 알 수 있습니다. [이것을 관찰하는 것은 아무런 어려움도 없을 것입니다.]

앞의 [**2**]가 [**2**′]와 대치할 수 있듯이 [**2**″]는 다음의 [**2**‴]로 대치할 수가 있습니다.

　[**2**‴]　$n < k$(단 $k \geq 2$)인 모든 n에 대하여 $P(n)$이 성립한다(즉, $P(1)$, $P(2)$, …, $P(k-1)$이 성립한다)고 가정하면 $P(k)$도 성립한다.

실제 문제로서는 이 강의에서 위에서 말한

$$[\mathbf{1}], [\mathbf{2''}] \qquad 또는 \qquad [\mathbf{1}], [\mathbf{2'''}]$$

의 꼴인 수학적 귀납법을 사용할 기회는 거의 없을지도 모릅니다. 하지만 이 형태의 귀납법을 알아둔다는 것은 가치 있는 일입니다. [$\mathbf{2''}$] 또는 [$\mathbf{2'''}$]의 형태에서는 "귀납법의 가정" 부분이 앞의 [$\mathbf{2}$] 또는 [$\mathbf{2'}$]보다 강한 가정이 됩니다. 게다가 이 형태의 귀납법도 유용성이 있습니다. 이 형태의 귀납법을 **수학적 귀납법의 제2형식**이라 부르기로 합니다.

◆ 수열의 귀납적 정의

공차 d인 등차수열에서는 제n항과 제$n+1$항 사이에

$$a_{n+1}=a_n+d \quad (n=1, 2, 3, \cdots)$$

이라는 관계가 성립합니다. 또 공비 r인 등비수열에서는

$$a_{n+1}=a_n r \quad (n=1, 2, 3, \cdots)$$

이라는 관계가 성립합니다.

등차수열이나 등비수열에서는 첫째항 a_1을 주면 이것들의 관계식으로부터 제2항, 제3항, 제4항, …을 계속 구할 수 있습니다.

등차수열이나 등비수열이 아니라도 일반적으로 무한수열에서는 수열의 앞쪽의 몇 개 항과 항 사이에 적당한 관계식이 주어지고, 그것에 의해서 차례로 수열의 모든 항이 결정되어 가는 일이 종종 있습니다. 다른 간단한 예를 들어 봅시다.

⑩ 수열 $\{a_n\}$에서

$$a_1=3, \qquad a_{n+1}=a_n+n \quad (n=1, 2, 3, \cdots)$$

이면, $a_2, a_3, a_4, \cdots$는 차례로 다음과 같이 결정됩니다.

$$\begin{aligned}
a_2 &= a_1+1 = 3+1 = 4, \\
a_3 &= a_2+2 = 4+2 = 6, \\
a_4 &= a_3+3 = 6+3 = 9, \\
a_5 &= a_4+4 = 9+4 = 13, \\
&\qquad \cdots\cdots\cdots
\end{aligned}$$

⑩ 수열 $\{a_n\}$에서

$$a_1 = a_2 = 1, \qquad a_{n+2} = a_{n+1} + a_n \quad (n = 1, 2, 3, \cdots)$$

이면, $a_3, a_4, a_5, \cdots$는 차례로 다음과 같이 결정됩니다.

$$a_3 = a_2 + a_1 = 1 + 1 = 2,$$
$$a_4 = a_3 + a_2 = 2 + 1 = 3,$$
$$a_5 = a_4 + a_3 = 3 + 2 = 5,$$
$$a_6 = a_5 + a_4 = 5 + 3 = 8,$$
$$\cdots\cdots\cdots$$

이 수열을 **피보나치의 수열**이라고 부릅니다.

이러한 예와 같이 앞쪽의 몇 개 항과 항 사이의 적당한 관계식을 주고 수열의 모든 항을 결정해 가는 수열의 정의법을 수열의 **귀납적 정의**라고 합니다.

또, 이 정의에 사용되는 항 사이의 관계식을 **점화식**이라고 합니다.

귀납적으로 정의된 수열의 일반항을 구하는 일은 어려운 문제입니다. 그러나 간단히 구해지는 경우도 있습니다. 다음 예제에서는 그런 경우를 몇 개 다루기로 합니다.

예제 $a_1 = 3$, $a_{n+1} = a_n + n$ $(n = 1, 2, 3, \cdots)$으로 정의 되는 수열 $\{a_n\}$의 일반항을 구하시오.

풀이 이 수열 $\{a_n\}$의 계차수열을 $\{b_n\}$이라 하면,

$$b_n = a_{n+1} - a_n$$

이므로 주어진 점화식은

$$b_n = n$$

으로 나타납니다.

따라서 $n \geqq 2$일 때

$$a_n = a_1 + \sum_{k=1}^{n-1} b_k = 3 + \sum_{k=1}^{n-1} k$$
$$= 3 + \frac{1}{2}(n-1) \cdot n = \frac{1}{2}(n^2 - n + 6)$$

이 식은 $n = 1$일 때도 성립합니다. 따라서 일반항은

$$a_n = \frac{1}{2}(n^2 - n + 6) \quad (n = 1, 2, 3, \cdots)$$

가 됩니다.

예제 (1) 일반적으로 p, q가 상수이고 $p \neq 1$일 때,

$$a_{n+1} = pa_n + q$$

인 형태의 점화식은 일차방정식 $x = px + q$의 해를 α
라 하면,

$$a_{n+1} - \alpha = p(a_n - \alpha)$$

의 꼴로 고쳐 쓸 수 있다는 것을 증명하시오.

(2) (1)의 결과를 이용해서 다음과 같이 정의되는
수열 $\{a_n\}$의 일반항을 구하시오.

$$a_1 = 1, \quad a_{n+1} = 2a_n + 1 \quad (n = 1, 2, 3, \cdots)$$

풀이 (1) 주어진 점화식이

$$a_{n+1} = pa_n + q \qquad\qquad ①$$

이고, 일차방정식 $x = px + q$의 해가 α이므로

$$\alpha = p\alpha + q \qquad\qquad ②$$

그리하여 ①에서 ②를 변끼리 빼면

$$a_{n+1} - \alpha = p(a_n - \alpha)$$

가 됩니다.

(2) 방정식 $x = 2x + 1$의 해는 $x = -1$이므로 (1)에
의해서 주어진 점화식 $a_{n+1} = 2a_n + 1$은

$$a_{n+1} + 1 = 2(a_n + 1)$$

로 고쳐 쓸 수 있습니다. 이 식은 수열 $\{a_n + 1\}$이 공비
2인 등비수열임을 나타냅니다. 그리고, 이 수열의 첫째
항은

$$a_1 + 1 = 1 + 1 = 2$$

입니다. 그러므로

$$a_n + 1 = 2 \cdot 2^{n-1} = 2^n$$

따라서 $a_n = 2^n - 1$. 이것이 답입니다.

예제 $a_1 = 2, \ a_{n+1} = 2 - \dfrac{1}{a_n} \ (n = 1, 2, 3, \cdots)$으로 정

의되는 수열 $\{a_n\}$의 일반항을 구하시오.

풀이 $a_2, a_3, a_4, \cdots$를 계산하면

$$a_2 = 2 - \frac{1}{2} = \frac{3}{2}, \qquad a_3 = 2 - \frac{2}{3} = \frac{4}{3},$$

$$a_4 = 2 - \frac{3}{4} = \frac{5}{4}, \qquad \cdots\cdots$$

가 됩니다. 따라서 일반항은

$$a_n = \frac{n+1}{n} \qquad\qquad ①$$

이라고 추정됩니다.

이 추정이 실제로 옳다는 것을 수학적 귀납법에 의해서 증명해 봅시다.

$n=1$일 때 $a_1 = 2$, $\dfrac{1+1}{1} = 2$이므로 ①이 성립합니다.

다음에 $n=k$일 때 ①이 성립합니다, 즉

$$a_k = \frac{k+1}{k}$$

로 가정합니다. 이때

$$a_{k+1} = 2 - \frac{1}{a_k} = 2 - \frac{k}{k+1} = \frac{k+2}{k+1}$$

그러므로 $n=k+1$일 때도 ①이 성립합니다, 즉

따라서 분명히 $a_n = \dfrac{n+1}{n}$ $(n=1, 2, 3, \cdots)$이 됩니다.

예제 p를 양의 상수라 합니다.

$$a_1 = 1,$$

$$a_{n+1} = p(a_1 + a_2 + \cdots + a_n) \quad (n=1, 2, 3, \cdots)$$

으로 정의되는 수열 $\{a_n\}$의 일반항을 구하시오.

풀이 주어진 점화식으로부터

$$a_2 = pa_1 = p,$$

$$a_3 = p(a_1 + a_2) = p(1+p),$$

$$a_4 = p(a_1 + a_2 + a_3)$$

$$= p\{1 + p + p(1+p)\} = p(1+p)^2,$$

$$\cdots\cdots\cdots$$

이 됩니다. 따라서, $n \geq 2$일 때

$$a_n = p(1+p)^{n-2} \qquad\qquad ①$$

임을 추정할 수 있습니다.

이 추정이 옳다는 것을 수학적 귀납법에 의해서 증명하겠습니다. 단, 여기서는 수학적 귀납법의 제2형식 (691~692페이지 참조)을 이용합니다.

$n=2$일 때 ①은 분명히 성립합니다.

다음에 $k \geqq 2$로 하고, $n=2,\ 3,\ \cdots,\ k$에 대하여 ①이 성립한다고 가정합니다. 그러면

$$a_{k+1}=p(a_1+a_2+\cdots+a_k)$$
$$=p\{1+p+p(1+p)+\cdots+p(1+p)^{k-2}\}$$

이 { } 속의 제2항에서 앞쪽은 첫째항 p, 공비 $1+p$인 등비수열의 첫째항부터 제$k-1$항까지의 합이 됩니다. 따라서

$$a_{k+1}=p\left[1+\frac{p\{(1+p)^{k-1}-1\}}{(1+p)-1}\right]$$
$$=p[1+\{(1+p)^{k-1}-1\}]=p(1+p)^{k-1}$$

그러므로 ①은 $n=k+1$일 때도 성립합니다.

이것으로

$$n \geqq 2 \qquad \text{일 때} \qquad a_n=p(1+p)^{n-2}$$

임이 증명되었습니다.

[주의 : 이 수열에서 $n=1$일 때만은 예외로서 a_1은 ① 로 나타낼 수 없습니다. 그리고 위의 증명에서 수학적 귀납법의 제2형식을 이용했는데, 이것은 연습을 위한 것입니다. 실제로는 이 수열의 제2항에서 앞쪽을 정하는 점화식은

$$a_{n+1}=(1+p)a_n \qquad (n=2, 3, 4, \cdots)$$

으로 고쳐 쓸 수가 있으므로──여러분은 그 이유를 생각해 보십시오──좀더 간단히 일반항을 구할 수가 있습니다.]

예제 피보나치의 수열, 즉
$$a_1=1,\quad a_2=1,$$

$$a_{n+2} = a_{n+1} + a_n \quad (n = 1, 2, 3, \cdots)$$

에 의해서 정의되는 수열 $\{a_n\}$의 일반항을 구하시오.
[이 예제는 좀 고급이지만, 흥미를 위해 다루기로 합니다.]

풀이 이차방정식

$$x^2 - x - 1 = 0 \qquad\qquad ①$$

의 두 해를 α, β라 하고, A, B를 상수로 하여 일반항이

$$a_n' = A\alpha^{n-1} + B\beta^{n-1}$$

로 주어지는 수열 $\{a_n'\}$를 생각합니다.

α, β는 이차방정식 ①의 해이므로

$$\alpha^2 = \alpha + 1, \qquad \beta^2 = \beta + 1$$

을 만족합니다. 이것들에 각각 α^{n-1}, β^{n-1}을 곱하면

$$\alpha^{n+1} = \alpha^n + \alpha^{n-1}, \qquad \beta^{n+1} = \beta^n + \beta^{n-1}$$

이로부터 수열 $\{a_n'\}$는 점화식

$$a_{n+2}' = a_{n+1}' + a_n'$$

를 만족하는 것을 알 수 있습니다. 왜냐하면,

$$
\begin{aligned}
a_{n+2}' &= A\alpha^{n+1} + B\beta^{n+1} \\
&= A(\alpha^n + \alpha^{n-1}) + B(\beta^n + \beta^{n-1}) \\
&= (A\alpha^n + B\beta^n) + (A\alpha^{n-1} + B\beta^{n-1}) \\
&= a_{n+1}' + a_n'
\end{aligned}
$$

가 되기 때문입니다.

그럼 여기서 상수 A, B를 $a_1' = 1$, $a_2' = 1$이 되도록 정합니다. 만일 그와 같이 정했다고 하면,

$$a_1' = a_1, \qquad a_2' = a_2$$

이고, $\{a_n'\}$나 $\{a_n\}$이나 제3항 이후는 같은 점화식

$$a_{n+2}' = a_{n+1}' + a_n', \qquad a_{n+2} = a_{n+1} + a_n$$

에 의해서 첫째항과 제2항으로부터 한 가지 뜻으로 정해져 가므로, 결국 모든 n에 대하여

$$a_n' = a_n$$

이 성립하는 것입니다.

이상에서 $a_1' = 1$, $a_2' = 1$, 즉

$$\begin{cases} A+B=1 \\ A\alpha+B\beta=1 \end{cases} \qquad ②$$

이 되는 상수 A, B를 정하면, 모든 n에 대하여

$$a_n = A\alpha^{n-1} + B\beta^{n-1} \qquad ③$$

이 되는 것을 알 수 있습니다.

그리하여 $\alpha+\beta=1$인 것에 주목하고 A, B에 관한 연립일차방정식 ②를 풀면,

$$A = \frac{\alpha}{\alpha-\beta}, \qquad B = -\frac{\beta}{\alpha-\beta}$$

이것을 ③에 대입하면

$$a_n = \frac{1}{\alpha-\beta}(\alpha^n - \beta^n)$$

이것으로 일반항을 구하였습니다.

구체적으로 이차방정식 ①을 풀어서 α, β를 구하면

$$\alpha = \frac{1+\sqrt{5}}{2}, \quad \beta = \frac{1-\sqrt{5}}{2}$$

가 되므로, 이 결과는

$$a_n = \frac{1}{\sqrt{5}} \left\{ \left(\frac{1+\sqrt{5}}{2}\right)^n - \left(\frac{1-\sqrt{5}}{2}\right)^n \right\}$$

으로 나타납니다. 이것이 피보나치의 수열의 일반항을 나타내는 공식입니다. [이 공식을 **비네의 공식**이라 합니다.]

설명을 덧붙이면, 일반적으로 p, q를 상수로 하고, 점화식

$$a_{n+2} = pa_{n+1} + qa_n \qquad (*)$$

으로 정의되는 수열 $\{a_n\}$에 대해서는 위와 같은 생각으로 일반항을 구할 수가 있습니다. 즉, 이차방정식

$$x^2 - px - q = 0 \qquad (**)$$

을 풀어서 그 두 해를 α, β라고 하면, 일반항 a_n은 적당한 상수 A, B에 의해서

$$a_n = A\alpha^{n-1} + B\beta^{n-1}$$

로 나타납니다. 그리고 상수 A, B는 a_1과 a_2의 값으로부터 정할 수가 있습니다.

다만, 위에서 말한 것은 $\alpha \neq \beta$의 경우입니다. 이차방정식 (**)이 이중근 α를 갖는 경우에는 위의 논의는 약간의 수정이 필요합니다. [질문. 어디가 어색해질까요?] 이 경우에는——더 이상 상세한 논의는 하지 않고 결론만 말하겠지만——, 일반항 a_n은 적당한 상수 A, B에 의해서

$$a_n = (A + Bn)\alpha^{n-1}$$

의 꼴로 나타납니다. 그리고 A, B는 역시 a_1, a_2의 값으로부터 정할 수가 있습니다.

문제 32 다음과 같이 정의되는 수열 $\{a_n\}$의 일반항을 구하시오.

(1) $a_1 = 1$, $a_{n+1} = a_n + 2n$ $(n=1, 2, 3, \cdots)$

(2) $a_1 = 2$, $a_{n+1} = a_n + 3^n$ $(n=1, 2, 3, \cdots)$

(3) $a_1 = 2$, $a_{n+1} = 3a_n - 2$ $(n=1, 2, 3, \cdots)$

(4) $a_1 = 1$, $a_{n+1} = -2a_n + 9$ $(n=1, 2, 3, \cdots)$

(5) $a_1 = 2$, $2a_{n+1} = a_n - 6$ $(n=1, 2, 3, \cdots)$

(6) $a_1 = 1$, $a_{n+1} = \dfrac{n}{n+1} a_n$ $(n=1, 2, 3, \cdots)$

(7) $a_1 = 2$, $a_{n+1} = \dfrac{a_n}{a_n + 1}$ $(n=1, 2, 3, \cdots)$

(8) $a_1 = 3$, $a_{n+1} = a_1 + a_2 + \cdots + a_n$ $(n=1, 2, 3, \cdots)$

문제 33 $a_1 = 1$, $a_{n+1} = \dfrac{a_n}{a_n + 2}$ $(n=1, 2, 3, \cdots)$으로 정의되는 수열 $\{a_n\}$의 일반항을 구하시오.

[힌트 : 최초의 몇 항을 계산하면 일반항을 추정할 수가 있습니다. 또는 $b_n = \dfrac{1}{a_n}$로 놓고 수열 $\{b_n\}$에 대해서 생각해 보십시오.]

문제 34 평면상에 n개의 직선이 있는데, 어떤 두 개도 평행이 아니고, 어떤 세 개도 동일한 점에서 만나지 않는다고 합니다. 이때 이들 직선에 의해서 평면은 몇 개의 부분으로

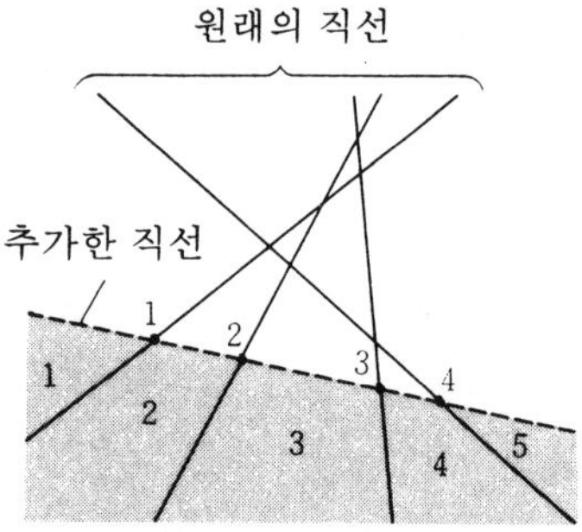

원래의 직선

추가한 직선

나누어질까요?

[힌트 : n개의 직선에 의해서 평면이 a_n개의 부분으로 나누어지는 것으로 합니다. 그림을 그리면 금방 알 수 있는 바와 같이, $a_1=2$, $a_2=4$, $a_3=7$입니다. 일반적으로 n개의 직선에 $n+1$번째의 직선을 덧붙였을 때 나누어지는 부분의 개수가 몇 개 더 증가하는가를 생각하고, a_{n+1}과 a_n 사이의 관계식을 구하십시오. 왼쪽 그림은 $n=4$일 때를 나타내고 있습니다.]

[문제 35] 다음과 같이 정해지는 수열이 있습니다.

$$a_1=0, \quad a_2=1,$$

$$a_{n+2}=\frac{a_{n+1}+a_n}{2} \quad (n=1, 2, 3, \cdots)$$

(1) 수열 $\{a_n\}$의 계차수열 $\{b_n\}$은 어떤 수열이 될까요?

(2) 수열 $\{b_n\}$의 일반항을 구하시오.

(3) 수열 $\{a_n\}$의 일반항을 구하시오.

[문제 36] 위 문제의 수열 $\{a_n\}$의 일반항을, 698~699페이지에서 말한 방법——예제에서 피보나치의 수열의 일반항을 구한 방법——으로 구하시오.

[문제 37] 같은 방법으로

$$a_1=2, \quad a_2=7,$$

$$a_{n+2}-8a_{n+1}+15a_n=0 \quad (n=1, 2, 3, \cdots)$$

에 의해서 정해지는 수열 $\{a_n\}$의 일반항을 구하시오.

[문제 38] 두 수열 $\{a_n\}$, $\{b_n\}$에서

$$a_1=2, \quad b_1=1$$

이고, 또 임의의 자연수 n에 대하여

$$a_{n+1}=6a_n+3b_n, \quad b_{n+1}=3a_n+6b_n$$

이라는 관계가 성립하고 있습니다. 이때 a_n, b_n을 구하시오.

[힌트 : 주어진 두 개의 점화식을 변끼리 더해 보십시오. 또, 한 쪽에서 다른 쪽을 빼 보십시오.]

[보충] 산술평균과 기하평균

수학적 귀납법에 관한 절은 이것으로 일단 끝납니다.

다만 끝으로 참고삼아, 수학적 귀납법의 두드러진 응용의 한 예로서 산술평균과 기하평균에 관한 유명한 부등식의 증명을 설명하고자 합니다.

n개의 양수 $a_1, a_2, \cdots, a_n$에 대하여

$$\frac{a_1 + a_2 + \cdots + a_n}{n}$$

을 $a_1, a_2, \cdots, a_n$의 **산술평균** 또는 **상가평균**이라 하고,

$$\sqrt[n]{a_1 a_2 \cdots a_n}$$

을 $a_1, a_2, \cdots, a_n$의 **기하평균** 또는 **상승평균**이라고 합니다.

두 개의 양수 a_1, a_2에 대하여 부등식

$$\frac{a_1 + a_2}{2} \geqq \sqrt{a_1 a_2}$$

가 성립한다는 것은 우리가 이미 잘 알고 있는 바입니다. 사실 이 "산술평균≧기하평균"이라는 부등식은 임의의 n개의 양수 $a_1, a_2, \cdots, a_n$에 대하여도 성립합니다. 즉

$$\frac{a_1 + a_2 + \cdots + a_n}{n} \geqq \sqrt[n]{a_1 a_2 \cdots a_n} \qquad (\ast)$$

이라는 부등식이 성립합니다. 이것은 수학에서 수없이 많은 부등식 중에서 가장 유명한 부등식이라 해도 좋을 것입니다. 다음에 이것을 증명하겠습니다.

증명은 수학적 귀납법에 의한 것이지만, 이 증명에는 또 세부적인 설계에 따라 여러 가지 방법이 있을 수 있습니다. 여기서는 그 여러 가지 증명 중에서 세 가지를 골라 소개하겠습니다. 이들 증명은 제각기 흥미가 있고, 여러분에게 감명을 줄 것입니다. 나는 그렇게 되기를 희망합니다.

처음에 증명해야 할 부등식 ($\ast$)은 그 양변이 양수이므로

$$\left(\frac{a_1 + a_2 + \cdots + a_n}{n} \right)^n \geqq a_1 a_2 \cdots a_n \qquad (\ast)$$

이라는 부등식과 동치라는 것에 주목합니다. 앞으로는 이 부등식 역시 ($\ast$)로서 인용합니다.

증명 1 이것은 아마도 가장 잘 알려져 있는 증명일 것

입니다. 먼저, n이 $n = 2^m (m = 1, 2, 3, \cdots)$이라는 형태의
자연수인 경우를 m에 관한 수학적 귀납법에 의해서 증
명합니다.

$m = 1$일 때

$$\frac{a_1 + a_2}{2} \geqq \sqrt{a_1 a_2}$$

가 성립하는 것은 이미 알고 있는 바입니다.

다음에는 $m = k, s = 2^k$일 때

$$\frac{a_1 + a_2 + \cdots + a_s}{s} \geqq \sqrt[s]{a_1 a_2 \cdots a_s}$$

가 성립한다고 가정합니다.

$$m = k+1, \qquad t = 2^{k+1} \text{로 하고,}$$

$$a_1, a_2, \cdots, a_t$$

를 $t = 2s$개의 양수로 합니다. 이것을 s개씩

$$a_1, a_2, \cdots, a_s \ ; \ a_{s+1}, a_{s+2}, \cdots, a_t$$

의 두 쌍으로 나누어서

$$A = \frac{a_1 + a_2 + \cdots + a_s}{s}, \qquad B = \frac{a_{s+1} + a_{s+2} + \cdots + a_t}{s}$$

로 놓으면 귀납법의 가정에 따라

$$A \geqq \sqrt[s]{a_1 a_2 \cdots a_s}, \qquad B \geqq \sqrt[s]{a_{s+1} a_{s+2} \cdots a_t}$$

입니다.

그리고,

$$\frac{a_1 + a_2 + \cdots + a_t}{t} = \frac{\dfrac{a_1 + a_2 + \cdots + a_s}{s} + \dfrac{a_{s+1} + \cdots + a_t}{s}}{2}$$

$$= \frac{A + B}{2}$$

이므로

$$\left(\frac{a_1 + a_2 + \cdots + a_t}{t} \right)^2 = \left(\frac{A + B}{2} \right)^2$$

$$\geqq AB$$

$$\geqq \sqrt[s]{a_1 a_2 \cdots a_s a_{s+1} \cdots a_t}$$

그러므로

$$\frac{a_1 + a_2 + \cdots + a_t}{t} \geqq \sqrt[2s]{a_1 a_2 \cdots a_t} = \sqrt[t]{a_1 a_2 \cdots a_t}$$

이것으로 $m=k+1$, $t=2^{k+1}$일 때도 (✽)이 성립하는 것을 알 수 있습니다.

이상으로 n이 $n=2^m$이라는 형태의 자연수, 즉 2, 4, 8, 16, 32, 64, ⋯ 인 경우에는 부등식 (✽)이 증명되었습니다.

n이 2의 거듭제곱이 아닌 경우에는 어떻게 하는가? 이때의 증명은 매우 교묘합니다.

지금 n을 2의 거듭제곱이 아닌 하나의 자연수 a_1, a_2, ⋯, a_n을 n개의 양수로 하고,

$$\frac{a_1+a_2+\cdots+a_n}{n}=A$$

로 놓습니다. 먼저, n보다 큰 2의 거듭제곱 2^m이 존재하는 일에 주의합니다. 왜냐하면, m이 커지면 2^m은 얼마든지 커지기 때문입니다. 그리하여 $n<2^m$이 되는 하나의 2의 거듭제곱 2^m을 취하고——예를 들어 $n=1000$이면 $2^{10}=1024$로 잡으면 됩니다.——주어진 n개의 양수 a_1, a_2, ⋯, a_n에 2^m-n개의 A를 더한 2^m개의 양수

$$a_1, a_2, \cdots, a_n, \underbrace{A, A, \cdots, A}_{2^m-n\text{개}}$$

를 생각합니다. 그러면 이들 2^m개의 양수 a_1, a_2, ⋯, a_n, A, A, ⋯, A에 대해서는 이미 우리들은 부등식이 성립하는 것을 알고 있으므로,

$$\left(\frac{a_1+\cdots+a_n+A+\cdots+A}{2^m}\right)^{2^m}\geqq a_1\cdots a_n A\cdots A$$

가 됩니다. 단, 양변에서 A는 모두 2^m-n개 나타납니다.

그런데 위 부등식의 좌변은

$$\left(\frac{nA+(2^m-n)A}{2^m}\right)^{2^m}=A^{2^m}$$

과 같고, 한편, 우변은 $a_1\cdots a_n\cdot A^{2^m-n}$과 같아집니다. 따라서

$$A^{2^m}\geqq a_1\cdots a_n\cdot A^{2^m-n}$$

그러므로

$$A^n \geqq a_1 \cdots a_n$$

이것은 바로 처음의 증명해야 할 부등식입니다.

이상으로 <u>모든</u> 자연수 n에 대하여 부등식(**)이 성립하는 것이 증명되었습니다.

증명 2 $n = 2^m$일 때 (**)이 성립하는 단계까지의 증명은 위와 같습니다.

다음에는 n이 2의 거듭제곱이 아닐 때의 증명인데, 이 증명법이 아주 기발합니다. 즉, 우리는 보통의 귀납법과 같이 k에서 $k+1$로 나아가는 것이 아니라 그 반대 방향으로 다음을 증명하는 것입니다.

<u>$n = k$ (단 $k \geqq 2$)일 때, 임의의 k개의 양수에 대하여</u>

<u>산술평균 $\geqq$ 기하평균</u>

<u>이 성립한다고 가정하면, $n = k-1$일 때에도 임의의</u>

<u>$k-1$개의 양수에 대하여</u>

<u>산술평균 $\geqq$ 기하평균</u>

<u>이 성립한다.</u>

이것은 다음과 같이 증명됩니다.

지금, $a_1, a_2, \cdots, a_{k-1}$을 임의로 주어진 $k-1$개의 양수로 하고,

$$\frac{a_1 + a_2 + \cdots + a_{k-1}}{k-1} = A$$

로 놓습니다. 우리가 증명하고 싶은 것은

$$A^{k-1} \geqq a_1 a_2 \cdots a_{k-1}$$

이라는 것입니다. 여기서, k개의 양수 $a_1, a_2, \cdots, a_{k-1}, A$에 대해서는 (**)이 성립하는 것으로 가정하고 있으므로,

$$\left(\frac{a_1 + a_2 + \cdots + a_{k-1} + A}{k} \right)^k \geqq a_1 a_2 \cdots a_{k-1} A$$

가 성립합니다. 그런데, 이 좌변은

$$\left(\frac{a_1 + \cdots + a_{k-1} + A}{k} \right)^k = \left(\frac{(k-1)A + A}{k} \right)^k = A^k$$

과 같고, 따라서

$$A^k \geqq a_1 a_2 \cdots a_{k-1} A$$

그러므로

$$A^{k-1} \geqq a_1 a_2 \cdots a_{k-1}$$

이것으로 바라던 결과가 나왔습니다.

그럼, 이미 알고 있는 2^m일 때 (✽)이 성립한다는 사실과 위의 사실로부터, 임의의 자연수 n에 대하여 (✽)이 성립하는 것을 알 수 있습니다. 왜냐 하면, 임의의 n이 주어졌을 때, $n < 2^m$이 되는 2^m을 취하고, 2^m에서 반대 방향으로 돌아오면 되기 때문입니다. 예를 들어, $n = 1000$이면 $2^{10} = 1024$일 때 (✽)이 성립하는 것을 알고 있으므로, 위의 "k일 때 성립하면 $k-1$일 때도 성립한다"는 것을 이용하여 $n = 1023, 1022, 1021, 1020, \cdots,$ 1000으로 반대 방향으로 하나씩 돌아오면 되는 것입니다.

이 증명은 증명1의 방법보다 더 교묘합니다. 그러나 잘 생각해 보면, 이 발상의 본질은 같은 것입니다. 다만, 위의 "k일 때 성립하면 $k-1$일 때도 성립한다"는 점이 사람들의 의표를 찔렀기 때문에, 아주 재미있고 멋진 증명이라는 인상을 받았을 것입니다.

증명 3 위의 증명 1, 증명 2에서는 먼저 n이 $n = 2^m$의 꼴일 때를 증명하고, 다음에 일반적인 n의 경우를 증명하는 2단 구조의 증명이었습니다. 좀더 직접적으로, 보통의 경우처럼 k에서 $k+1$로 나아가는 귀납법의 증명은 없을까요? 있습니다. 그러나 흔히 이루어지는 이런 종류의 증명은 식의 변형이 상당히 기교적입니다. 다음에 말하는 증명은 보기에는 좀 번잡하지만, 기본적으로는 "자연스러운" 증명이라고 생각합니다. (나는 다른 책에서는 이 증명을 본 기억이 없습니다.)

계산의 편의상 (✽)에서 $\sqrt[n]{a_i} = b_i$로 놓기로 합니다. 그러면 (✽)은 명백히

$$b_1{}^n + b_2{}^n + \cdots + b_n{}^n \geqq n b_1 b_2 \cdots b_n \qquad (✽)'$$

으로 고쳐 쓸 수가 있습니다. (이것을 확인하는 것은 손쉬운 일입니다.) 다음에서는 임의의 n개의 양수 b_1, b_2, $\cdots$, b_n에 대하여 (∗)′가 성립하는 것을 수학적귀납법에 의해서 증명하겠습니다.

$n = 1$일 때 (∗)′가 성립하는 것은 명백합니다.

$n = k$일 때, k개의 양수 b_1, b_2, $\cdots$, b_k에 대하여

$$b_1{}^k + b_2{}^k + \cdots + b_k{}^k \geq k b_1 b_2 \cdots b_k \qquad \text{①}$$

이 성립한다고 가정합니다.

b_{k+1}을 또 하나의 양수로 하고, ①의 양변에 b_{k+1}을 곱하면

$$b_1{}^k b_{k+1} + b_2{}^k b_{k+1} + \cdots + b_k{}^k b_{k+1} \geq k b_1 b_2 \cdots b_k b_{k+1} \quad \text{②}$$

가 됩니다. 간단히 하기 위해 $b_1{}^k$, $b_2{}^k$, $\cdots$, $b_k{}^k$, $b_{k+1}{}^k$라는 $k+1$개의 수 중에서 $b_i{}^k$를 제외한 나머지 k개의 수의 합을 S_i라 하고, 또 곱

$$b_1 b_2 \cdots b_k b_{k+1}$$

을 B로 쓰기로 하면, ②는

$$S_{k+1} b_{k+1} \geq kB$$

로 나타납니다. 번호의 역할을 서로 바꾸어 생각하면, 이 부등식은 다른 번호 $i = 1, 2, \cdots, k$에 대해서도 성립한다는 것을 알 수 있습니다. 즉,

$$S_i b_i \geq kB \qquad (i = 1, 2, \cdots, k, k+1)$$

입니다.

그리하여 이들 $k+1$개의 부등식을 더하면,

$$\sum_{i=1}^{k+1} S_i b_i \geq k(k+1)B$$

를 얻습니다.

위의 부등식에서, 예를 들면 $S_2 b_2$, $S_1 b_1$ 속에 각각 $b_1{}^k b_2$, $b_2{}^k b_1$이라는 항이 나타납니다. 따라서 좌변의 합에는, 1에서 $k+1$까지의 다른 두 번호 i, j에 대하여 $b_i{}^k b_j$라는 항과 $b_j{}^k b_i$라는 항이 쌍이 되어 나타납니다. 따라서 위의 부등식은

$$\sum (b_i{}^k b_j + b_j{}^k b_i) \geqq k(k+1)B \qquad ③$$

으로 나타낼 수 있습니다. 다만, 여기서 좌변의 합 $\sum$는 1에서 $k+1$까지의 다른 두 번호의 쌍 (i, j)에 관한 총합을 뜻합니다.

그런데,

$$b_i{}^{k+1} + b_j{}^{k+1} \geqq b_i{}^k b_j + b_j{}^k b_i \qquad ④$$

임은 쉽사리 증명됩니다. 실제로 좌변에서 우변을 뺀 차는

$$b_i{}^{k+1} + b_j{}^{k+1} - b_i{}^k b_j - b_j{}^k b_i = (b_i{}^k - b_j{}^k)(b_i - b_j)$$

이며, $b_i \geqq b_j$이면 $b_i{}^k \geqq b_j{}^k$; $b_i < b_j$이면 $b_i{}^k < b_j{}^k$,

따라서

$$(b_i{}^k - b_j{}^k)(b_i - b_j) \geqq 0$$

이 되기 때문입니다.

③과 ④로부터 부등식

$$\sum (b_i{}^{k+1} + b_j{}^{k+1}) \geqq k(k+1)B$$

를 얻습니다. 여기서도 좌변의 합 $\sum$는 1에서 $k+1$까지의 다른 두 번호의 쌍 (i, j)에 관한 총합을 뜻합니다.

그럼, 이 좌변의 합에 $b_1{}^{k+1}$은 몇 개 나타날까요? 좌변의 합에서 $b_1{}^{k+1}$을 포함하는 항은

$$b_1{}^{k+1} + b_2{}^{k+1}, \ b_1{}^{k+1} + b_3{}^{k+1}, \ \cdots\cdots, \ b_1{}^{k+1} + b_{k+1}{}^{k+1}$$

입니다. 따라서 $b_1{}^{k+1}$은 k개 나타납니다. 이것은 다른 번호에 대해서도 마찬가지입니다. 즉, 위 부등식의 좌변에는 $b_1{}^{k+1}, \ b_2{}^{k+1}, \ \cdots, \ b_{k+1}{}^{k+1}$이 각각 k개 나타납니다. 그러므로 이 부등식은

$$k(b_1{}^{k+1} + b_2{}^{k+1} + \cdots + b_k{}^{k+1} + b_{k+1}{}^{k+1}) \geqq k(k+1)B$$

로 고쳐 쓸 수가 있습니다.

양변을 k로 나누면

$$b_1{}^{k+1} + b_2{}^{k+1} + \cdots + b_k{}^{k+1} + b_{k+1}{}^{k+1} \geqq (k+1)B$$

여기서 $B = b_1 b_2 \cdots b_k b_{k+1}$ 이었습니다. 따라서

$$b_1{}^{k+1} + b_2{}^{k+1} + \cdots + b_k{}^{k+1} + b_{k+1}{}^{k+1}$$
$$\geqq (k+1)b_1 b_2 \cdots b_k b_{k+1}$$

이것은 바로 $n=k+1$일 때의 부등식 $(*)'$인 것입니다. 즉, $n=k+1$일 때에도 부등식 $(*)'$가 성립하는 것이 증명되었습니다.

이상으로 증명은 완료되었습니다.

"산술평균≥기하평균"의 증명에는 위와 같은 방식 외에 미분법을 사용하는 증명 등도 있습니다. (아마도 나중에 그것을 언급할 기회가 있을 것입니다.)

그리고 논의를 완결하기 위해 덧붙이는데, 부등식

$$\frac{a_1+a_2+\cdots+a_n}{n} \geq \sqrt[n]{a_1 a_2 \cdots a_n}$$

에서 등호가 성립하는 것은 어떤 경우이겠습니까? 그것은 n개의 양수 $a_1, a_2, \cdots, a_n$이 전부 같을 때입니다. 또 그 때에 한합니다. 이 증명도 또한 귀납법에 의해서 이루어지지만, 여기서는 생략하기로 하겠습니다.

해 답

제 9 장

문제 1 (1) $\overrightarrow{BN}=\overrightarrow{LM}$, $\overrightarrow{CM}=\overrightarrow{MA}$. 따라서
$\overrightarrow{BN}+\overrightarrow{CM}=\overrightarrow{LM}+\overrightarrow{MA}=\overrightarrow{LA}$

    (2) $\overrightarrow{BL}=\overrightarrow{NM}$, $\overrightarrow{CM}=\overrightarrow{MA}$. 따라서
$\overrightarrow{BL}+\overrightarrow{CM}+\overrightarrow{AN}=\overrightarrow{NM}+\overrightarrow{MA}+\overrightarrow{AN}$
$=\overrightarrow{NA}+\overrightarrow{AN}=\vec{0}$

문제 2 $|\vec{a}+\vec{b}|=|\vec{a}|+|\vec{b}|$가 성립하는 것은, $\vec{a}$, $\vec{b}$가 같은 방향일 때 $|\vec{a}-\vec{b}|=|\vec{a}|+|\vec{b}|$가 성립하는 것은, $\vec{a},\vec{b}$가 반대방향일 때

문제 3 $\overrightarrow{AB}=\frac{1}{2}\vec{a}-\frac{1}{2}\vec{b}$, $\overrightarrow{AD}=\frac{1}{2}\vec{a}+\frac{1}{2}\vec{b}$

문제 4 (1) $\overrightarrow{BE}=2\vec{b}$ (2) $\overrightarrow{CE}=\vec{b}-\vec{a}$

    (3) $\overrightarrow{BD}=\vec{a}+2\vec{b}$ (4) $\overrightarrow{CB}=-\vec{a}-\vec{b}$

    (5) $\overrightarrow{DA}=-2\vec{a}-2\vec{b}$

    (6) $\overrightarrow{DF}=-2\vec{a}-\vec{b}$

문제 5 (1) $m>0$, $n>0$ (2) $m<0$, $n>0$

    (3) $m<0$, $n<0$ (4) $m>0$, $n<0$

문제 6 $\overrightarrow{AB}=(4,3),\overrightarrow{BC}=(-2,8),\overrightarrow{CA}=(-2,-11)$
$|\overrightarrow{AB}|=5,\ |\overrightarrow{BC}|=2\sqrt{17},\ |\overrightarrow{CA}|=5\sqrt{5}$

문제 7 (1) $\vec{a}+\vec{b}=(1,-1)$, $-3\vec{b}=(3,-6)$,
$2\vec{a}-5\vec{b}=(9,-16)$

    (2) $\vec{a}+\vec{b}=(7,1)$, $-3\vec{b}=(-12,9)$,
$2\vec{a}-5\vec{b}=(-14,23)$

문제 8 (1) $\vec{c}=\vec{a}+4\vec{b}$ (2) $\vec{d}=-2\vec{a}+5\vec{b}$

문제 9 $\left(\frac{5}{13},-\frac{12}{13}\right)$

문제 10 $t=-3$

문제 11 $t=4,-2$

문제 12 $\overrightarrow{AB}\cdot\overrightarrow{AB}=4$, $\overrightarrow{AB}\cdot\overrightarrow{CB}=1$, $\overrightarrow{AB}\cdot\overrightarrow{CA}=-3$

문제 13 $\vec{e_1}\cdot\vec{e_1}=1$, $\vec{e_1}\cdot\vec{e_2}=0$, $\vec{e_2}\cdot\vec{e_2}=1$

문제 14 $\vec{a}\cdot\vec{b}=|\vec{a}||\vec{b}|$가 성립하는 것은 $\vec{a}$, $\vec{b}$가 같은 방향일 때. $\vec{a}\cdot\vec{b}=-|\vec{a}||\vec{b}|$가 성립하는 것은 $\vec{a},\vec{b}$가 반대 방향일 때

문제 15 부등식 $(\vec{a}\cdot\vec{b})^2\leqq|\vec{a}|^2|\vec{b}|^2$을 성분으로 나타내면 이 부등식을 얻습니다.

문제 16 (1) $\cos\theta=-\frac{1}{\sqrt{26}}$ (2) $\theta=\frac{\pi}{3}$

    (3) $\theta=\frac{\pi}{4}$

문제 17 (1) 13   (2) $\frac{14}{3}$ (3) $\pm\frac{\sqrt{26}}{2}$

문제 18 $|\vec{a}+\vec{b}|^2=|\vec{a}-\vec{b}|^2$의 양변을 전개하고, $|\vec{a}|^2$, $|\vec{b}|^2$을 지우면, $2(\vec{a}\cdot\vec{b})=-2(\vec{a}\cdot\vec{b})$, 따라서 $\vec{a}\cdot\vec{b}=0$

문제 19 $\vec{a}\cdot\vec{b}=-8$, $|\vec{a}+\vec{b}|=\sqrt{13}$, $|\vec{a}+2\vec{b}|=3$, $|\vec{a}-2\vec{b}|=\sqrt{73}$

문제 20 (1) 성분$=2$, 최소값$=\sqrt{5}$

    (2) 성분$=-2$, 최소값$=\sqrt{2}$

    (3) 성분$=1$, 최소값$=\sqrt{5}$

문제 21 (1) 19   (2) 58

    (3) $6\sqrt{15}$ ($|\vec{a}+\vec{b}|^2=|\vec{a}|^2+2(\vec{a}\cdot\vec{b})+|\vec{b}|^2$ 로 부터 $\vec{a}\cdot\vec{b}=6$ 을 얻고
따라서 $S^2=\sqrt{4^2\cdot6^2-6^2}$.)

문제 22 (1) 5   (2) $\frac{17}{2}$

문제 23 사각형 $ABCD$가 평행사변형이기 위한 조건은 $\overrightarrow{AB}=\overrightarrow{DC}$. 이것을 위치 벡터로 나타내면
$$\vec{b}-\vec{a}=\vec{c}-\vec{d},\ \text{즉}\ \vec{a}+\vec{c}=\vec{b}+\vec{d}$$

문제 24 $A(\vec{a}),B(\vec{b}),C(\vec{c}),G(\vec{g})$라 하면 $\overrightarrow{GA}+\overrightarrow{GB}+\overrightarrow{GC}=\vec{0}$ 은 $(\vec{a}-\vec{g})+(\vec{b}-\vec{g})+(\vec{c}-\vec{g})=\vec{0}$, 즉, $\vec{g}=\dfrac{\vec{a}+\vec{b}+\vec{c}}{3}$
로 고쳐 쓸 수 있습니다.

문제 25 $G(\vec{g})$, $P(\vec{p})$라 하면, 양변은 모두 $3(\vec{g}-\vec{p})$가 됩니다.

문제 26 육각형의 6꼭지점의 위치 벡터를 $\vec{a_1}$, $\vec{a_2}$, $\vec{a_3}$, $\vec{a_4}$, $\vec{a_5}$, $\vec{a_6}$라 하면, $\triangle LMN$의 무게중심, $\triangle PQR$의 무게중심의 위치 벡터
$$\frac{\vec{l}+\vec{m}+\vec{n}}{3},\ \frac{\vec{p}+\vec{q}+\vec{r}}{3}$$
는 모두 $\dfrac{\vec{a_1}+\vec{a_2}+\vec{a_3}+\vec{a_4}+\vec{a_5}+\vec{a_6}}{6}$
과 같아집니다.

문제 27 $\overrightarrow{PQ}=2\vec{a}-3\vec{b}$, $\overrightarrow{PR}=-4\vec{a}+6\vec{b}$. 따라서

$\overrightarrow{PR}=-2\overrightarrow{PQ}$.

문제 28 C를 기준점으로 하고 $B(\overrightarrow{b})$, $D(\overrightarrow{d})$라 하면 $\overrightarrow{CE}=\dfrac{3\overrightarrow{b}+\overrightarrow{d}}{3}$, $\overrightarrow{CF}=\dfrac{3\overrightarrow{b}+\overrightarrow{d}}{4}$. 따라서

$$\overrightarrow{CF}=\frac{3}{4}\overrightarrow{CE}.$$

문제 29 A를 기준점으로 하고 $B(\overrightarrow{b})$, $C(\overrightarrow{c})$, $P(\overrightarrow{p})$, $Q(\overrightarrow{q})$, $R(\overrightarrow{r})$라 하면, $\overrightarrow{p}=-\overrightarrow{b}+2\overrightarrow{c}$, $\overrightarrow{q}=\dfrac{3}{5}\overrightarrow{c}$, $\overrightarrow{r}=\dfrac{3}{7}\overrightarrow{b}$. 따라서 $\overrightarrow{PQ}=\dfrac{5\overrightarrow{b}-7\overrightarrow{c}}{5}$, $\overrightarrow{PR}=\dfrac{10\overrightarrow{b}-14\overrightarrow{c}}{7}$, $\overrightarrow{PR}=\dfrac{10}{7}\overrightarrow{PQ}$.

문제 30 (1) 선분 BM을 $2:1$로 내분, 선분 CN을 $7:5$로 내분한다.

(2) $\overrightarrow{AL}=k\overrightarrow{AP}$, $BL:LC=l:1-l$ 라 하면

$$\overrightarrow{AL}=\frac{1}{3}k\overrightarrow{b}+\frac{5}{12}k\overrightarrow{c}=(1-l)\overrightarrow{b}+l\overrightarrow{c}$$

이로부터 $k=\dfrac{4}{3}$, $l=\dfrac{5}{9}$, $\overrightarrow{AL}=\dfrac{4}{9}\overrightarrow{b}+\dfrac{5}{9}\overrightarrow{c}$.

점 L은 변 BC를 $5:4$로 내분한다.

문제 31 $\dfrac{3}{5}\overrightarrow{b}+\dfrac{2}{5}\overrightarrow{d}$

문제 32 $\overrightarrow{AP}=\dfrac{1}{3}\overrightarrow{b}+\dfrac{1}{2}\overrightarrow{c}$ 이고, $\overrightarrow{AL}=k\overrightarrow{AP}$, $BL:LC=l:1-l$ 라 하면

$$\overrightarrow{AL}=\frac{1}{3}k\overrightarrow{b}+\frac{1}{2}k\overrightarrow{c}=(1-l)\overrightarrow{b}+l\overrightarrow{c}$$

이로부터 $k=\dfrac{6}{5}$, $l=\dfrac{3}{5}$, $\overrightarrow{AL}=\dfrac{2}{5}\overrightarrow{b}+\dfrac{3}{5}\overrightarrow{c}$.

또 $\overrightarrow{AM}=s\overrightarrow{c}$, $BP:PM=m:1-m$ 으로 하면

$$\overrightarrow{AP}=\frac{1}{3}\overrightarrow{b}+\frac{1}{2}\overrightarrow{c}=(1-m)\overrightarrow{b}+ms\overrightarrow{c}$$

이로부터 $m=\dfrac{2}{3}$, $s=\dfrac{3}{4}$, $\overrightarrow{AM}=\dfrac{3}{4}\overrightarrow{c}$.

마찬가지로 $\overrightarrow{AN}=\dfrac{2}{3}\overrightarrow{b}$.

L, M, N은 선분 BC, CA, AB를 각각 $3:2$, $1:3$, $2:1$로 내분한다.

문제 33 $y=\dfrac{3}{11}x$

문제 34 t가 $0\leqq t\leqq 1$의 범위, $t>1$의 범위, $t<0$의 범위를 움직이는데 따라, 점 P는 선분 AB 상, 반직선 AB의 B를 넘은 연장선상, 반직선 BA의 A를 넘은 연장선상을 각각 움직인다.

문제 35 (1) $2x+3y+2=0$ (2) $3x-2y+11=0$

문제 36 문제 직전의 예에서 쓴 방법을 써서 $H(\overrightarrow{h})$로 하면

$$\overrightarrow{h}=\overrightarrow{g}+k\overrightarrow{n}, \qquad k=-\frac{\overrightarrow{n}\cdot\overrightarrow{g}+c}{|\overrightarrow{n}|^2}$$

이로부터 $\overrightarrow{h}=(x_1,\ y_1)$의 성분이 구해집니다.

문제 37 힌트와 같이 $\overrightarrow{CA}=\overrightarrow{a}-\overrightarrow{c}$, $\overrightarrow{CB}=\overrightarrow{b}-\overrightarrow{c}$이므로, 예제의 결과로부터 $\triangle ABC$의 내부 및 둘레는

$$\overrightarrow{p}-\overrightarrow{c}=r(\overrightarrow{a}-\overrightarrow{c})+s(\overrightarrow{b}-\overrightarrow{c})$$
$$\text{단,}\quad r\geqq 0,\ s\geqq 0,\ r+s\leqq 1$$

을 만족하는 점 $P(\overrightarrow{p})$의 전체로 이루어집니다.

$$\overrightarrow{p}=r\overrightarrow{a}+s\overrightarrow{b}+(1-r-s)\overrightarrow{c}$$

따라서 $1-r-s=t$로 놓으면, $r\geqq 0$, $s\geqq 0$, $t\geqq 0$, $r+s+t=1$ 이 됩니다.

문제 38 $P_0(\overrightarrow{p_0})$에서의 접선은, 이 점을 지나 $\overrightarrow{CP_0}=\overrightarrow{p_0}-\overrightarrow{c}$를 법선벡터로 하는 직선. 따라서 그 벡터방정식은

$$(\overrightarrow{p_0}-\overrightarrow{c})\cdot(\overrightarrow{p}-\overrightarrow{p_0})=0$$

여기서 $\overrightarrow{p}-\overrightarrow{p_0}=(\overrightarrow{p}-\overrightarrow{c})-(\overrightarrow{p_0}-\overrightarrow{c})$ 이므로

$$(\overrightarrow{p_0}-\overrightarrow{c})\cdot(\overrightarrow{p}-\overrightarrow{p_0})=(\overrightarrow{p_0}-\overrightarrow{c})\cdot(\overrightarrow{p}-\overrightarrow{c})$$
$$-(\overrightarrow{p_0}-\overrightarrow{c})\cdot(\overrightarrow{p_0}-\overrightarrow{c})$$
$$=(\overrightarrow{p_0}-\overrightarrow{c})\cdot(\overrightarrow{p}-\overrightarrow{c})-r^2$$

그러므로 $(\overrightarrow{p_0}-\overrightarrow{c})\cdot(\overrightarrow{p}-\overrightarrow{c})=r^2$

후반의 식은

$$(x_0-a)(x-a)+(y_0-b)(y-b)=r^2$$

문제 39 $\overrightarrow{AE}=\dfrac{n\overrightarrow{b}+\overrightarrow{c}}{n+1}$, $\overrightarrow{DF}=\dfrac{n\overrightarrow{c}-\overrightarrow{b}}{n+1}$, $\overrightarrow{b}\cdot\overrightarrow{c}=0$, $|\overrightarrow{b}|=|\overrightarrow{c}|$ 이므로

$$(n\overrightarrow{b}+\overrightarrow{c})\cdot(n\overrightarrow{c}-\overrightarrow{b})=n(|\overrightarrow{c}|^2-|\overrightarrow{b}|^2)=0$$

그러므로 $\overrightarrow{AE}\perp\overrightarrow{DF}$

문제 40 사각형 $ABCD$는 원에 내접하고 있으므로, $\triangle PAB$와 $\triangle PDC$는 닮은꼴이며, $PA\cdot PC=PB\cdot PD$

그러므로 $m|\overrightarrow{a}|^2=n|\overrightarrow{b}|^2$. 그리고 $\overrightarrow{PM}=\dfrac{\overrightarrow{a}+\overrightarrow{b}}{2}$, $\overrightarrow{CD}=n\overrightarrow{b}-m\overrightarrow{a}$ 이고, $\overrightarrow{a}\cdot\overrightarrow{b}=0$ 이므로

$$(\overrightarrow{a}+\overrightarrow{b})\cdot(n\overrightarrow{b}-m\overrightarrow{a})=n|\overrightarrow{b}|^2-m|\overrightarrow{a}|^2=0$$

즉 $\overrightarrow{PM}\perp\overrightarrow{CD}$

문제 41 A를 기준으로 하는 B, C, E, G의 위치 벡

터를

$\vec{b}, \vec{c}, \vec{e}, \vec{g}$ 로 하면, $\overrightarrow{AM} = \dfrac{\vec{e}+\vec{g}}{2}$,

$\overrightarrow{BC} = \vec{c}-\vec{b}$ 이고

$$2\overrightarrow{AM} \cdot \overrightarrow{BC} = (\vec{e}+\vec{g}) \cdot (\vec{c}-\vec{b})$$
$$= \vec{e}\cdot\vec{c} + \vec{g}\cdot\vec{c} - \vec{e}\cdot\vec{b} - \vec{g}\cdot\vec{b}$$

여기서 $\overrightarrow{AG} \perp \overrightarrow{AC}$, $\overrightarrow{AE} \perp \overrightarrow{AB}$ 에서,

$\vec{g}\cdot\vec{c}=0$, $\vec{e}\cdot\vec{b}=0$. 또는

$$\vec{e}\cdot\vec{c} = |\vec{e}||\vec{c}|\cos\angle EAC,$$
$$\vec{g}\cdot\vec{b} = |\vec{g}||\vec{b}|\cos\angle GAB$$

에서 $|\vec{e}|=|\vec{b}|$, $|\vec{c}|=|\vec{g}|$, $\angle EAC = \angle GAB$,

따라서 $\vec{e}\cdot\vec{c} = \vec{g}\cdot\vec{b}$.

그러므로 $\overrightarrow{AM}\cdot\overrightarrow{BC}=0$, $\overrightarrow{AM} \perp \overrightarrow{BC}$

문제 42 C, P, Q, R의 위치 벡터를 $\vec{c}, \vec{p}, \vec{q}, \vec{r}$로 합니다. $AC : CE = m : 1-m$, $BC : CD = n :$

$1-n$ 으로 하면

$$\vec{c} = (1-m)\vec{a} + lm\vec{b} = kn\vec{a} + (1-n)\vec{b}$$

이로부터 $\vec{c} = \dfrac{k(l-1)}{kl-1}\vec{a} + \dfrac{l(k-1)}{kl-1}\vec{b}$. 따라서

$$\vec{p} = \frac{\vec{a}+\vec{b}}{2}, \quad \vec{q} = \frac{k(l-1)}{2(kl-1)}\vec{a} + \frac{l(k-1)}{2(kl-1)}\vec{b},$$

$$\vec{r} = \frac{k\vec{a}+l\vec{b}}{2}$$

$$\overrightarrow{PR} = \vec{r}-\vec{p} = \frac{k-1}{2}\vec{a} + \frac{l-1}{2}\vec{b}$$

$$\overrightarrow{PQ} = \vec{q}-\vec{p} = -\frac{k-1}{2(kl-1)}\vec{a} - \frac{l-1}{2(kl-1)}\vec{b}$$

$$= -\frac{1}{kl-1}\overrightarrow{PR}$$

그러므로 P, Q, R은 일직선상에 있습니다.

제 10 장

문제 1 내분점은 $\dfrac{n\alpha+m\beta}{m+n}$, 외분점은 $\dfrac{-n\alpha+m\beta}{m-n}$

문제 2 (1) 40 (2) $\dfrac{\sqrt{130}}{10}$

문제 3 $|\alpha\pm\beta|^2 = (\alpha\pm\beta)(\overline{\alpha\pm\beta}) = (\alpha\pm\beta)(\bar{\alpha}\pm\bar{\beta})$
$$= \alpha\bar{\alpha} \pm \alpha\bar{\beta} \pm \beta\bar{\alpha} + \beta\bar{\beta}$$
$$= |\alpha|^2 \pm \alpha\bar{\beta} \pm \beta\bar{\alpha} + |\beta|^2 \ \text{(복부호동순)}$$

따라서 $|\alpha+\beta|^2 + |\alpha-\beta|^2 = 2(|\alpha|^2+|\beta|^2)$

문제 4 $|\alpha|=1$ 로 하면

$$|1-\bar{\alpha}\beta| = |\alpha\bar{\alpha} - \bar{\alpha}\beta| = |\bar{\alpha}(\alpha-\beta)|$$
$$= |\bar{\alpha}||\alpha-\beta| = |\alpha-\beta|$$

$|\beta|=1$ 일 때도 같습니다.

문제 5 점 α를 중심으로 하고 반지름 r인 원주. 그 원주 및 내부

문제 6 (1) 점 α, β를 연결하는 선분의 수직이등분선 l에 대하여 점 α를 포함하는 쪽의 반평면. l자신을 포함함.

(2) 점 α, β를 연결하는 선분을 $k:1$로 내분하는 점, 외분하는 점을 지름의 양끝으로 하는 원.

문제 7 (1) $\sqrt{2}\left\{\cos\left(-\dfrac{\pi}{4}\right) + i\sin\left(-\dfrac{\pi}{4}\right)\right\}$

(2) $\sqrt{2}\left(\cos\dfrac{5}{4}\pi + i\sin\dfrac{5}{4}\pi\right)$

(3) $2\left(\cos\dfrac{\pi}{3} + i\sin\dfrac{\pi}{3}\right)$

(4) $2\left(\cos\dfrac{5}{6}\pi + i\sin\dfrac{5}{6}\pi\right)$

(5) $\cos\dfrac{\pi}{2} + i\sin\dfrac{\pi}{2}$

(6) $2\left\{\cos\left(-\dfrac{\pi}{2}\right) + i\sin\left(-\dfrac{\pi}{2}\right)\right\}$

(7) $3(\cos\pi + i\sin\pi)$

(8) $\cos\left(-\dfrac{\pi}{4}\right) + i\sin\left(-\dfrac{\pi}{4}\right)$

문제 8 $|i\bar{z}|=|z|$, $\arg(i\bar{z}) = \dfrac{\pi}{2} - \arg z$ 라는 사실에서, 결론을 얻을 수 있습니다.

문제 9 (1) $r + \dfrac{1}{r}$, θ

(2) $2r\cos\dfrac{\theta}{2}$, $\dfrac{\theta}{2}$. 실제로

$$r+z = r + r(\cos\theta + i\sin\theta)$$
$$= r\{(1+\cos\theta) + i\sin\theta\}$$
$$= 2r\left(\cos^2\frac{\theta}{2} + i\sin\frac{\theta}{2}\cos\frac{\theta}{2}\right)$$
$$= 2r\cos\frac{\theta}{2}\left(\cos\frac{\theta}{2} + i\sin\frac{\theta}{2}\right)$$

(3) $2r\sin\dfrac{\theta}{2}$, $\dfrac{\theta}{2} - \dfrac{\pi}{2}$. 계산은 (2)와 같습니다.

(4) $\tan\dfrac{\theta}{2}$, $-\dfrac{\pi}{2}$. (2), (3) 의 결과를 이용합니다.

문제 10 $\cos 3\theta = \cos^3\theta - 3\cos\theta\sin^2\theta$,
$\sin 4\theta = 4\cos^3\theta\sin\theta - 4\cos\theta\sin^3\theta$,
$\cos 5\theta = \cos^5\theta - 10\cos^3\theta\sin^2\theta + 5\cos\theta\sin^4\theta$

문제 11 4제곱근은 ± 1, $\pm i$

6제곱근은 ± 1, $\dfrac{1\pm\sqrt{3}i}{2}$, $\dfrac{-1\pm\sqrt{3}i}{2}$

문제 12

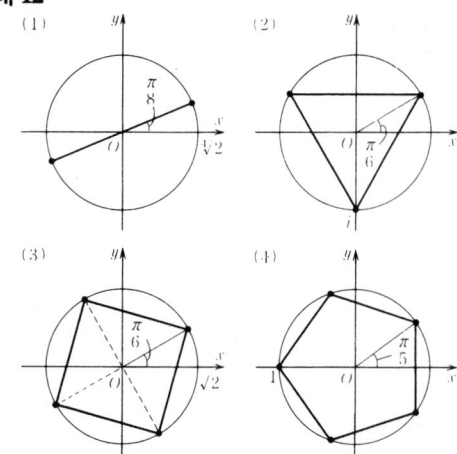

문제 13 n이 3의 배수이면 $\omega^n = \omega^{2n} = 1$. 따라서 $\omega^{2n} + \omega^n + 1 = 3$. n이 3의 배수가 아니면 ω^n

$$\neq 1 \text{에서} \quad \omega^{2n} + \omega^n + 1 = \frac{\omega^{3n} - 1}{\omega^n - 1} = 0.$$

문제 14 힌트로부터 구하는 조건은

$$\frac{\gamma - \alpha}{\beta - \alpha} = \frac{\alpha - \beta}{\gamma - \beta}.$$

이것의 분모를 없애고 정리하면 문제의 등식을 얻습니다.

문제 15 (1) 쉽사리 계산할 수 있습니다.

$$(2) \quad \bar{\varepsilon} = \frac{\bar{\alpha}\bar{\delta} + \bar{\beta}\bar{\gamma}}{\bar{\alpha}\bar{\gamma} + \bar{\beta}\bar{\delta}} = \frac{\dfrac{1}{\alpha} \cdot \dfrac{1}{\delta} + \dfrac{1}{\beta} \cdot \dfrac{1}{\gamma}}{\dfrac{1}{\alpha} \cdot \dfrac{1}{\gamma} + \dfrac{1}{\beta} \cdot \dfrac{1}{\delta}}$$

$$= \frac{\beta\gamma + \alpha\delta}{\beta\delta + \alpha\gamma} = \varepsilon$$

(3) (2)의 결과는 $\varepsilon = \dfrac{w - z_1}{w - z_2}$ 이 실수임을 의미하고, 따라서 3점 z_1, z_2, w는 일직선상에 있습니다. 그러므로 심슨선 $z_1 z_2 z_3$는 점 w를 지납니다.

문제 16 앞 문제의 $w = \dfrac{1}{2}(\alpha + \beta + \gamma + \delta)$는 α, β, γ, δ에 대해서 완전히 대칭적인 모양을 하고 있습니다. 그러므로 점 α, β, γ의 심슨선 역시 w를 지납니다.

제 11 장

문제 1 (1) 직각 (2) 직각 (3) 45° (4) 60°
문제 2 (1) 45° (2) 직각

문제 3 $CF \perp BG$, $CF \perp HG$이므로, 정리에 따라 $CF \perp$ 평면 BHG. 그러므로 $CF \perp BH$.
문제 4 삼수선의 정리 **1**에 따라, A', B'는 모두 P에서 l로 내린 수선의 발이 됩니다.
문제 5 (1) $5\sqrt{2}$ (2) 11
문제 6 (1) $\left(-\dfrac{1}{2}, 0, 0\right)$ (2) $(0, -1, 0)$

(3) $(-2, 3, 0)$, $\left(\dfrac{4}{5}, -\dfrac{13}{5}, 0\right)$

문제 7 (1) $-\vec{a} + \vec{b} + \vec{c}$ (2) $\vec{c} - \vec{b}$
(3) $\vec{a} + \vec{b} - \vec{c}$ (4) $\vec{a} - \vec{b} + \vec{c}$
(5) $\vec{a} - \vec{b} + \dfrac{1}{2}\vec{c}$ (6) $\dfrac{1}{2}(\vec{a} + \vec{b} + \vec{c})$

문제 8 (1) 7 (2) $5\sqrt{2}$
문제 9 (1) $\overrightarrow{AB} = (1, 4, -1)$, $|\overrightarrow{AB}| = 3\sqrt{2}$
(2) $\overrightarrow{AB} = (3, -4, -12)$, $|\overrightarrow{AB}| = 13$
문제 10 $\vec{p} = 4\vec{a} + 3\vec{b} + 2\vec{c}$
문제 11 $i = j$ 이면, $\vec{e_i} \cdot \vec{e_j} = 1$,
$i \neq j$ 이면, $\vec{e_i} \cdot \vec{e_j} = 0$
문제 12 (1) 1 (2) 1 (3) 0 (4) -2

(5) 2 (6) 1 (7) 1 (8) $-\dfrac{1}{2}$

(9) 0

문제 13 (1) $\dfrac{\pi}{4}$ (2) $\dfrac{\pi}{2}$

문제 14 (1) $\cos\theta = -\dfrac{5}{7}$ (2) $2\sqrt{6}$

문제 15 $\vec{a}, \vec{b}$가 이루는 각을 θ라 하면
$$S^2 = |\vec{a}|^2 |\vec{b}|^2 \sin^2\theta = |\vec{a}|^2 |\vec{b}|^2 (1 - \cos^2\theta)$$
$$= |\vec{a}|^2 |\vec{b}|^2 - (\vec{a} \cdot \vec{b})^2$$
이것에 $|\vec{a}|^2 = a_1{}^2 + a_2{}^2 + a_3{}^2$, $|\vec{b}|^2 = b_1{}^2 + b_2{}^2 + b_3{}^2$, $\vec{a} \cdot \vec{b} = a_1 b_1 + a_2 b_2 + a_3 b_3$ 을 대입하고 계산하여, 제곱근을 취하면 됩니다.

문제 16 $\overrightarrow{AB} \cdot \overrightarrow{CD} = \vec{b} \cdot (\vec{d} - \vec{c}) = \vec{b} \cdot \vec{d} - \vec{b} \cdot \vec{c}$
$$= |\vec{b}|^2 \left(\cos\frac{\pi}{3} - \cos\frac{\pi}{3}\right) = 0$$

문제 17 $a_1 = \vec{a} \cdot \vec{e_1} = |\vec{a}||\vec{e_1}|\cos\alpha = |\vec{a}|\cos\alpha$
마찬가지로, $a_2 = |\vec{a}|\cos\beta$, $a_3 = |\vec{a}|\cos\gamma$

문제 18 변 AB, CD의 중점을 연결하는 선분의 중점의 위치 벡터는
$$\frac{\dfrac{\vec{a} + \vec{b}}{2} + \dfrac{\vec{c} + \vec{d}}{2}}{2} = \frac{\vec{a} + \vec{b} + \vec{c} + \vec{d}}{4} = \vec{g}$$

문제 19 (1) $\dfrac{x - 1}{-2} = y - 2 = \dfrac{z + 3}{3}$

(2) $x-1=\dfrac{y-2}{2}=\dfrac{z+3}{-3}$

(3) $\dfrac{x-1}{2}=\dfrac{y-2}{-5}=\dfrac{z+3}{-4}$

(4) $x-1=2-y,\ z=-3$

(5) $x=1,\ \dfrac{y-2}{2}=\dfrac{z+3}{-5}$

(6) $y=2,\ z=-3$

문제 20 (1) $x-2=\dfrac{y+4}{3}=\dfrac{z-3}{-6}$

(2) $\dfrac{x-2}{2}=\dfrac{y+4}{-5}=\dfrac{z-3}{-3}$

문제 21 l, m 모두 방향 벡터는 $(2, 3, -6)$입니다. 또 l은 점 $(-3, 0, 3)$을 지나지만, $x=-3$, $y=0$, $z=3$은 m의 방정식을 만족하므로 m도 점 $(-3, 0, 3)$을 지납니다.

문제 22 (1) $x-1=-y-2=z-3$

(2) $\dfrac{x+2}{6}=\dfrac{y}{5}=3-z$

(3) $\dfrac{x-3}{2}=4-z,\ y=-2$

(4) $x=2,\ z=-4$

(5) $\dfrac{x-x_0}{x_0}=\dfrac{y-y_0}{y_0}=\dfrac{z-z_0}{z_0}$

문제 23 (1) $\dfrac{x+2}{9}=\dfrac{y-3}{-3}=\dfrac{z-4}{-2}$

(2) $\dfrac{x+2}{2}-3-y-z-4$

문제 24 계산에 의해서 즉시 확인할 수 있습니다.

문제 25 (1) $(1, -2, -1)$ (2) $(-7, 6, -2)$

문제 26 (1) $A(1, 1, -1),\ B(-2, 3, 4)$

직선 $AB:\ \dfrac{x-1}{3}=\dfrac{y-1}{-2}=\dfrac{z+1}{-5}$

(2) $A(5, 5, 11),\ B(3, 6, 12)$

직선 $AB:\ \dfrac{x-5}{2}=5-y=11-z$

문제 27 힌트와 같이

$$\overrightarrow{q}-\overrightarrow{p}=(\overrightarrow{b}-\overrightarrow{a})+(t\overrightarrow{e}-s\overrightarrow{d})$$

이고, $(\overrightarrow{b}-\overrightarrow{a})\perp(t\overrightarrow{e}-s\overrightarrow{d})$이므로, 피타고라스의 정리에 따라

$$|\overrightarrow{q}-\overrightarrow{p}|^2=|\overrightarrow{b}-\overrightarrow{a}|^2+|t\overrightarrow{e}-s\overrightarrow{d}|^2\geqq|\overrightarrow{b}-\overrightarrow{a}|^2$$

그러므로 $|\overrightarrow{q}-\overrightarrow{p}|\geqq|\overrightarrow{b}-\overrightarrow{a}|$, 즉 $PQ\geqq AB$.

문제 28 (1) $2x+4y-5z=-12$ (2) $x=5$

(3) $y=3$ (4) $2x-3y+z=0$

(5) $2x-3y-5z=22$ (6) $2x-3y+2z=0$

(7) $6x+3y+2z=28$ (8) $x+y-z=0$

(9) $3x-3y+z=8$

(10) $2x+y-3z=11$ (11) $2x-y-z=2$

문제 29 생략

문제 30 (1) $\left(\dfrac{7}{4}, \dfrac{13}{8}, 0\right)$ (2) $(5, 0, -13)$

(3) $\left(1, 2, \dfrac{13}{2}\right)$ (4) $(2, 3, -3)$

문제 31 $\dfrac{2\sqrt{14}}{21}$

문제 32 매개변수 표시는, 예를 들면

$$x=\dfrac{6}{5}+\dfrac{2}{5}t,\qquad y=-\dfrac{3}{5}+\dfrac{9}{5}t,\qquad z=t$$

매개변수를 사용하지 않는 형태는, 예를 들면

$$\dfrac{x}{2}=\dfrac{y+6}{9}=\dfrac{z+3}{5}$$

방향 벡터는 $(2, 9, 5)$

문제 33 평면 $x+2y-2z-2=0$

문제 34 직선 $x=-4+3t,\ y=-\dfrac{5}{4}+\dfrac{3}{2}t,\ z=t$

문제 35 (1) $\dfrac{5}{\sqrt{29}}$ (2) 4

문제 36 (1) $\left(1, -\dfrac{7}{2}, \dfrac{11}{2}\right)$ (2) $\dfrac{3}{2}\sqrt{38}$

(3) $(-8, -2, 7)$

문제 37 (1) $3\sqrt{3}$ (2) $\dfrac{27}{2}$

문제 38 (1) $\alpha:\ x-y+z=0,\qquad \beta:\ x-y+z=6$

(2) 구하는 최소값은 원점과 평면 β와의 거리는 같아집니다. 따라서 $2\sqrt{3}$

문제 39 (1) 중심 $(2, -3, 1)$, 반지름의 길이 5인 구
(2) 중심 $(-2, -2, 5)$, 반지름의 길이 7인 구

문제 40 (1) $(x-3)^2+y^2+(z+2)^2=36$

(2) $(x+4)^2+(y-3)^2+(z-5)^2=16$

(3) $(x-1)^2+(y+2)^2+(z+3)^2=14$

(4) $(x-3)^2+(y-3)^2+(z-3)^2=9$ 및
$(x-7)^2+(y-7)^2+(z-7)^2=49$

(5) $\left(x-\dfrac{1}{2}\right)^2+(y-1)^2+\left(z-\dfrac{3}{2}\right)^2=\left(\dfrac{\sqrt{14}}{2}\right)^2$

문제 41 중심 $(2, 0, 0)$, 반지름 2인 구.

문제 42 $|\overrightarrow{p}-\overrightarrow{a}|^2=4|\overrightarrow{p}-\overrightarrow{b}|^2$, 즉 $(\overrightarrow{p}-\overrightarrow{a})\cdot(\overrightarrow{p}-\overrightarrow{a})=4(\overrightarrow{p}-\overrightarrow{b})\cdot(\overrightarrow{p}-\overrightarrow{b})$ 의 양변을 전개하면

$$|\overrightarrow{p}|^2-2\overrightarrow{a}\cdot\overrightarrow{p}+|\overrightarrow{a}|^2=4|\overrightarrow{p}|^2-8\overrightarrow{b}\cdot\overrightarrow{p}+4|\overrightarrow{b}|^2$$

정리하여

$$3|\vec{p}|^2 - 2(4\vec{b} - \vec{a}) \cdot \vec{p} = |\vec{a}|^2 - 4|\vec{b}|^2$$

양변을 3으로 나누고, $3\vec{c} = 4\vec{b} - \vec{a}$로 놓으면

$$|\vec{p}|^2 - 2\vec{c} \cdot \vec{p} = \frac{1}{3}(|\vec{a}|^2 - 4|\vec{b}|^2)$$

또 $3r = 2|\vec{b} - \vec{a}|$로 놓고, 위 식의 양변에 $|\vec{c}|^2$을 더하면, 좌변은 $|\vec{p} - \vec{c}|^2$이 되고, 우변은

$$\frac{1}{9}(3|\vec{a}|^2 - 12|\vec{b}|^2 + 16|\vec{b}|^2 - 8\vec{a} \cdot \vec{b} + |\vec{a}|^2)$$
$$= \frac{4}{9}(|\vec{b}|^2 - 2\vec{a} \cdot \vec{b} + |\vec{a}|^2) = \left(\frac{2}{3}|\vec{b} - \vec{a}|\right)^2$$
$$= r^2$$

이 됩니다. 그러므로 $|\vec{p} - \vec{c}| = r$. 증명 끝.

문제 43 (1) $3x - 4y - 5z = 50$

(2) $x + 2y + 2z = 15\sqrt{2}$,
$\qquad x + 2y + 2z = -15\sqrt{2}$

문제 44 교점은 $P(-3, 2, -5)$와 $Q(5, -2, 3)$.
P에서의 접평면은 $-3x + 2y - 5z = 38$
Q에서의 접평면은 $5x - 2y + 3z = 38$

문제 45 (1) $4\sqrt{3}$ (2) $\sqrt{21}$ (3) $k = \pm 12$

문제 46 (1) $D(1, 2, 1)$

(2) $CD = 7$로, 이것은 구의 반지름의 길이 4보다 크다.

(3) 최소값 $= 3$. 최소값을 주는 점 P는 선분 CD를 $4 : 3$으로 내분하는 점이며, 그 좌표는 $\left(\frac{13}{7}, \frac{5}{7}, \frac{25}{7}\right)$

제 12 장

문제 1 (1) $y = \frac{1}{8}x^2$ (2) $y = -2x^2$

(3) $y^2 = 4x$ (4) $y^2 = -2x$

문제 2 (1) 초점 $\left(0, \frac{1}{4}\right)$, 준선 $y = -\frac{1}{4}$

(2) 초점 $(0, 3)$, 준선 $y = -3$

(3) 초점 $\left(0, -\frac{1}{2}\right)$, 준선 $y = \frac{1}{2}$

(4) 초점 $(1, 0)$, 준선 $x = -1$

(5) 초점 $\left(-\frac{1}{4}, 0\right)$, 준선 $x = \frac{1}{4}$

(6) 초점 $(2, 0)$, 준선 $x = -2$

문제 3 $\dfrac{x^2}{25} + \dfrac{y^2}{16} = 1$

문제 4 (1) 꼭지점 $(\pm 3, 0)$, $(0, \pm 2)$, 초점 $(\pm\sqrt{5}, 0)$

(2) 꼭지점 $(\pm 1, 0)$, $(0, \pm 2)$, 초점 $(0, \pm\sqrt{3})$

(3) 꼭지점 $(\pm 5, 0)$, $\left(0, \pm\frac{5}{2}\right)$, 초점 $\left(\pm\frac{5\sqrt{3}}{2}, 0\right)$

(4) 꼭지점 $(\pm 2, 0)$, $(0, \pm\sqrt{5})$, 초점 $(0, \pm 1)$

문제 5 (1) $x^2 + \dfrac{y^2}{2} = 1$ (2) $\dfrac{x^2}{4} + y^2 = 1$

(3) $\dfrac{x^2}{8} + \dfrac{y^2}{4} = 1$ (4) $\dfrac{x^2}{3} + \dfrac{y^2}{6} = 1$

문제 6 타원 $\dfrac{x^2}{4^2} + \dfrac{y^2}{2^2} = 1$

문제 7 $\dfrac{x^2}{4} - \dfrac{y^2}{5} = 1$

문제 8 (1) 점근선 $y = \pm\frac{3}{4}x$, 꼭지점 $(\pm 4, 0)$, 초점 $(\pm 5, 0)$

(2) 점근선 $y = \pm\frac{3}{2}x$, 꼭지점 $(\pm 2, 0)$, 초점 $(\pm\sqrt{13}, 0)$

(3) 점근선 $y = \pm x$, 꼭지점 $(\pm 1, 0)$, 초점 $(\pm\sqrt{2}, 0)$

(4) 점근선 $y = \pm\frac{2}{5}x$, 꼭지점 $(\pm 5, 0)$, 초점 $(\pm\sqrt{29}, 0)$

(5) 점근선 $y = \pm\sqrt{2}\,x$, 꼭지점 $(0, \pm\sqrt{6})$, 초점 $(0, \pm 3)$

(6) 점근선 $y = \pm\frac{2}{3}x$, 꼭지점 $\left(0, \pm\frac{1}{3}\right)$, 초점 $\left(0, \pm\frac{\sqrt{13}}{6}\right)$

문제 9 (1) $\dfrac{x^2}{5} - \dfrac{y^2}{4} = -1$ (2) $x^2 - \dfrac{y^2}{4} = 1$

(3) $5x^2 - 20y^2 = 4$ (4) $x^2 - y^2 = 4$

(5) $2x^2 - 2y^2 = -9$ (6) $\dfrac{x^2}{3} - y^2 = -1$

문제 10 P가 자취 위에 있기 위한 조건은
$$x^2 + y^2 = \sqrt{(x + c)^2 + y^2}\,\sqrt{(x - c)^2 + y^2}$$
이 양변을 제곱하여 정리하면 $2x^2 - 2y^2 = c^2$.
이것은 A B를 초점으로 하는 직각쌍곡선입니다.

문제 11 (1) $k > -1$일 때 2개, $k = -1$일 때 한 개, $k < -1$일 때 0개

(2) $|m| < \sqrt{2}$일 때 2개, $|m| = \sqrt{2}$일 때 1개, $|m| > \sqrt{2}$일 때 0개

문제 12　$y = x + 2,$　　$y = -2x - 1$

문제 13　$P(-p, b)$로 하고, P를 지나고 기울기 m 인 직선의 방정식 $y = m(x + p) + b$와 $y^2 = 4px$에서 y를 소거하고 정리하면

$$m^2 x^2 + 2\{m(mp + b) - 2p\}x + (mp + b)^2 = 0$$

이것이 이중근을 가지는 조건, 즉 판별식 $= 0$ 을 정리, 간략히 하면, m에 관한 이차방정식

$$pm^2 + bm - p = 0$$

을 얻습니다. P에서 그은 두 접선의 기울기 는 이 이차방정식이 두 근이며, 근과 계수 의 관계에 따라 이 두 근의 곱은 -1입니다.

문제 14　P, Q에서의 접선의 방정식은 각각

$$y_1 y = 2(x + x_1),　　y_2 y = 2(x + x_2)$$

변끼리 빼면 $(y_1 - y_2)y = 2(x_1 - x_2)$. 따라서

$$y = \frac{2(x_1 - x_2)}{y_1 - y_2} = \frac{y_1^2 - y_2^2}{2(y_1 - y_2)} = \frac{y_1 + y_2}{2}$$

즉, 교점 R의 y좌표는 $\dfrac{y_1 + y_2}{2}$ 입니다. 따라 서 R은 PQ의 중점을 지나고 x축에 평행인 직선상에 있습니다.

문제 15　생략

문제 16　(1)　$|k| < \sqrt{6}$일 때 2개, $|k| = \sqrt{6}$ 일 때 1개, $|k| > \sqrt{6}$일 때 0개

(2)　$|m| > \dfrac{1}{\sqrt{2}}$일 때 2개, $|m| = \dfrac{1}{\sqrt{2}}$ 일 때 1개, $|m| < \dfrac{1}{\sqrt{2}}$ 일 때 0개

문제 17　(1)　$|k| > \sqrt{3}$일 때 2개, $|k| = \sqrt{3}$ 일 때 1개, $|k| < \sqrt{3}$일 때 0개

(2)　$k \neq 0$일 때 1개, $k = 0$일 때 0개

(3)　항상 두 개

문제 18　$|m| < \dfrac{1}{\sqrt{2}}$일 때 2개, $|m| = \dfrac{1}{\sqrt{2}}$일 때 1개, $\dfrac{1}{\sqrt{2}} < |m| < 1$일 때 2개, $|m| = 1$일 때 1개, $|m| > 1$일 때 0개, 접하는 것은 $m = 1, -1$일 때이며, 접점은 $m = 1$일 때 $(-2, -1), m = -1$일 때 $(2, -1)$

문제 19　최대값 9, 점 $(2, 1)$, 최소값 -9, 점 $(-2, -1)$

문제 20　$Q_1(x_1, y_1), Q_2(x_2, y_2)$에서의 접선의 방정식 은

$$\frac{x_1 x}{a^2} + \frac{y_1 y}{b^2} = 1,　　\frac{x_2 x}{a^2} + \frac{y_2 y}{b^2} = 1$$

이고, 그것들은 $P(x_0, y_0)$을 지나므로

$$\frac{x_1 x_0}{a^2} + \frac{y_1 y_0}{b^2} = 1,　　\frac{x_2 x_0}{a^2} + \frac{y_2 y_0}{b^2} = 1$$

이 성립합니다. 이것은 직선 $\dfrac{x_0 x}{a^2} + \dfrac{y_0 y}{b^2} = 1$ 이 점 Q_1, Q_2를 지나는 것을 뜻합니다.

문제 21　$P(x_0, y_0)$의 극선은 $\dfrac{x_0 x}{a^2} + \dfrac{y_0 y}{b^2} = 1$이고, 그 위에 점 $P'(x_0', y_0')$가 있으면, $\dfrac{x_0 x_0'}{a^2} + \dfrac{y_0 y_0'}{b^2} = 1$이 성립합니다. 이것은 P가 P'의 극선 $\dfrac{x_0' x}{a^2} + \dfrac{y_0' y}{b^2} = 1$ 위에 있다는 것을 뜻 합니다.

문제 22　(1)　생략

(2)　$x_0 = a, y_0 = \pm b$ 또는 $x_0 = -a, y_0 = \pm b$일 때는 명확합니다. 그렇지 않을 때, $b^2 - y_0^2 = -(a^2 - x_0^2)$이므로, (1)의 m에 관한 이차방정식은

$$(a^2 - x_0^2)m^2 + 2x_0 y_0 m - (a^2 - x_0^2) = 0$$

이 되고, 그 두 근의 곱은 $-\dfrac{a^2 - x_0^2}{a^2 - x_0^2} = -1$ 이 됩니다.

문제 23　힌트에 있는 $\tan\theta = \left|\dfrac{n - m}{1 + nm}\right|$ 의 계산 을 상세히 해보겠습니다.

$$\tan\theta = \left|\frac{\dfrac{y_0}{x_0 - c} + \dfrac{b^2 x_0}{a^2 y_0}}{1 - \dfrac{b^2 x_0}{a^2 (x_0 - c)}}\right|$$

의 분모·분자에 $a^2(x_0 - c)y_0$을 곱하면

$$\tan\theta = \left|\frac{a^2 y_0^2 + b^2 x_0(x_0 - c)}{a^2(x_0 - c)y_0 - b^2 x_0 y_0}\right|$$

$$= \left|\frac{a^2 b^2 - b^2 cx_0}{(a^2 - b^2)x_0 y_0 - a^2 cy_0}\right|$$

$$= \left|\frac{b^2(a^2 - cx_0)}{c^2 x_0 y_0 - a^2 cy_0}\right| = \left|\frac{b^2(a^2 - cx_0)}{cy_0(cx_0 - a^2)}\right|$$

$$= \frac{b^2}{cy_0}$$

이것으로 힌트에서 말한 식이 얻어졌습니 다. $\tan\theta'$에 대해서는 상술한 계산의 c가 다만 $-c$로 바뀌는 것뿐으로, 역시 같은 결 과가 얻어집니다.

문제 24　(1)　포물선　(2)　포물선　(3)　타원

(4)　쌍곡선

(5)　타원 $\dfrac{x^2}{9} + \dfrac{y^2}{4} = 1$을 x축 방향으로 3

만큼 평행이동시킨 타원

(6) 타원 $\dfrac{x^2}{2}+\dfrac{y^4}{4}=1$을 x축 방향으로 1

만큼 y축 방향으로 -2만큼 평행이동시킨

타원

(7) 쌍곡선 $x^2-y^2=1$을 y축 방향으로 2

만큼 평행이동시킨 쌍곡선

(8) 쌍곡선 $x^2-\dfrac{y^2}{2}=-1$을 x축 방향으로

1만큼, y축방향으로 2만큼 평행이동시킨 쌍

곡선

문제 25 전자의 초점은 $\left(0,\dfrac{1}{4}\right)$, 후자는 $a\left(x+\dfrac{b^2}{4a}\right)$

$=\left(y+\dfrac{b}{2}\right)^2$으로 변형되므로, 초점은 $\left(\dfrac{a}{4}-\right.$

$\left.\dfrac{b^2}{4a},-\dfrac{b}{2}\right)$. 그리하여, $a>0$에 주목하여

$$\dfrac{a}{4}-\dfrac{b^2}{4a}=0,\qquad -\dfrac{b}{2}=\dfrac{1}{4}$$

을 풀면, $a=\dfrac{1}{2},\ b=-\dfrac{1}{2}$.

문제 26 (1) $2x^2+y^2=1$, 타원

(2) $x^2-3y^2=1$, 쌍곡선

(3) $y^2=x$, 포물선

(4) $\dfrac{x^2}{6}+\dfrac{y^2}{2}=1$, 타원

(5) $y^2=2x$, 포물선

(6) $\dfrac{x^2}{2}-y^2=1$, 쌍곡선

제 13 장

문제 1 (1) $-5, -3, -1, 1, 3$ (2) $0, 2, 6, 12, 20$

(3) $-1, 1, -1, 1, -1$

문제 2 (1) 121 (2) -100 (3) $7n+13$

(4) $\dfrac{1}{4}(11-3n)$

문제 3 (1) $a=22,\ d=-5,\ a_n=27-5n$

(2) $a=-16,\ d=4,\ a_n=4n-20$

문제 4 $-10, -4, 2, 8, 14, 20, 26$

문제 5 (1) $5a_{n+1}-5a_n=5(a_{n+1}-a_n)=5d$; 공차 $5d$

(2) $(a_{n+1}+b_{n+1})-(a_n+b_n)=(a_{n+1}-a_n)$

$+(b_{n+1}-b_n)=d+d'$; 공차 $d+d'$

문제 6 (1) 5050 (2) 400 (3) 710

(4) $\dfrac{1}{2}n(3n-1)$ (5) -231

문제 7 (1) 제7항 또는 제10항까지.

(2) 이 수열은 제8항까지 양이고, 제9항은

0, 제10항부터 뒤쪽은 음이 됩니다. 따라서

제n항까지의 합을 S_n이라 하면, S_n은 $n=8$까

지는 증가하여 $S_8=S_9$이고, n이 9를 넘으면

S_n은 감소합니다. 그러므로 제8항 또는 제9

항까지의 합이 최대가 됩니다.

문제 8 (1) 98550 (2) 99090

문제 9 400 個, 200000

문제 10 $\left\{\dfrac{n(n+1)}{2}\right\}^2-\left\{\dfrac{n(n-1)}{2}\right\}^2=n^3$

문제 11 (1) $1+2+\cdots+m=\dfrac{1}{2}m(m+1)$

(2) $\{1+2+\cdots+(n-1)\}+1=\dfrac{1}{2}n(n-1)+1$

(3) 힌트의 ○표에 있는 수에 m을 더한

것이 구하는 수입니다. 따라서

$$\dfrac{1}{2}(m+n-2)(m+n-1)+m$$

(4) 100이 제m행 제n열에 있다고 하면

$l=m+n$은 $\dfrac{1}{2}(l-2)(l-1)<100$을 만족

하는 최대의 정수입니다. 이것에서 $l=15$가

얻어지고,

$$m=100-\dfrac{1}{2}\cdot14\cdot13=9,\qquad n=15-9=6$$

이 됩니다.

문제 12 (1) 64 (2) $-\dfrac{1}{8}$ (3) $(\sqrt{2})^n$

(4) $2\cdot(-3)^{n-1}$

문제 13 (1) $a=\dfrac{4}{9},\ r=\pm3,\ a_n=4\cdot(\pm3)^{n-3}$

(복부호동순)

(2) $a=\dfrac{81}{4},\ r=-\dfrac{2}{3},\ a_n=9\cdot\left(-\dfrac{2}{3}\right)^{n-3}$

문제 14 (1) $b^2=ac$는 $\dfrac{b}{a}=\dfrac{c}{b}$와 동치이고, $\dfrac{b}{a}=$

$\dfrac{c}{b}=r$로 놓으면, 이것은 a,b,c가 공비 r인

등비수열을 이루는 것을 뜻합니다.

(2) $a=1,\ b=3,\ c=9$ 또는

$a=9,\ b=3,\ c=1$

문제 15 $\{a_n\},\{b_n\}$의 공비를 각각 r,r'라 하면

$$a_{n+1}b_{n+1}=a_n r\cdot b_n r'=a_n b_n\cdot rr'$$

그러므로 $\{a_nb_n\}$은 공비 rr'인 등비수열

문제 16 (1) $\{a_n\}$의 공차를 d라 하면

$$10^{a_{n+1}}=10^{a_n+d}=10^{a_n}\cdot10^d$$

따라서 $\{10^{a_n}\}$은 공비 10^d인 등비수열

(2) $\{b_n\}$의 공차를 r이라 하면

$$\log_{10}b_{n+1}=\log_{10}b_nr=\log_{10}b_n+\log_{10}r$$

따라서 $\{\log_{10}b_n\}$은 공차 $\log_{10}r$인 등차수열

문제 17 (1) 189 (2) $\dfrac{547}{81}$ (3) -255

(4) $\dfrac{1-(-2)^n}{3}$ (5) $\dfrac{9}{2}\left\{1-\left(\dfrac{1}{3}\right)^n\right\}$

문제 18 (1) $\displaystyle\sum_{k=1}^{n}k^2$ (2) $\displaystyle\sum_{k=1}^{10}(4k+1)$

(3) $1+3+5+7+9+11$

(4) $1+\dfrac{1}{2}+\dfrac{1}{2^2}+\dfrac{1}{2^3}+\dfrac{1}{2^4}$

(5) $1\cdot2+2\cdot3+\cdots+n(n+1)$

(6) $3^3+4^3+5^3+6^3+7^3$

문제 19 (1) 385 (2) 2485 (3) 3025

(4) 41075

문제 20 (1) $\dfrac{1}{2}n(3n-1)$ (2) $\dfrac{1}{6}n(4n^2+9n-1)$

(3) $\dfrac{1}{6}n(n+1)(2n+7)$

(4) $\dfrac{1}{3}n(n-1)(n+7)$

(5) $\dfrac{1}{12}n(n+1)(n+2)(3n+5)$

(6) $\dfrac{1}{2}n(n+1)^2(n+2)$

문제 21 (1) $\dfrac{1}{3}n(2n-1)(2n+1)$

(2) $\dfrac{2}{3}n(n+1)(2n+1)$

(3) $\dfrac{1}{12}n(n+1)(9n^2+5n-2)$

(4) $\dfrac{1}{6}n(n+1)(n+2)$

(5) $\dfrac{1}{8}n(n+1)(n^2+n+2)$

[이 수열의 제 k항은 $\dfrac{k(k-1)}{2}+1$에서 $\dfrac{k(k+1)}{2}$까지의 k개의 자연수의 합이고, $\dfrac{1}{2}k(k^2+1)$이 됩니다. 이것을 사용해도 좋지만, 좀더 간단하게 자연수의 처음의 $\dfrac{1}{2}n(n+1)$의 항의 합으로 생각하면 **빠를** 것입니다.]

문제 22 (1) $\dfrac{n}{2n+1}$ (2) $\dfrac{3}{4}-\dfrac{2n+3}{2(n+1)(n+2)}$

(3) $\dfrac{2n}{n+1}$

문제 23 (1) $(n-1)2^n+1$ (2) $(2n-3)2^{n+1}+6$

(3) $1-\dfrac{n+1}{3^n}$

문제 24 (1) 상수수열(상수가 나열된 수열)

(2) 공비가 같은 등비수열

문제 25 (1) n^2-2n+3 (2) $\dfrac{13-(-3)^{n-1}}{4}$

문제 26 (1) $a_1=3$, $a_n=2\cdot3^{n-1}$ $(n=2,3,4,\cdots)$

(2) $a_n=3n^2-3n$ $(n=1,2,3,\cdots)$

문제 27 $n=k$일 때 $a^k<b^k$로 가정하면 이 양변에 a를 곱하여 $a^{k+1}<ab^k$. 또 $a<b$의 양변에 b^k를 곱하여 $ab^k<b^{k+1}$. 따라서 $a^{k+1}<b^{k+1}$

문제 28 한 예로서 (5)를 증명합니다.

$n=1$일 때는

좌변$=1^2-2^2=-3$, 우변$=-1\cdot3=-3$

$n=k$일 때는

$$1^2-2^2+3^2-4^2+\cdots+(2k-1)^2-(2k)^2$$
$$=-k(2k+1)$$

을 가정하고, 이 양변에 $(2k+1)^2-(2k+2)^2$을 더하면

$$1^2-2^2+\cdots+(2k-1)^2-(2k)^2$$
$$+(2k+1)^2-(2k+2)^2$$
$$=-k(2k+1)+(2k+1)^2-(2k+2)^2$$
$$=-(k+1)(2k+3)$$

문제 29 $a_n=8^n-7n-1$로 놓으면, $a_1=0$. 또

$$a_{k+1}=8a_k+49k$$

따라서 a_k가 49로 나누어떨어지면, a_{k+1}도 49로 나누어떨어진다.

문제 30 생략

문제 31 $n=2$일 때

$$\dfrac{a^2+b^2}{2}-\left(\dfrac{a+b}{2}\right)^2=\dfrac{(a-b)^2}{4}>0$$

$n=k$일 때

$$\dfrac{a^k+b^k}{2}>\left(\dfrac{a+b}{2}\right)^k$$

으로 가정하고, 이 양변에 $\dfrac{a+b}{2}$를 곱하면

$$\dfrac{a^k+b^k}{2}\cdot\dfrac{a+b}{2}>\left(\dfrac{a+b}{2}\right)^{k+1} \qquad ①$$

또

$$\frac{a^{k+1}+b^{k+1}}{2}-\frac{a^k+b^k}{2}\cdot\frac{a+b}{2}$$

$$=\frac{1}{4}(a^{k+1}+b^{k+1}-a^kb-ab^k)$$

$$=\frac{1}{4}(a^k-b^k)(a-b)$$

여기서, $a>b$이면 $a^k>b^k$; $a<b$이면 $a^k<b^k$.
따라서 $(a^k-b^k)(a-b)>0$. 그러므로

$$\frac{a^{k+1}+b^{k+1}}{2}>\frac{a^k+b^k}{2}\cdot\frac{a+b}{2} \qquad ②$$

①, ② 로부터 $\dfrac{a^{k+1}+b^{k+1}}{2}>\left(\dfrac{a+b}{2}\right)^{k+1}$

따라서

$$a_n=\frac{1}{2}3^{n-1}(3^n+1), \qquad b_n=\frac{1}{2}3^{n-1}(3^n-1)$$

문제 32 (1) n^2-n+1　　(2) $\dfrac{1}{2}(3^n+1)$

(3) $3^{n-1}+1$　　(4) $(-2)^n+3$

(5) $\dfrac{1}{2^{n-4}}-6$　　(6) $\dfrac{1}{n}$　　(7) $\dfrac{2}{2n-1}$

(8) $n\geqq2$ 일 때 $a_n=3\cdot2^{n-2}$

문제 33 $\dfrac{1}{2^n-1}$

문제 34 $a_{n+1}=a_n+(n+1)$. 따라서

$$a_n=a_1+\sum_{k=1}^{n-1}(k+1)=\frac{1}{2}(n^2+n+2)$$

문제 35 (1) 첫째항 1, 공비 $-\dfrac{1}{2}$인 등비수열

(2) $b_n=\left(-\dfrac{1}{2}\right)^{n-1}$

(3) $a_n=\dfrac{2}{3}\left\{1-\left(-\dfrac{1}{2}\right)^{n-1}\right\}$

문제 36 이차방정식 $2x^2-x-1=0$의 해는 1과 $-\dfrac{1}{2}$. 따라서

$$a_n=A+B\left(-\frac{1}{2}\right)^{n-1}$$

여기서 $a_1=0$, $a_2=1$로부터, $A+B=0$, $A-\dfrac{1}{2}B=1$. 이 연립방정식을 풀면 $A=\dfrac{2}{3}$, $B=-\dfrac{2}{3}$

문제 37 $\dfrac{1}{2}(5^{n-1}+3^n)$

문제 38 주어진 두 점화식을 더하고, 또 좌변에서 우변을 빼면

$$a_{n+1}+b_{n+1}=9(a_n+b_n)$$
$$a_{n+1}-b_{n+1}=3(a_n-b_n)$$

그리고 $a_1+b_1=3$, $a_1-b_1=1$.
따라서 $a_n+b_n=3\cdot9^{n-1}$, $a_n-b_n=3^{n-1}$.

지은이 • 마츠자카 가즈오(松坂和夫)

일본의 수학자. 1927년 도쿄 출생. 도쿄대 졸업.
닛쿄대 명예교수. 지은책으로 『대수에의 출발』
『선형 대수 입문』 등이 있다.
이 책은 저자가 그간의 연구와 교육을 종합하여
수학의 기초부터 새롭게 이해하는 '새로운 수학 교과서'로
집필한 것이다.

옮긴이 • 김태성(金泰星)

서울대학교 문리과대학 졸업.
미국 오리건주립대학교 대학원 졸업, 이학박사.
국립철도고등학교 · 경동고등학교 수학교사 역임.
현재 원광대학교 자연과학대 통계학과 교수.
저서로 『대학수학』 등이 있음.

Super mathematics
수학독본
제 ❸ 권 평면상의 벡터/복소수와 복소평면
공간도형/이차곡선/수열

지은이 • 마츠자카 가즈오(松坂和夫)
옮긴이 • 김태성(金泰星)
펴낸이 • 김언호
펴낸곳 • (주)도서출판 한길사

등록 • 1976년 12월 24일 (제74호)
주소 • 10881 경기도 파주시 광인사길 37
홈페이지 • www.sonyunhangil.co.kr
전자우편 • sonyunhangil@hangilsa.co.kr
전화 • 031-955-2000~3
팩스 • 031-955-2005

제1판 제 1쇄 1994년 1월 20일
제1판 제20쇄 2025년 5월 2일

값 16,000원
ISBN 89-356-4039-3 54410
　　　89-356-4043-3 (세트)

Super mathematics

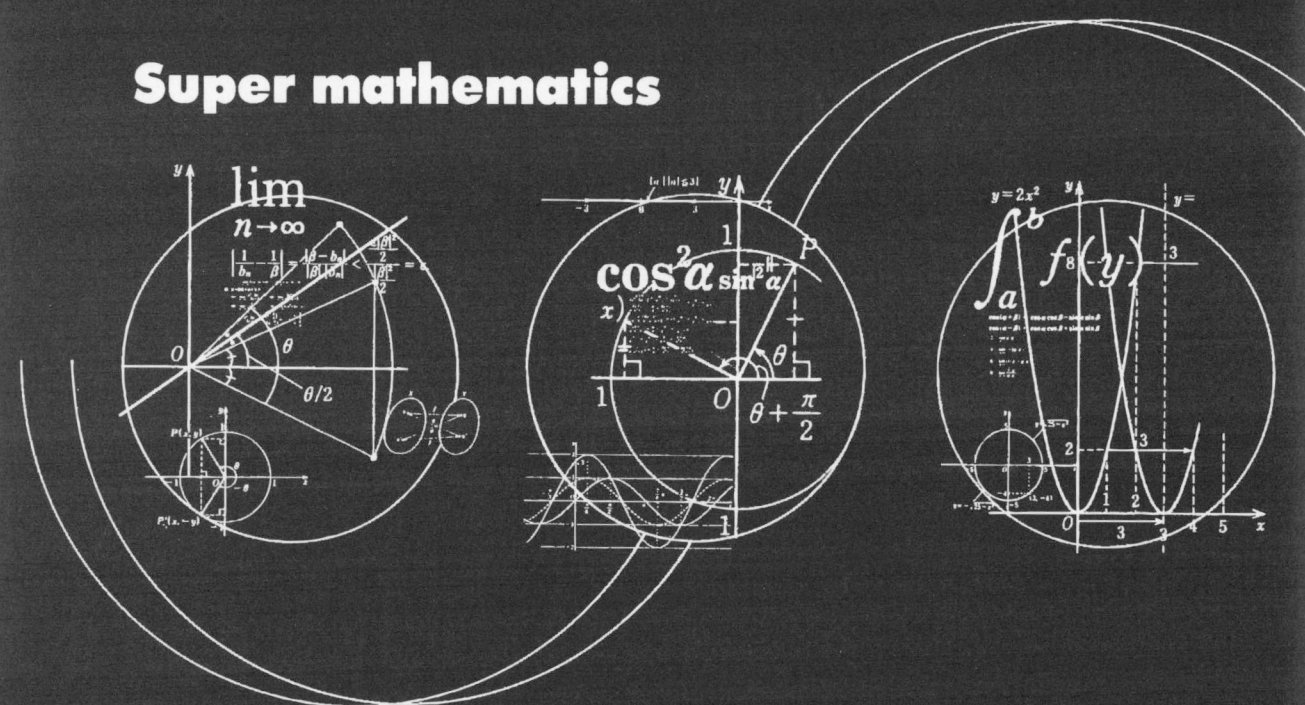

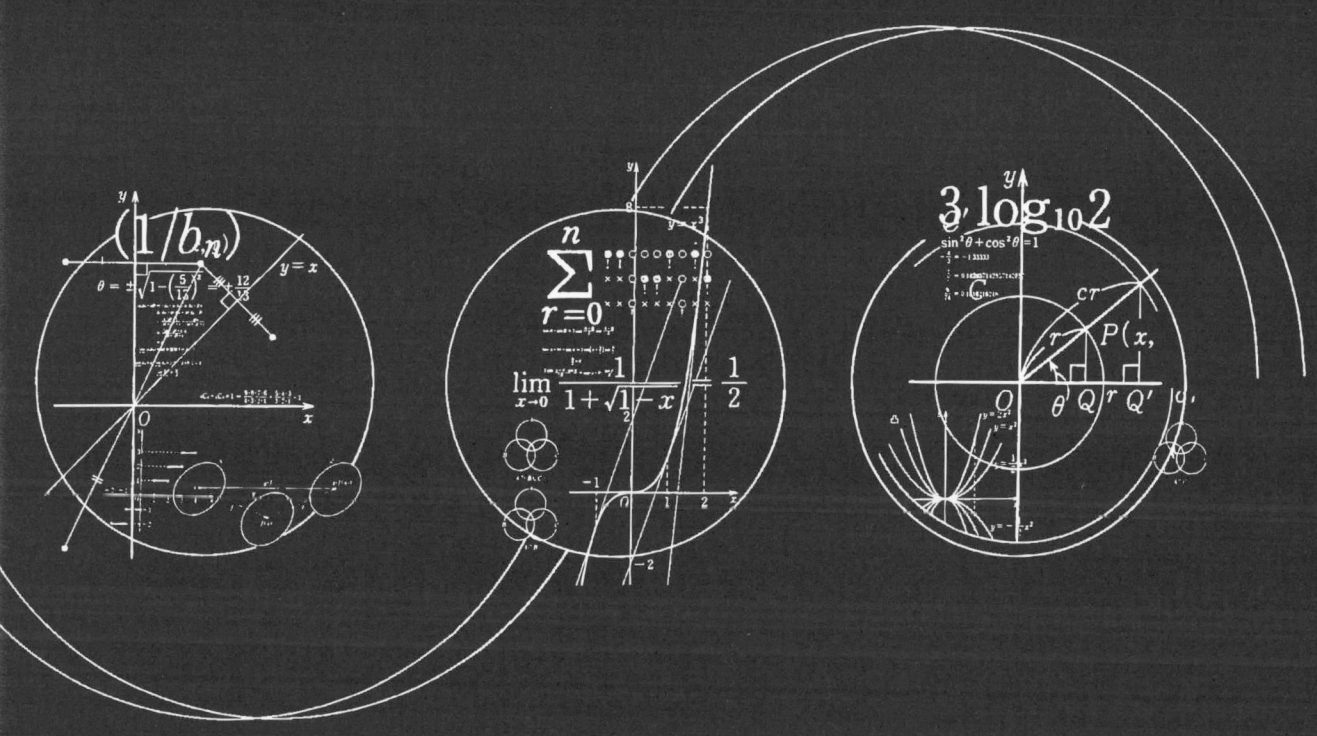